광전자 원리와 응용

양 호 언 저

도서출판 상 학 당

欲爲大者 當爲人役

크고자 하거든 남을 섬기라

이 책의 머리말

Preface

광전자공학 분야는 현대물리학과 전자통신공학의 발달과 함께 새로운 전자 응용기술 분야로 각광을 받고 있다.

특히, 레이저 기술, 광통신, 정보처리, 의료산업 분야 등 광범위한 혁신산업 기술 분야에 활용되는 응용 범위는 참으로 크다고 하겠다.

이 책은 광학의 원리부터 시작하여 광전자공학의 이해와 관련된 반도체이론과 주요 광응용소자, 레이저 이론 및 광통신 시스템까지 설명하였다.

그리고 산업현장의 실무 엔지니어와 이 분야를 전공하는 대학생들이 물리학 또는 수학적 깊은 지식이 없어도 쉽게 이해할 수 있도록 설명하였다.

따라서, 이 책이 광전자 응용분야의 지식과 현장실무 능력을 터득하고자 하는 대학생들과 엔지니어들에게 좋은 길잡이가 될 것으로 기대한다.

끝으로 이 책을 집필하면서 국내외 많은 서적들을 참고하였기에 저자분들께 감사드리며, 아울러 도서출판 상학당 남승우 사장님과 직원 여러분들께도 충심으로 감사드린다.

저자 씀

이 책의 **차 례**

Contents

제 1 장 · 빛

1–1 빛의 기본개념 ………… 11
(1) 기본특성 ………… 11
(2) 빛의 양과 시감각 ………… 13
(3) 빛의 방출과 간섭성 ………… 15
1–2 빛의 여러 가지 특성 ………… 16
(1) 파면의 전파와 굴절 ………… 16
(2) 광선과 빛의 전파 ………… 18

제 2 장 · 반도체

2–1 결정의 결합 ………… 31
(1) 공유결합 ………… 31
(2) 이온결합 ………… 32
(3) 금속결합 ………… 33
(4) Van der Waals 결합 ………… 33
2–2 반도체의 특성과 분류 ………… 34
(1) 반도체 재료의 구분 ………… 35
(2) 진성반도체의 에너지대 구조 ………… 37
(3) 불순물반도체 ………… 37
2–3 화합물반도체 ………… 40

2-4 PN 접합 41
(1) 공간전하영역 42
(2) 전압이 인가된 PN 접합 43
(3) 반도체와 금속의 접합 45

제 3 장 광원과 광전현상

3-1 광원의 개요 53
(1) 광대역 광원 53
(2) 다중 선 광원과 단일 선 광원 54
(3) CRI와 CCT 56
(4) 광원의 표준 57

3-2 광원의 종류 58
(1) 백열등과 조명용 램프 58
(2) 방전램프 60
(3) 특수램프 61

3-3 반도체의 광전현상과 열전효과 62
(1) 반도체의 열전효과 62
(2) 광전효과 67

제 4 장 발광 및 광검출소자

4-1 반도체의 광특성과 발광소자 77
(1) 반도체의 광특성 77
(2) PIN 접합의 발광 78
(3) 반도체 발광소자의 특성 80
(4) 발광소자의 에너지 갭에 따른 발광파장 80

4-2 발광다이오드 원리와 응용 83
(1) LED의 기본특성과 구조 83
(2) LED의 동작원리 86
(3) LED 광원의 특성과 LED 재료 89
(4) LED의 종류 90
(5) LED의 응용분야 94
(6) LED의 정격 96

(7) LED의 발광 스펙트럼 ····· 99

4-3 OLED ····· 101

(1) OLED 특성과 원리 ····· 101
(2) OLED를 이용한 디스플레이의 특성 ····· 102

4-4 LED 응용회로 설계 ····· 103

(1) LED의 동작과 회로특성 ····· 103
(2) LED 드라이브 전용 IC ····· 107

4-5 광분리기와 LCD ····· 109

(1) 광분리기 ····· 109
(2) 액정 디스플레이 ····· 111

제 5 장 레이저 원리와 응용

5-1 레이저의 원리 ····· 117

(1) 빛의 방출과 광발진 ····· 118
(2) 레이저광의 주요 특성 ····· 121
(3) 코히런트광과 인코히런트광 ····· 125
(4) 레이저광의 특징 ····· 132
(5) 고체 레이저와 기체 레이저 ····· 135
(6) 반도체 레이저 ····· 140

5-2 레이저 다이오드 ····· 143

(1) 레이저 다이오드의 접합원리 ····· 144
(2) 레이저 다이오드의 구조 ····· 147
(3) 레이저 다이오드의 분류와 동작특성 ····· 150

제 6 장 수광소자

6-1 광전자와 광검출기 ····· 157

(1) 광전자방출 ····· 158
(2) 광전관 ····· 159

6-2 포토다이오드 ····· 161

(1) 포토다이오드의 특성 ····· 163
(2) 포토다이오드의 종류와 응용분야 ····· 166

6-3 포토트랜지스터 ········ 169
(1) 포토트랜지스터의 특성 ········ 169
(2) 포토트랜지스터의 구조 ········ 170
(3) 포토트랜지스터의 동작과 응용 ········ 171
(4) 포토트랜지스터의 구동회로 ········ 173
6-4 광복합소자 ········ 174
(1) 포토커플러 ········ 174
(2) 포토인터럽터 ········ 177
6-5 태양전지 ········ 180
(1) 태양전지의 원리와 구조 ········ 180
(2) 태양전지의 재료에 따른 분류와 특성 ········ 182
(3) 태양전지의 종류 ········ 184

제 7 장 광통신

7-1 광통신의 발달과 특성 ········ 191
(1) 광통신의 발달 ········ 191
(2) 광통신의 특성 ········ 194
7-2 광통신 시스템 ········ 195
(1) 시스템의 기본구성 ········ 195
(2) 광변복조와 신호전송 ········ 196
(3) 광변조 부호형식 ········ 199
7-3 광통신 시스템의 구현과 응용 ········ 201
(1) 시스템의 구현 ········ 201
(2) 광무선 LAN ········ 204
7-4 광케이블 TV ········ 209
(1) CATV 시스템 ········ 209
(2) HFC 네트워크와 송수신 디바이스 ········ 210
7-5 광전응용기술의 분류 ········ 212
(1) 응용분야 ········ 212
(2) 광전자산업의 특성 ········ 214

■ 찾아보기 / 219

제1장

빛

1-1 빛의 기본개념
1-2 빛의 여러 가지 특성

빛을 단순히 일종의 에너지로 인식할 수 있으나 인간생활에서 가장 중요한 부분을 차지한다. 현대문명의 발달과 함께 빛은 정보의 매개체 또는 수단으로서 응용범위는 광범위하다. 이 장에서는 앞으로 학습할 광전자공학에 관련된 빛의 개념과 특성에 대해서 설명한다.

1-1 빛의 기본개념

지구의 모든 에너지는 태양으로부터 오며, 그 에너지의 전달체가 바로 **빛**이다. 따라서 빛은 에너지의 한 종류이다. 하지만 빛은 에너지로서 뿐만 아니라 많은 생물이 살아가는 데 있어서 감각의 한 요소로서 작용하고 있어, 실제 생활에 있어서 빛은 그 자체가 **에너지원**으로 인식되기 보다는 **정보의 인식** 전달 수단으로 인식되고 있다.

과거에는 **가시광선**만 빛이라고 생각하였으나, 현대에는 빨간색 가시광선보다 파장이 긴 적외선(750[nm]~1[mm])과 보라색 가시광선보다 파장이 짧은 자외선(10~390[nm]), 자외선보다 파장이 더 짧은 X-선 등의 전자기파를 포함한다.

사람은 낮에는 햇빛으로, 밤에는 달빛이나 전등 따위의 사람이 만든 불빛으로 물건을 볼 수 있다. 밤에 불이 꺼지면 환하던 방안이 갑자기 깜깜해져서 우리들은 아무 것도 볼 수 없게 된다. 물체가 보이는 것은 빛이 눈에 들어오기 때문이다. 태양이나 전등불은 발광체여서 스스로 빛을 내므로 보이지만, 달이나 그 밖의 암체는 스스로 빛을 내지는 않으나 태양이나 전등으로부터 빛을 받아 반사하므로 눈에 보인다. 빛에는 **직진**, **반사**, **굴절**의 세 가지 성질이 있다.

(1) 기본특성

- **빛의 직진** 공기나 물과 같은 투명체 속에서는 빛이 곧게 나아간다. 이런 성질을 빛의 직진이라 한다. 투명체가 보이지 않는 것이나 불투명체, 반투명체의 반대쪽에 그림자가 생기는 것은 빛의 직진 때문이다.

- **빛의 반사** 투명체가 아닌 물체에 빛이 닿으면 그 표면에서 빛이 되돌아 나온다. 이러한 성질을 빛의 반사라 한다. 빛이 똑바로 비추면 직각으로 닿아 똑바로 반사하여 되돌아오고, 비스듬히 비추면 반대 방향의 같은 각도로 비스듬히 반사하여 나아간다. 거울과 같이 판판한 면에서는 빛이 일정한 방향으로 규칙있게 반사(정반사)하여 상을 만들지만, 울퉁불퉁한 면에서는 빛이 여러 방향으로 흩어져서 반사(난반사)한다. 즉 빛이 진행하는 방향에 놓여 있는 물체에 빛이 비추어지는 면은 환하게 보이지만 이와 반

면에 반대편은 어둡고 그 물체의 그림자가 생기게 된다. 불투명한 물체는 빛을 **흡수**하기도 하지만 **반사**하기도 한다.

■ **빛의 굴절** 빛이 한 투명체 속을 곧게 나아가다가 다른 투명체 속으로 들어갈 때에는 그 경계면에서 꺾여 나간다. 즉 두 개의 매질의 경계면에서 제1매질로 곧게 입사한 광선이 입사한 방향을 바꾸어 제2매질로 투과되는 현상이다. 이것을 **빛의 굴절**이라고 한다. 그릇 속의 보이지 않던 물체가 물을 넣으면 보이는 것은 빛이 꺾여 나가기 때문이다. 빛이 투명체에 수직으로 들어오거나 나갈 때에는 굴절하지 않는다. 빛이 다른 물질로 들어갈 때의 입사각이 어떤 각도를 넘으면 굴절은 일어나지 않고 모두 반사되어 되돌아오는데, 이러한 현상을 **전반사**라고 한다.

■ **빛의 이중성** 반사, 굴절, 간섭, 회절 및 도플러 효과(Doppler effect) 등 파동의 특징을 보인다. 파장이 비교적 짧아 직진하며, 다른 매질의 경계면을 만나면 일부는 반사되고 일부는 굴절된다.

빛의 **파동성**과 **입자성**에 관련된 학술적 논란은 오래 전부터 끊임없이 제기되었다. 17세기에는 빛의 입자설과 파동설이 서로 첨예하게 대립하였으나, 18세기 최초로 빛의 입자성을 주장한 뉴튼의 학설에 따르면 빛은 입자들로 이루어져 있고, 빛이 나는 물체는 작은 알갱이와 같은 입자들이 방출된다고 하였다. 그러나 같은 시대에 Huygens는 빛의 파동이론을 주장했다.

그러나 19세기에 토마스 영(Tomas Young)의 '이중 슬릿 실험'을 통해 파동설이 우위를 점하게 되었으며, 19세기 후반 맥스웰(Maxwell)은 빛과 전자기파가 본질적으로 같다는 전자기적 현상을 주장하였다. 20세기가 되어서는 플랑크의 양자가설 등에 의해 입자성이 다시 증명되었으며, 이후 빛은 **입자**와 **파동**의 두 가지 성질을 동시에 가진다고 보고 있다.

■ **빛의 속도와 전파** 진공 속에서 빛의 속도를 광속이라 하고 물리학, 특히 전자기학과 천체물리학에서 매우 중요한 의미를 가진다. 현재 쓰이는 광속은 진공 속에서의 30×10^8[m/sec]($c=299,792,458$[m/s])이고, 공기 중에서의 속도가 진공 중에서의 속도보다 느리지만 큰 차이는 없다.

광학적으로 동일한 면의 매질 내에서의 빛은 직진하지만, 서로 다른 매질의 경계면에서는 보통 반사와 굴절이 동시에 일어난다. 이때 반사광과 굴절광의 빛의 세기의 비율은 빛의 입사각, 매질의 굴절률, 면의 상태 등에 따라 변하며 반사광과 굴절광의 방향에 대해서는 **반사법칙**과 **굴절법칙**이 성립한다.

그러나 모든 굴절광에 대하여 굴절법칙이 성립하는 것은 아니다. 또한 **굴절률**이 큰 광학적으로 밀(密)한 물질로부터 굴절률이 작은 광학적으로 소(疎)한 물질에 빛이 진입할 때는 입사각이 어떤 한계값, 즉 임계각을 넘으면 100[%] 반사하여 빛이 제2매질 안에 들어가지 않는다. 이 현상을 **전반사**라고 한다.

빛의 진로에 굴절률이 급하게 변하는 경계면이 없다 하여도 물질은 원자 → 분자라는 불연속적인 요소로 구성되어 있으므로 빛의 일부가 조금은 방향을 바꾸게 되어 사방으로 흩어진다. 이것을 **빛의 산란(散亂)**이라 한다. 미립자(微粒子)에 의한 산란의 세기는 파장의 4제곱에 반비례함이 알려져 있다. 예를 들면, 맑은 날의 하늘이 푸르게 보이는 것은 태양빛이 대기 중의 **질소나 산소분자**에 의해 산란되는데, 특히 파장이 짧은 파란 빛이 산란되기 때문이며, 대기가 없는 우주공간에서는 빛이 산란되지 않으므로 하늘은 검게 보인다.

또한 빛의 파장에 비하여 입자가 큰 경우, 예를 들면 수증기 등에서는 특히 산란의 정도가 심하여 가시광선 전역에 걸쳐서 빛이 산란된다. 맑은 날의 구름이 흰 빛으로 보이는 것은 수증기에 의한 빛의 산란이 구름 속에서 여러 번 되풀이되어 반사율이 100[%]에 가까워지기 때문이다. 투명한 유리를 아주 잘게 갈면 불투명하게 되는 것도 같은 이유이다. 이와 같이 반사면을 여러 층 겹쳐 놓은 경우에 일어나는 산란현상을 **다중 산란**이라 한다.

(2) 빛의 양과 시감각

빛의 양은 빛의 세기와 빛의 파장이다. 빛의 세기 중 광원의 밝기, 즉 단위시간에 광원을 나오는 빛의 양을 **광도(光度)**라 하고 보통 **칸델라(cd)**라는 단위가 사용된다. 단, 퍼지는 것을 무시할 수 없는 광원이나 반사면의 밝기는 그 면의 단위면적으로부터 나오는 빛의 양으로 나타내며 이것을 그 광원(반사면)의 **휘도(輝度)**라고 한다.

이것은 1[cd](칸델라)의 광원으로부터 1[m] 떨어진 곳에 빛에 수직인 면의 조명도를 단위로 하여 이것을 1[lx](럭스)라 한다. 광량(lm · s) · 휘도(cd/m^2) · 광속발산도(lm/m^2)는 사람의 시각을 기본으로 하여 결정되는 양으로서 빛에너지 자체는 아니다.

빛이 투사되었을 때 시감각(視感覺)이 느끼는 명암의 정도로 시감각 자극으로서의 빛의 측정량에는 두 가지 계통이 있는데, 하나는 복사 에너지, 즉 **복사량**이고, 또 하나는 휘도 · 조명도(照明度) · 광도 등으로 표시되는 **측광량**(測光量 : photometric quantity)이다. 전자는 시감각과 관계없이 결정되는 물리량이고, 후자는 가시범위 내의 빛에 대하여 사람의 눈의 시감도를 기준으로 하여 측정된 빛의 세기를 나타내는 양이다.

예를 들면, 전등과 같이 빛을 발하는 광원(光源)의 밝기는 전자에 속하고, 전등의 빛을 받는 책과 같이 광원으로부터 빛을 받고 있는 물체의 밝기는 후자에 속한다. 광원의 밝기는 광원에서 단위거리에 있는 광선에 수직인 단위면적에 단위시간 내에 도달하는 빛의 에너지량, 즉 광도로 측정할 수 있고 광원으로부터 빛을 받고 있는 물체의 밝기는 단위면적에 단위시간 내에 도달하는 에너지량, 즉 조명도로 측정할 수 있다.

또한, 광원의 밝기에는 면의 밝기를 고려해야 한다. 예를 들면, 글로브를 씌우지 않은 전구는 그 빛이 점광원(點光源)인 데 대하여 글로브를 씌운 전구는 글로브 전체가 광원이 되어 광원의 단위면적당 밝기가 감소한다. 이와 같이 광원을 면으로 하면 점광원과 상황이 달라지므로, 특히 **면광원의 밝기**를 휘도라 하며 광도와 구별한다. 보통 광도의 단위로는 칸델라(cd), 조도의 단위로는 **럭스**(lx), 휘도의 단위로는 **스틸브**(sb)를 사용한다. 또한 이 용어는 천체의 밝기(광도), 렌즈의 밝기, 색의 밝기(명도) 등으로도 사용된다.

- **물리측광과 시감측광** 예를 들면 **자외선**이나 **적외선**과 같이 눈에 보이지 않는 빛을 내는 광원은 많은 에너지를 방출하여도 광도는 0이다. 가시광선에 국한하여도 같은 에너지이면서 눈에 느끼는 밝기는 파장에 따라 다르므로, 빛에너지 자체를 알기 위해서는 파장별로 시감도를 기초로 하여 환산하거나 광전관(光電管) 등으로 빛에너지를 물리적으로 측정하는 방법을 사용해야 한다. 이것을 **물리측광**이라 하고 시각에 의한 측정방법을 **시감측광**이라 한다. 물체가 빛깔을 가지는 것은 빛을 조사했을 때 물체로부터 특정한 파장의 빛만을 반사하기 때문이다.

따라서 그 물체에 의해 반사되는 파장의 빛을 포함하고 있지 않은 조명광에서는 그 물체는 거무스름하게 보인다. 또한 물체의 빛깔은 금속과 보통 물질과는 나타나는 방식이 다르며, 금속에서는 직접 표면에서 반사되는 데 비하여 보통 물질은 조명광이 일단 물질 안에 들어갔다가 어떤 파장의 빛만이 밖으로 나온다. 이 때문에 보통 물질은 얇은 막으로 만들어 투과광을 보아도 반사광과 같은 빛깔로 보이지만, 금속에서는 투과광과 반사광의 빛깔이 전혀 다르게 된다.

반대로 보통 물질은 잘게 부수면 표면에서의 반사가 많아져서 하얗게 되지만 금속은 아무리 잘게 부수어도 빛깔이 변하지 않는다. 금속과 같이 표면으로부터 반사함으로써 나타나는 빛깔을 **표면색**, 보통 물체의 빛깔을 **물체색**이라 한다. 발광체의 빛깔은 발광체의 종류나 빛을 방출하는 메커니즘에 따라서 정해진다.

발광체로부터 방출되는 빛을 스펙트럼으로 나누어 조사하면 포함되어 있는 물질의 종류나 빛의 방출 메커니즘에 대한 귀중한 정보가 얻어진다. 또 고체를 고온으로 가열하였을 때 나오는 빛은 **열복사**라고 한다. 이때 빛의 빛깔과 온도 사이에는 일정한 관계가 있으며 이 관계는 고온계에 응용되고, 특히 천체의 온도를 추정하는 데도 이 관계가 이용된다.

(3) 빛의 방출과 간섭성

발광체에는 여러 가지 종류가 있다. 예를 들면 백열전구는 필라멘트가 고온으로 가열됨으로써 빛을 방출하며 수은등이나 네온등은 관 내의 수은이나 네온이 방전에 의해 에너지를 얻음으로써 빛을 낸다. 또한 형광이나 **인광(燐光)** 또는 **생물발광**과 같이 거의 열을 수반하지 않는 **냉광(冷光)**도 있다.

이와 같이 물체가 빛을 방출하는 메커니즘에는 여러 가지 형태가 있으나, 어떠한 경우에도 빛의 발생은 물체의 원자 또는 분자의 에너지상태의 변화에 따라 일어난다. 빛이 인공적으로 발신할 수 있는 전파에 비하여 대단히 짧은 파장을 가지는 것은 말하자면 빛이라는 전자기파의 발신원이 원자나 분자라는 대단히 작은 것에 기인한다.

그러나 빛이 전파와 근본적으로 다른 점은 단순히 파장의 차만 있는 것이 아니라, 인위적으로 전자의 진동을 일으켜서 발신하는 전파는 전기장의 위상이

한 평면 내에 갖추어진 파동으로 파장도 일정한 반면에 빛은 원자나 분자가 각각 독립된 발신원이 되어 있기 때문에 각각의 전기장 진동면이 일정하지 않고 위상이 가지런하지 않으며, 더욱이 원자나 분자의 에너지상태의 차이에 따라 파장에도 폭이 있게 된다.

일반적으로 위상이 고르고 파동으로서 중첩되는 파를 간섭성파(干涉性波), 위상이 가지런하지 않은 파를 **비(非)간섭성파**라 하는데, 빛은 비간섭성파이기 때문에 같은 한 광원에서도 다른 부분에서 나오는 빛이나, 같은 빛을 둘로 나누었다가 다시 겹친 경우 광행로차가 크게 되면 간섭이 일어나지 않는다.

그러나 빛의 파장영역에서 전파와 같은 간섭성파를 발생시킬 수 있으면 지향성이 좋고, 많은 신호를 보낼 수 있는 획기적인 통신방식이 탄생할 가능성을 가지고 있다. 레이저는 이러한 빛의 발생을 실현한 것으로서 일반 광원과는 본질적으로 다른 새로운 빛의 발생원으로서 단색이며 간섭성 · 지향성 및 빛의 세기가 크다. 레이저는 빛의 응용영역을 확대시켜 현재도 많은 분야에 응용되고 있으며 앞으로 더욱 확대될 것이다.

1-2 빛의 여러 가지 특성

(1) 파면의 전파와 굴절

- **파면** 바다에서 파도가 밀려오는 것을 관찰해보면 파의 높은 부분, 즉 마루를 이루는 곡선이 그 형태를 조금씩 바꾸면서 움직이는 것을 알 수 있다. 파동의 마루를 이어준 곡선 혹은 곡면을 **파면**이라 한다. 이 파면이 시간에 따라 그 다음 파면을 형성하는 원리는 17세기의 호이겐스(C. Huygens)에 의해 발견되었다.

  호이겐스는 빛을 파동으로 보고 빛이 굴절이나 반사의 법칙을 설명하였으며 "파면의 각 지점들이 구면파를 발생시키는 파원이 되고, 무수히 많이 생기는 이 구면파가 겹쳐서 만드는 그 포락선이 다음 파면을 형성한다."고 주장하였다.

  [그림 1-1]은 점파원에서 나오는 파면이 그 다음 파면을 형성시키는 과정을 보여주고 있다. 주황색의 굵은 선으로 표시한 파면에서 무수히 많은 점

들이 또 다른 점파원이 되어 각각 파란색 2차 파면을 만들어내고 이 2차 파면이 다음 파면을 계속해서 형성해 나간다.

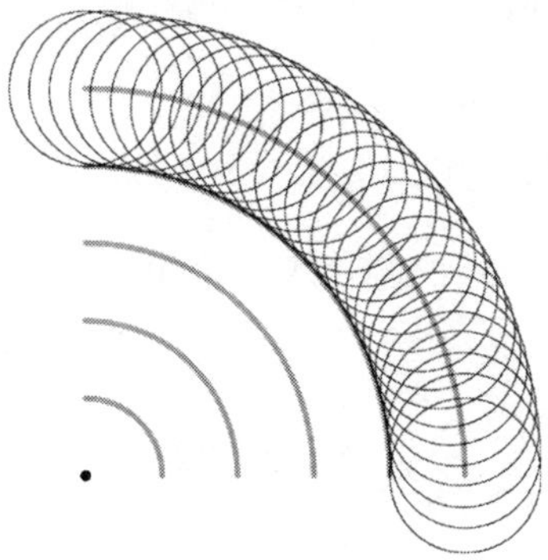

[그림 1-1] 호이겐스 원리에 의한 구면파의 전파

■ **굴절의 법칙** 파동이 다른 매질 속으로 들어가서 속도가 달라지면 진행 방향이 변하게 된다. 이는 [그림 1-2]에서 파면은 화살표로 표시한 파면에 수직한 방향으로 진행하다가 파의 진행속도가 달라진 매질 속으로 진입을 하고 있다.

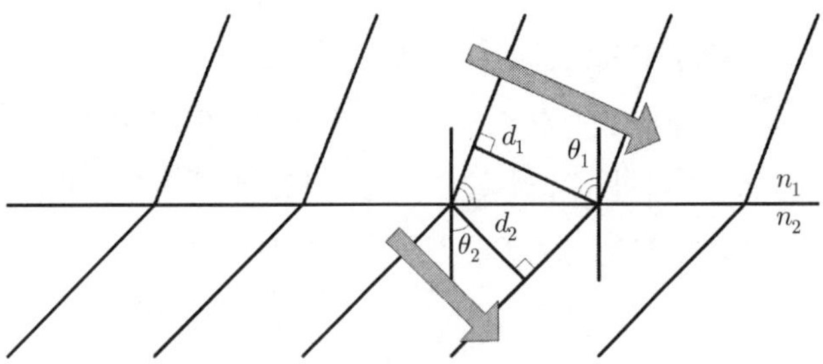

[그림 1-2] 파면을 진행시켜 분석해본 굴절법칙

여기서 n_1, n_2로 표시된 굴절률은 파의 진행속도와 다음과 같은 관계를 가지고 있다. 빛일 경우 기준속도 ν_0는 진공에서 빛의 속도 c로서 매질 굴절률은 1보다 큰 값을 갖는다.

$$\nu_1 = \frac{\nu_0}{n_1}, \quad \nu_2 = \frac{\nu_0}{n_2}$$

[그림 1-2]에서 d_1, d_2는 같은 시간동안 파동이 진행한 거리로서 이는 각

매질에서의 진행속도에 비례하므로 굴절률에 반비례하게 된다. 따라서 서로 마주 붙어 있는 두 직각삼각형이 공통의 빗변을 가지고 있으므로 다음과 같은 비례관계를 유도할 수 있다.

$$\frac{\sin\theta_1}{\sin\theta_2}=\frac{\nu_1}{\nu_2}=\frac{n_2}{n_1}$$

이 식을 **스넬의 법칙**이라 하며, 굴절이 일어나는 정도가 두 매질의 굴절률 비에만 의존하고 각 굴절률에는 무관하다는 것을 말해주고 있다.

굴절률의 비, 즉 $\frac{n_1}{n_2}$를 **상대굴절률**이라 한다.

(2) 광선과 빛의 전파

■ **광선** 빛은 파동성을 갖고 있으므로 넓은 범위에 퍼져있는 파면이 앞에서 설명한 호이겐스 원리에 의하여 전파되는 것이다. 그러나 우리가 일상생활에서 보는 빛은 줄기를 가지고 진행하는 듯이 보인다. 햇살이 나뭇가지 사이로 비출 때 그 빛은 직선으로 된 가닥을 따라 진행하는 것처럼 보이고, 플래시를 비추면 어둠 속으로 빛의 선이 그어지는 것처럼 보이는 것에서 **광선의 개념**을 알 수 있다.

특히 **레이저**인 경우 그 빛줄기가 가늘어서 마치 단 하나의 광선이 있는 것으로 생각할 수 있다. 이처럼 파동에 대하여 파면의 진행방향을 정의할 수 있듯이 모든 종류의 파동에 대해서도 이 같은 광선개념을 사용할 수 있다. 특히 빛일 경우에는 그 빛의 진로에 놓여 있는 물체규모에 비하여 파장이 월등히 짧아서 회절효과가 거의 나타나지 않을 때는 이 광선개념을 유용하게 쓸 수 있지만 파장이 긴 전파, 음파와 같은 경우에는 회절효과가 커져서 이런 광선개념을 거의 사용하지 않는다. 빛일 때도 회절이 나타나는 조건에서는 이를 적용하기 곤란하므로 광선은 근사적인 개념이라고 할 수 있다.

■ **빛의 전파와 반사의 법칙** [그림 1-3]은 파면과 광선의 관계를 보여주고 있다. 그림에서 바탕은 **굴절률**이 1이고, 점으로 표시된 부분은 굴절률이 1.5이며, 빛을 반사하는 포물면경이나 거울의 경우 점으로 표시하였으며,

굵은 선으로 표현한 파면과 광선이 전파되어 가는 성질을 보여주고 있다.

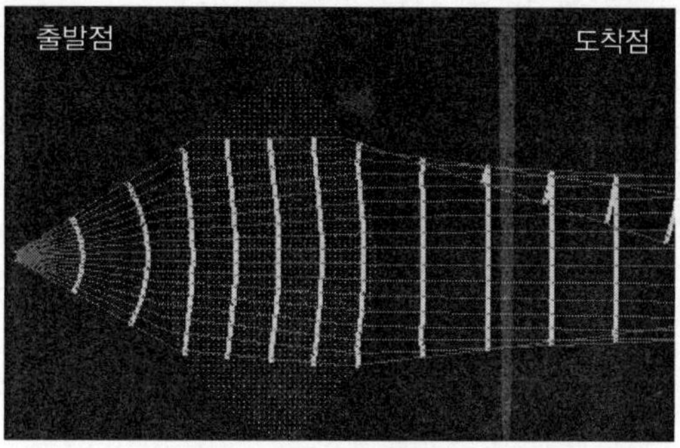

[그림 1-3] 파면과 광선의 전파

1) 페르마의 원리에 의한 반사법칙 해석

광선이 거울에서 반사될 때 택하는 경로는 페르마의 원리로 찾아낼 수 있다. 다음 프로그램에서는 거울에서 반사되는 수많은 가상 경로를 탐색해서 그 중에서 가장 시간이 짧게 소요되는 것을 찾는다.

[그림 1-4]는 아래에 거울이 수평으로 놓여 있고, 위 왼쪽에 있는 출발점에서 나온 빛이 거울에 반사하여 위 오른쪽 도착점으로 가는 경우 선택된 빛의 경로를 알아본다. 거울면 한 점을 향해서 출발한 여러 개의 가상 경로를 통하여 광선을 보내서 그 중 가장 빨리 도달할 수 있는 한 경로를 택하

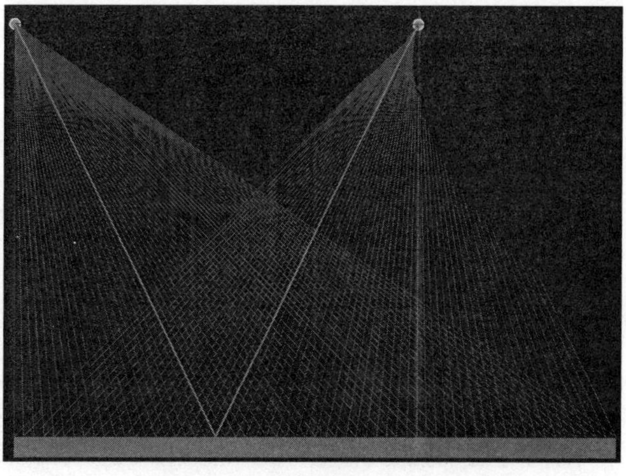

[그림 1-4] 페르마 원리에 의한 반사법칙

는 과정을 보여주고 있다. 이 중 가장 빠른 경로가 있어 그 경로를 선으로 나타냈고 이것이 바로 **실제 광로**가 된다.

[그림 1-4]와 같이 여러 경로를 탐색해 본 결과 입사각과 반사각이 같은 조건으로 반사가 일어나는 것을 쉽게 확인할 수 있는데 이를 **반사법칙**이라 한다. **페르마 원리**로 이 법칙을 증명할 수 있다. 거울을 대칭면으로 하여 도착점을 거울 뒤에 복사시켜 놓으면 광선이 거울에 입사할 때나 반사된 후에는 같은 매질을 통과하므로, 출발점과 도착점의 복사지점을 직선으로 이어준 경로가 바로 **광로**가 된다.

- **반사법칙** 광선이 거울을 만나면 그 표면에서 광선이 반사되어 나온다. 거울의 표면에는 알루미늄 등 금속막이 입혀져 있는데 이 빛이 가지고 있는 전기장이 금속 내부에 전류를 흐르게 하고 그 전류가 다시 전자기파로서 빛을 방출하는 것이다. 거울에 의해 빛이 반사되는 원리를 파면으로 해석하는 호이겐스의 원리나 앞에서 모의실험을 통하여 알아본 것처럼 빛을 선으로 해석하는 **페르마 원리**로 쉽게 알아낼 수 있다.

  광선이 거울에 진입하면 반사의 법칙에 의해 빛이 반사되며 반사가 일어날 때 광선의 입사각과 반사각은 정확하게 일치하게 되는 것을 **반사법칙**이라 한다. 그리고 광선이 굴절되는 상황에서도 그 일부분은 반사된다. 투명한 거울이나 물에서도 우리 얼굴이 비치는 것을 볼 수 있다. 특히 뒤쪽이 어두운 유리나 깊은 호수에서라면 마치 거울처럼 모습을 선명하게 볼 수 있게 된다. 이는 매질 경계에서 반사법칙에 따라

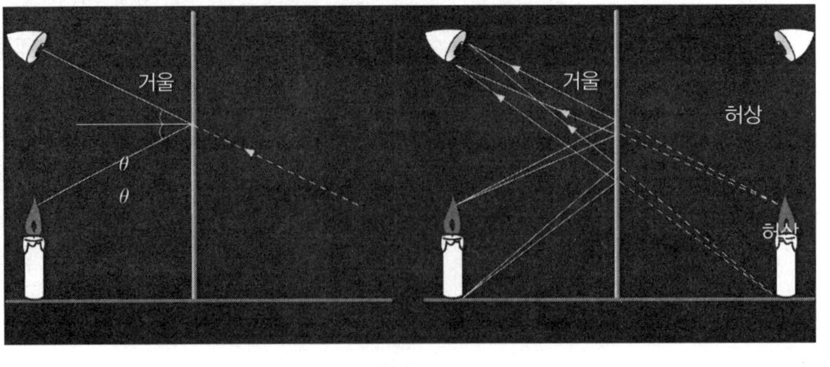

[그림 1-5] 거울에 의한 빛의 반사

빛의 일부분이 반사되기 때문으로 이런 현상을 **내부반사**라 한다. 이 현상은 빛이 가지고 있는 전기장과 자기장이 매질에서 전자기법칙에 따라 행동한 결과로서 **프레넬 방정식**으로 잘 정리되어 있다. 이 식에 따르면 유리일 경우 100[%] 수직으로 입사(입사각이 0)한 빛 중에서 굴절하는 빛이 96[%]이고 4[%]가 반사된다.

물인 경우에는 약 2[%]가 반사되고 이것이 바로 우리 얼굴을 비쳐 보이게 하는 빛의 밝기가 된다.

입사각이 0에서 점점 커지면 반사하는 빛 비율도 점점 커져서 유리일 경우 입사각이 80°에서 50[%] 이상이 반사된다. 호수에 비스듬히 비춰지는 하늘이 상당히 밝은 것은 이 때문이지만 굴절의 법칙을 만족할 수 없는 상황에서 빛은 100[%] 전반사된다.

상대굴절률 $n = \dfrac{n_2}{n_1}$이 1보다 작은 경우는 스넬의 법칙을 만족하는 굴절각이 존재하지 않는 경우가 생긴다. 즉 입사각 sin값이 n보다 큰 경우(즉 $\sin\theta_1 > n$)에는 $\sin\theta_1$이 1보다 커져서 굴절각 θ_1이 존재하지 않는다. 이와 같은 경우에는 굴절이 전혀 일어나지 않으므로 입사한 빛이 100[%] 반사되는 것을 **전반사**라 한다. 전반사가 일어나는 조건의 입사각을 임계각(θ_c)이라 하고 식 $\sin\theta_c = n$을 만족한다. 유리 속에서 공기로 나가는 경우(상대굴절률 $n = 1/1.5$) 임계각은 약 41.8°이다.

■ **프레넬 방정식** 19세기 후반에 빛이 전자기 파동이라는 것이 알려지자 반사나 굴절현상에 대한 근본적인 접근이 이루어졌다. 파동으로서 빛은 **맥스웰 방정식**을 따르고, 매질의 경계를 만났을 때 전기장과 자기장이 만족해야 하는 경계조건을 이 파동방정식에 부과하여 반사와 굴절법칙뿐만 아니라 이들 **반사광**과 **굴절광**을 세기에 대해 정확하게 계산할 수 있게 되었다.

[그림 1-6]은 두 매질이 평면을 경계로 하여 만나고 있고, 위 매질에서 비스듬하게 입사하는 평면파가 경계를 지나서 되돌아 나오는 평면파 및 아래 매질로 침투해 들어가는 평면파로 나누어지는 것을 보이고 있다. 매질의 경계면에 평면파 빛이 입사하여 반사하고 굴절한다. 각 파면은 대표

적으로 두 개만 그렸으며 파의 진행방향을 나타내는 파벡터를 화살표로 표시하였다.

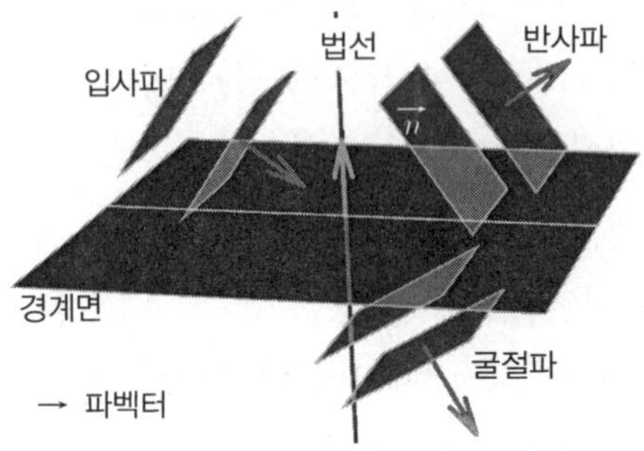

[그림 1-6] 평면파의 반사와 굴절

2) 빛과 파장과 색

■ **색**　　물체의 색은 모양과 더불어 인간이 사물을 인지하는데 중요한 역할을 한다. "우리는 어떻게 색을 느낄 수 있을까?" "물체가 **고유의 색**을 가진 것처럼 보이는 이유는 무엇일까?" 물체에 빛이 비추는 상황에 따라 색이 달라져 보이는 것이나 빛이 없으면 색도 없어지는 것으로 보아 색은 빛과 밀접한 관계가 있음을 알 수 있다.

광은 파장의 길고 짧음에 의해 사람의 눈에는 여러 가지 색으로 관측된다. 태양광이 프리즘을 통과하면 여러 가지 연속되는 색으로 분리되는 것을 간단히 실험할 수 있고, 이것을 일상생활에서도 종종 경험할 수 있다. [그림 1-7]에 표현된 것같이, 슬릿을 통한 태양광선은 프리즘의 입사면과 출사면에서 굴절할 때 굴절각이 파장에 따라 다르고, 굴절방향이 다르기 때무넹 연속적인 다른 색으로 분리된다. 이같이 연속된 광의 파장분포를 **연속스펙트럼**이라 하고, 태양광과 같이 연속스펙트럼이 얻어지는 광을 **백색광**(白色光)이라 한다. 같은 형태로 네온등이나 나트륨등과 같은 특정한 광원으로부터 나오는 광을 프리즘으로 나누어 보면 몇 개의 밝은 띠모양이나 선모양의 분포를 관측할 수 있다. 이것들을 **띠스펙트럼** 또는 **선스펙트럼**이라 한다. 또 단일 선스펙트럼을 갖는 광을 단색광이라 한다. 이같이 하나의 광선이 여러 가지 색의 스펙트럼으로 분리되는 것을 광의 분산(分散)이라 하며, 이는 뉴튼에 의해 발견되었다. 광의 스펙트럼은 광원의 종류, 광을 내

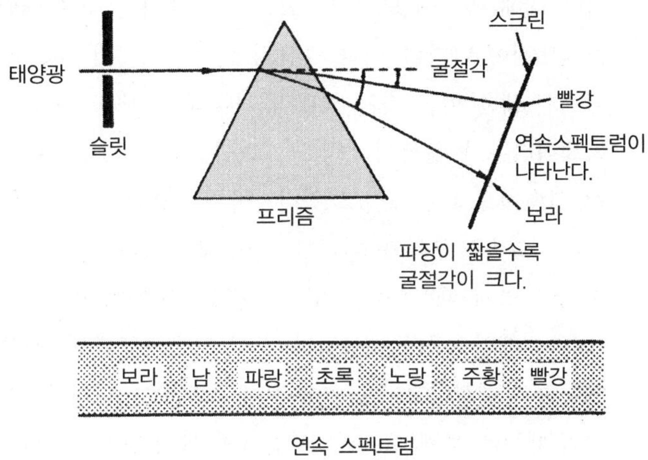

[그림 1-7] 프리즘에 의한 태양광의 연속스펙트럼

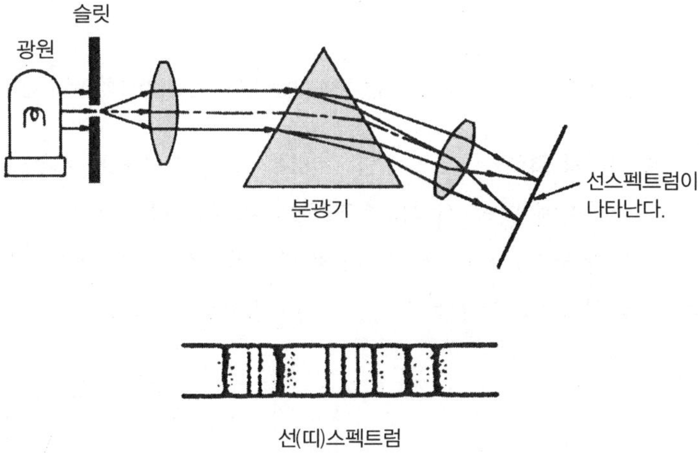

[그림 1-8] 분광기에 의한 선스펙트럼 관찰

는 원소의 종류에 따라 다르고, 원소 특유의 선스펙트럼을 갖고 있다.

[그림 1-8]에 표시된 것같이 좁은 슬릿의 상을 렌즈와 프리즘을 통과시킨 후 스크린에 비추어 보면 보다 명료한 스펙트럼패턴을 얻을 수 있다. 이같은 장치를 **분광기**라 한다. 이 분광기를 사용하여 광원으로부터의 스펙트럼 분포를 조사하면 광원에서 빛을 내는 원소의 종류를 판별할 수 있다.

■ **시감도와 색** 사람의 눈이 파장이 다른 광을 어떤 색으로 느낄 수 있는

가에 대해 생각해 보자. [그림 1-9]에 표시한 것은 대략적인 것이지만 연속 스펙트럼에 나타난 색과 파장의 관계에서 7색으로 구분되어 있다. 그러나 실제의 색은 일곱 가지 색뿐만 아니라, 청색과 녹색 사이에 청색에 가까운 녹색이라든가 청록색 그리고 그 중간색도 있고 미묘하게 다른 색이 무수히 연속적으로 존재하고 있다. 물론, 사람의 눈이 모든 색을 구별할 수는 없다. 그것은 우리가 일상 눈으로 보는 광에는 파장이 다른 광이 많이 혼합되어 있기 때문이다. 이같은 광을 **복색광**이라 한다.

특히 백열전구나 태양광과 같이 고온물체에서 방사되는 광은 모든 색을 포함한 백색광이고, 이 빛이 물체에 닿으면 파장에 따라 반사나 흡수가 다르기 때문에 물체는 여러 가지 색의 복색광이나 단색광으로 눈에 감지된다.

파장	750	640	590	550	490	430	380 [nm]
색	빨강	주황	노랑	초록	파랑	남보라	

[그림 1-9] 연속스펙트럼의 파장과 색의 관계

■ **가시광 영역** [그림 1-10]은 소위 시감도(視感度) 곡선으로 표준적인 관측자에 대한 시감도와 파장의 관계를 나타내고 있다. 녹색을 나타내는 파장 555[nm] 부근에서 시감도는 최대가 되고, 380~770[nm]대의 광이 사람의 눈이 감지할 수 있는 가시광영역이 된다.

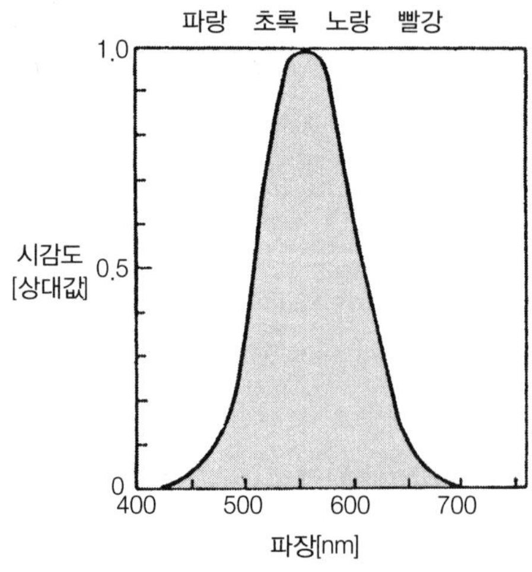

[그림 1-10] 시감도 곡선

■ **빛의 분해** 빛을 [그림 1-11]처럼 프리즘에 비추거나 비온 뒤 무지개를 보면 7가지 색으로 나누어지는 것을 보면 백색광의 태양빛이나 불빛 속에 많은 색의 요소를 가지고 있음을 알 수 있다.

파동으로서 빛이 파장이나 진동수에 따라 물질에서 빛의 속도가 달라지기 때문에 프리즘이나 물방울에 의해 빛은 파장별로 분해가 되고, **이 파장**이 바로 색을 결정한다고 할 수 있으며 **물질의 굴절률**이 파장(진동수)에 의존하는 것을 **분산**이라 한다.

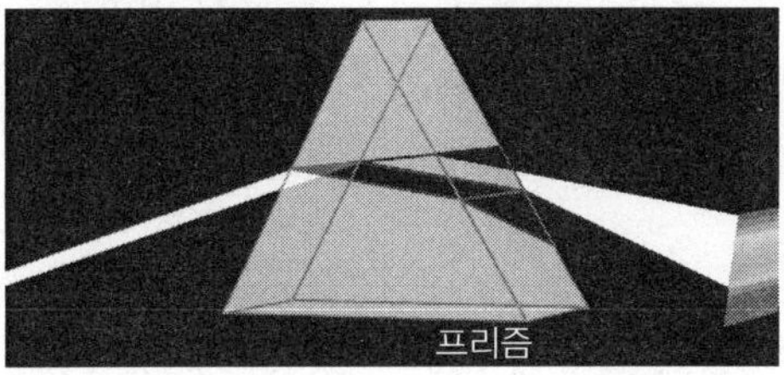

[그림 1-11] 프리즘에 의한 빛의 분산

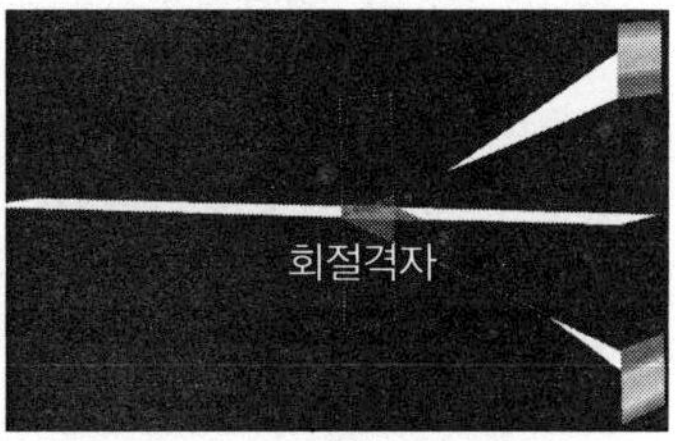

[그림 1-12] 회절격자에 의한 빛의 분광

유리를 삼각기둥 형태로 만들어 빛을 비추면 파장에 따라 꺾어지는 각도가 달라져 [그림 1-12]처럼 무지개색이 보인다. 이 프리즘은 유리의 **빛의 분산특성**을 이용한 것이다. 분산을 이용한 프리즘으로도 빛의 파장을 측정할 수 있지만, 빛의 회절을 이용한 회절격자로 파장을 더 정밀하게 측정할 수 있다. 회절각과 회절격자 틈간격으로 파장을 표현할 수 있어 유리의 분산특성을 알아야 하는 프리즘의 경우보다 더 정확하다.

■ **전자파의 파장 분류** 1864년 맥스웰(Maxwell)은 전자장(電磁場)을 기술하는 기초방정식인 맥스웰 방정식을 완성했다. 이것을 풀면, 전장과 자장이 횡파로 진행하면서 공간을 전파하는, 소위 전자파의 존재가 유도된다. 더욱이 이 전자파의 전달속도가 광속과 같다는 것으로부터 1871년 맥스웰은 광이 전자파의 일종임을 제창했고, 현재에는 광이 전파나 X-선, γ선과 같은 전자파라는 것으로 잘 알려져 있다. 이같이 되어 19세기까지 광이 전자장의 진동이, 횡파형태의 파동으로 전파하는 것이라는 생각에까지 이르렀다.

그러나 이것으로 광에 대한 문제가 모두 해결된 것이 아니고 두 가지 커다란 문제가 남게 되었다. 그 중의 하나가 광파를 전달하는 매질이 무엇인가 하는 문제이고, 또 하나는 광과 물질과의 상호작용, 특히 광의 방출과 흡수를 어떻게 설명하는가 하는 것이다. 이들 문제는 각기 아인슈타인(Einstein)의 **상대성이론** 및 **양자론**에 결부되어 현대물리학의 커다란 기둥으로 되어 있다.

[그림 1-9]에 전파에서 광 그리고 γ선까지의 전자파 영역을 참고로 표시해 놓았다. 광은 전자파 다시말해 파동이지만, 그 주파수는 방송전파 등과 비교하면 현격히 크다. 그 때문에 광의 발생원리로부터 보면 광은 원자로부터 에너지로 방사되는 형태의 입자적 성질을 갖고 있고, 광전파의 모습을 고려하면 에테르(ether)라고 하는 광을 전하는 매질 내의 전파하는 파동으로서의 성질을 나타내고 있다. 다시말해 광은 입자성을 지닌 파동이라고 말할 수 있게 된다.

■ **가시광선** 우리 눈은 빛의 파장에 따라 색을 다르게 인식하지만 파장이 일정한 범위를 벗어나게 되면 빛을 감지하지 못한다. 대체로 파장이 400~700[nm] 범위의 빛을 특정한 색으로 잘 느낄 수 있어 이를 **가시광선**이라 한다. 좁은 의미로서 빛은 우리가 인지할 수 있는 가시광선을 말하고, 넓은 의미로는 파장에 관계없이 전자기파 전체를 말한다.

가시광선은 그 빛을 약하게라도 느끼는 파장영역인 380~780[nm]로 넓게 잡기도 한다. 가시광선의 파장범위는 [그림 1-13]에서 볼 수 있는 것처럼 태양에서 나오는 흑체복사의 주요한 파장범위와 일치한다. 이는 태양이 **지구 생명체 발생**과 **생명유지**의 원천이 된다는 사실과 밀접하게 관련되어 있다.

표면온도가 약 5000[℃]인 태양 빛은 우리가 잘 느낄 수 있는 가시광선 영역에서 강하고 그 주변(자외선 및 적외선) 영역에서는 밝기가 어두워지지만 온도를 높이면 전체적인 밝기도 세지고 주 영역이 자외선 쪽으로 이동한다.

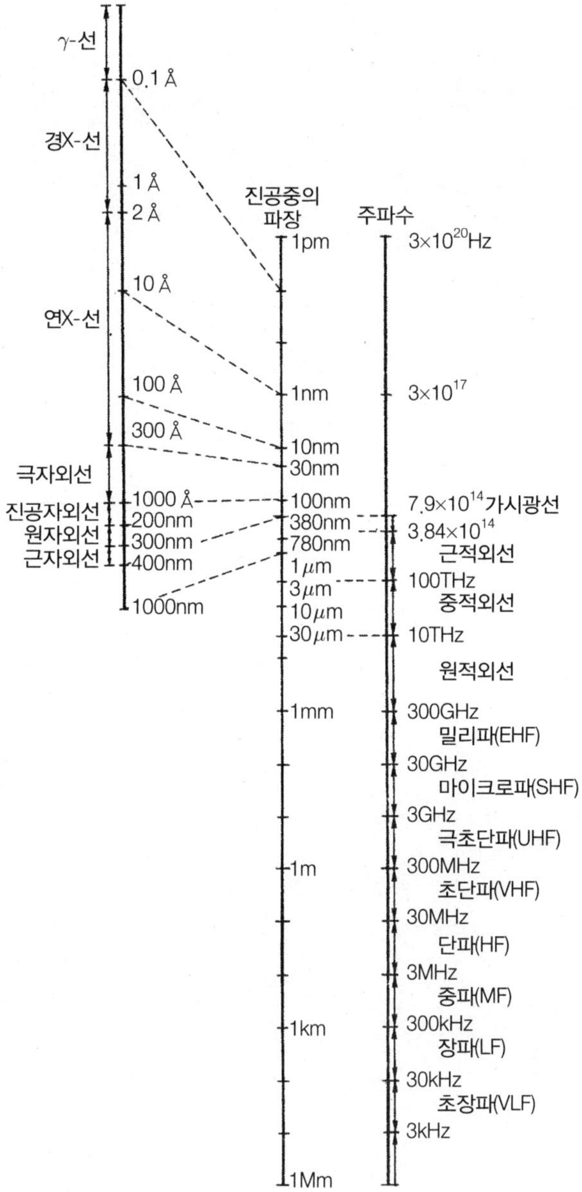

[그림 1-13] 전자파의 파장과 주파수

제2장

반도체

2-1 결정의 결합
2-2 반도체의 특성과 분류
2-3 화합물반도체
2-4 PN 접합

근래에 와서 반도체소자는 광전자분야의 발달과 함께 소형, 경량이면서 신뢰도가 큰 전자공학의 부품으로서 더욱 각광을 받게 되었다. 여기에서는 앞으로 학습할 광전현상, 광검출 소자, 레이저 원리 및 광통신 시스템의 해석을 위한 반도체의 물리적 구조 및 결정체 특성과 재료에 대해서 설명하기로 한다.

2-1 결정의 결합

대부분의 고체는 본질적으로 결정을 이루고 있다. 이 결정(結晶)을 구성하고 있는 원자나 분자들은 상호간의 결합력에 의해서 규칙적으로 배열되어 있는 격자구조를 이루고 있다.

고체는 그 성질에 따라서 공유결합, 이온 결합, 금속결합, Van der Waals 결합으로 구분된다.

(1) 공유결합

공유결합(共有結合, covalent bond)은 두 원자 중의 하나가 전자를 완전히 독점하는 것이 아니고, 두 원자가 최외각의 가전자를 서로 공유함으로써 결합력이 생기는 것을 말한다.

인접원자들이 가전자를 공유하게 되므로 결합력이 매우 강하여 결정고체를 지탱하는 작용도 한다. 공유결합의 특징은 매우 단단하고, 융점이 높으며, 저온에서는 전기전도가 작다.

[그림 2-1]은 다이아몬드(diamond) 결정에서 탄소원자의 배열을 나타낸 것이다. 각 탄소원자는 이 원자와 인접하고 있는 4개의 다른 탄소원자와 한 쌍의 전자를 공유하고 있다.

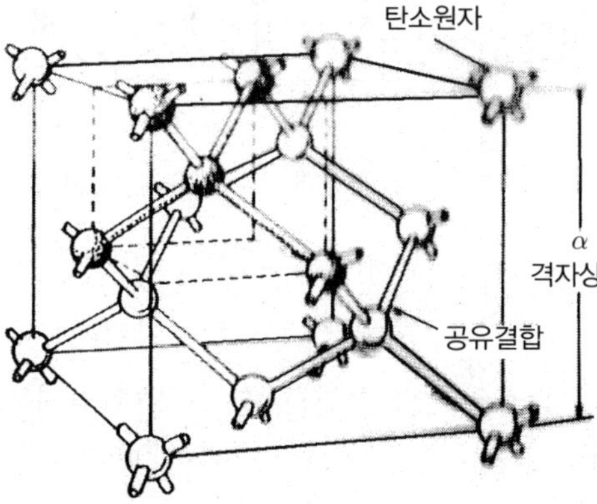

[그림 2-1] 다이아몬드의 결정구조

탄소원자 사이의 길이, 즉 결합의 길이는 3.08[Å] 정도이고, 다이아몬드는 매우 단단하여 이 결정구조를 파괴하려면 3550[℃] 이상으로 가열해야 한다. 이 밖에도 다른 공유결합결정에는 흑연, Si, 수정(SiO_2), SiC, Ge, BeO 등이 있다.

(2) 이온결합

이온결합(ionic bond)은 하나 또는 그 이상의 전자가 한 원자로부터 다른 원자로 이동하여 생기는 양이온과 음이온이 서로 정전기적으로 인력을 작용하여 생기는 결합이다. 즉, 한 원자의 가전자가 다른 원자로 이동하여 전자를 잃은 원자는 양이온, 전자를 얻은 원자는 음이온이 된다는 뜻이다.

이와 같이 이온결합은 서로 반대로 대전된 이온 사이의 정전상호작용(靜電相互作用)으로 이루어지는 결합이다. 이 결합의 특징은 저온에서는 전도성이 작으나 고온에서는 이온 전도가 크고 잘 쪼개지며, 결합력이 비교적 크기 때문에 용융점이 높고 전해액에 잘 녹는 성질이 있다.

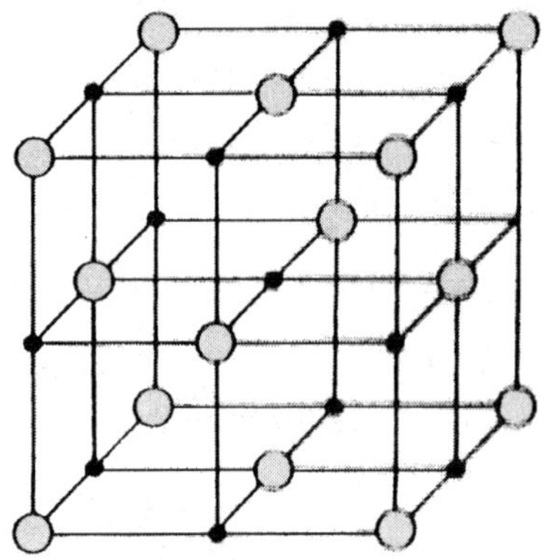

[그림 2-2] NaCl의 이온결합 구조

[그림 2-2]는 보통 소금의 구성요소로 되어 있는 NaCl 분자의 이온결합을 나타낸 것이다. 즉 (+)이온이 되기 쉬운 1족의 알칼리금속과 (−)이온이 되기 쉬운 7족의 할로겐 원소의 결합이 대다수이다. 이밖에도 NaBr, KI, KC1, LiF, CaO, $MgSO_4$, $MgCl_2$, $MgCl_2$, $AgNO_3$ 등이 있다.

(3) 금속결합

각종 금속이 이 금속결합(金屬結合, metallic bond)에 속하며, 결정의 결합력은 전자가 빠져나온 양이온과 자유전자 사이의 정전기력이라 할 수 있고, 전기전도가 크며, 금속결합은 Na, Fe, Cu, Al, Au, Ag, Li 등과 같은 금속들은 결정구조에 있어서 원자가 매우 밀집하고 있어서 가까운 거리에 다수의 원자집단으로 놓여져 있다. 금속결합은 도전성이 크고, (+)이온인 금속 이온이 규칙적으로 배열되어 있고, 융점이 높다.

1가원소인 Li의 경우를 예로 들면, [그림 2-3]과 같이 Li은 체심입방결정(體心立方結晶)을 이루고 있으며 인접하여 8개의 원자가 있다. 따라서, Li의 가전자는 이 8개의 원자로부터 각 방향으로 힘을 받게 되므로 어느 특정한 원자에 구속되지 않고 자유전자가 되어서 금속 내부의 빈 에너지 준위를 자유롭게 운동하게 된다. 이러한 자유전자들은 자유전자군(自由電子群)이라 하며 전자가스(electron gas)라고도 한다.

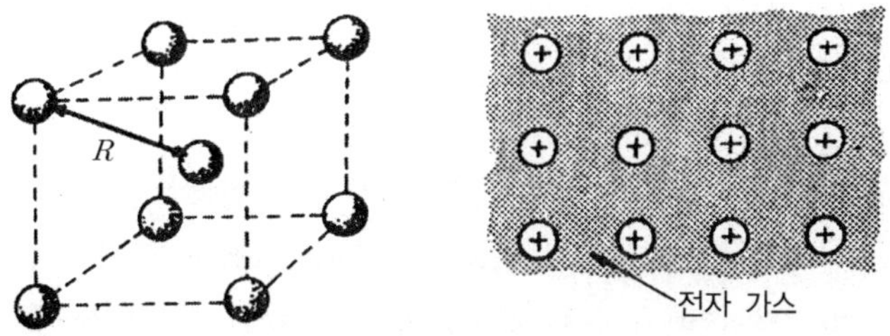

[그림 2-3] 체심입방격자(Li)

한편, 가전자를 상실한 원자는 (+)이온으로 대전(帶電)된 상태가 된다. 이미 설명한 바와같이 금속결합에서는 양이온과 자유전자 사이의 인력과 (+)로 대전된 원자상호간의 반발력이 서로 평형을 이루어서 결정을 이루게 된다. 금속에서 전기전도율과 열전도율이 큰 것은 금속의 결정구조를 통하여 자유전자가 자유롭게 이동할 수 있기 때문이다.

(4) Van der Waals 결합

최외각이 완전히 채워진 비활성 기체분자나 포화분자들은 Van der Waals 힘이라고 하는 약한 정전기력에 의하여 결합되어 고체상태를 이루고 있는 것이다. 이와같은 Van der Waals 힘은 원자나 분자에 있어서 평균적으로 볼 때는 전기쌍극자능률(電氣雙極子能率)은 0이지만 원자 내의 전자의 순간적인 위치변동에 의해서 원자나 분자가 분극을 일으켜서 쌍극자능률(또는 전기쌍극자)을 형성한다. 이 쌍극자간의 상호작용은 원자들의 인력을 나타내어 결합하게 된다. 이때에 쌍극자에 작용하는 힘을 Van der Waals 힘이라고 한다.

이 결합의 특성을 살펴보면 다음과 같다.

- Van der Waals 힘은 이온결합이나 공유결합에서 발견된 힘보다 훨씬 약하다.
- 분자결합이라고도 하며, 상온에서는 기체이고 충분히 낮은 온도에서는 액체로 응결되거나 고체가 된다.
- 비활성기체인 He, Ne, Ar 등이 이에 속하며, 예로써 Ar의 비등점은 −186[℃], 메탄의 비등점은 −161[℃]이다. 따라서, 분자결합에서는 낮은 융해점과 낮은 비등점을 갖는 것이 특징이다.

2-2 반도체의 특성과 분류

반도체는 도체와 절연체의 중간정도의 도전율을 가지고 있다. 반도체란 금속과 절연체 중간의 전기저항을 가지고, 전기전도가 전자와 정공에 의해서 일어나는 것으로 트랜지스터, 광전효과, 자기효과 등의 현상을 나타내는 물질이다.

저항률은 10^{-4}~10^{7}[Ω · cm] 정도이고, 저항은 온도의 상승과 함께 감소하는 성질을 갖고 있다. 그러나 이러한 이유만으로는 반도체라고 할 수 없으며, 금속이나 절연체와는 전혀 다른 성질을 갖고 있는 것이 특징이다.

반도체가 갖는 특성을 나타내면 다음과 같다.

- 부(−)의 온도계수를 갖는다. 반도체는 어떤 온도범위 내에서 온도가 상승하면 저항률이 감소하고, 도전율이 증가하는 온도계수를 갖는다.
- 현저한 **정류작용**을 가지며 금속과의 접촉 및 다른 종류의 반도체와의 접합에서 정류작용이 나타난다.
- **광도전성** 및 **광기전력효과**를 나타낸다. 반도체에 빛을 조사하면 저항치가 감소하여 도전성이 증가하거나 빛의 조사에 의해서 기전력이 생긴다.
- **자기효과**를 갖고 자계에 의해서 전기저항이 변한다. 또는 전류가 흐르고 있

는 상태에서 자계를 인가하면 기전력이 생긴다(즉, Hall 효과가 현저하다).

- 전자냉동장치, 열발전, 열전자관 등에 이용되는 열전효과를 갖는다. 온도의 상승에 따라 전기저항이 감소하며, 펠티에(Peltier) 효과가 현저하다. 또 열전자를 방사하기 쉽고 열기전력이 크다.
- **불순물 첨가**에 의한 저항률이 변한다. 반도체 결정 속에 포함된 불순물이 증가되면 저항률은 감소되고, 도전성은 증가한다.

(1) 반도체 재료의 구분

반도체 재료를 용도별로 구분하면 능동소자용, 광전변화용, 열전변환용, 자전변환용, 압전재료용 등으로 구분할 수 있다.

〈표 2-1〉은 용도에 따른 반도체 재료의 분류를 나타내었다.

〈표 2-1〉 반도체 재료의 분류

분 류		재 료
능동소자 재료	다이오드 재료	Si, Ge, Se, GaAs
	트랜지스터 재료	Si, Ge
	다이리스터 재료	Si
	집적회로 재료	Si
광전변환 재료	광전셀, 광전자 재료	Si, Ge, GaAs, Se, CdS
	광도전 재료	CdS, Sb_2S_3, PbO, Se, ZnO
	형광재료	ZnS, ZnO, (Zn, Cd)S, Zn_3SiO
	EL 재료	ZnS, ZnSe
	발광다이오드 재료	GaAs, GaP, Ga(As, P), (Ga, Al)As
열전변환 재료	열전발열 재료	PbTe, $MnSi_2$, InAs, InP
	열전냉각 재료	Bi_2Te_3, Bi_2, Sb_2, Te_3, $Bi_2(TeSe)_3$
	열전자방출 재료	BaO, SrO, ThO_2, LaB_6
	서미스터 재료	NiO, $CaTiO_3$, VO_2, $BaTiO_3$
	발열 재료	SiC
자전변환 재료	Hall 소자 재료	InSb, InAs
	자기저항 재료	InSb, InAs, Bi
압전변환 재료	압전변환 재료	Si, Ge, GaAs, GaSb
	압전반도체 재료	CdS, ZnO, CdSe, $LiGaO_2$

■ **진성반도체** 반도체의 성질은 불순물의 영향에 의해서 전기적인 특성이 변한다. 반도체의 에너지대 구조는 불순물이 전혀 들어 있지 않은 순수한 반도체인 경우에만 성립한다. 그러나, 이러한 이상적인 순수반도체를 얻는 것은 불가능하다.

반도체의 전기적 성질에 아무런 영향을 미칠 수 없는 극히 미소한 양의 불순물이 포함된 반도체라면 순수반도체와 다름이 없다고 하겠다. 이와 같이 불순물이 들어 있다고 하더라도 전기적 성질이 순수한 반도체를 **진성반도체**(眞性半導體, intrinsic semiconductor)라고 한다.

■ **실리콘 결정구조와 캐리어** [그림 2-4]에 평면화한 Si 단결정(單結晶)을 나타내었다. 순수한 Si 단결정은 **다이아몬드의 결정구조**와 같이 극히 안정된 결정구조를 하고 있다.

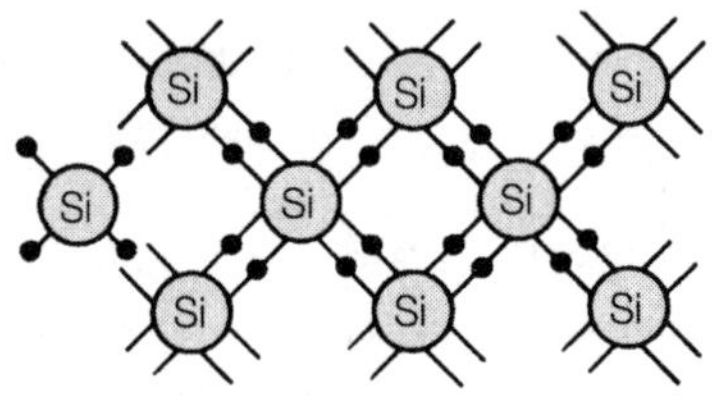

[그림 2-4] 평면화한 Si 결정구조

Si의 가전자는 4개인데, 이 4개의 가전자가 인접한 4개의 원자쪽에 1개씩 배열되어 동시에 4개의 인접원자로부터 2개씩의 가전자를 공유하게 된다. 즉, Si원자는 전부 8개의 가전자로 둘러싸여 있게 된다.

이러한 Si의 단결정에 열에너지나 광에너지가 가해지면 원자의 핵에 의하여 속박되어 있던 가전자가 이탈하여 자유전자가 되어 도전성을 갖게 되는 반도체의 성질을 나타낸다. 물론 상온에서도 적은 수의 가전자는 이탈된다.

이와 같이 이탈된 가전자가 자유전자로 되면 자유전자로 된 수만큼 구멍(hole)이 생긴다. 이 구멍은 전기적으로 중성인 곳으로서 (−)의 부전하를 갖고 있는 가전자가 이탈되었으므로 (+)의 정전하를 갖게 된다. 이것을 정공(正孔) 또는 홀(hole)이라고 한다. 이들 자유전자와 정공은 반도체 내에서 전하를 운반한다는 의미에서 캐리어(carrier)라고 하고, 진성반도체에서의 캐리어 농도는 n_i 라고 표시한다($n_i = n = p$).

(2) 진성반도체의 에너지대 구조

[그림 2-5]는 진성반도체의 에너지대 구조를 나타내었다. 절대온도 0[°K]에서 가전자대는 완전히 채워져 있으며, 전도대는 완전히 비어있는 상태가 된다. 즉, 이 경우의 반도체는 마치 **절연체**와 같이 되어 전류가 흐르지 않는 상태가 되며, Fermi 준위 E_f 는 금지대폭의 중앙$\left(\frac{1}{2}E_g\right)$에 위치하게 된다.

그러나, 온도 T가 상승하면 공유결합상태에 있던 전자는 열에너지를 받아서 전도대로 올라간다. 전자가 빠져나간 **가전자대**에는 정공이 생기게 되어 (+)의 정전하로 대전된다.

이와같은 현상이 계속해서 반복되는데, 여기에 전계를 인가하면 전자는 운동량과 에너지를 얻게 되어 전계와는 반대방향으로 운동하고, 정공은 전계 내에서 정전하와 같은 성격을 갖게 되어 도전성을 갖는다.

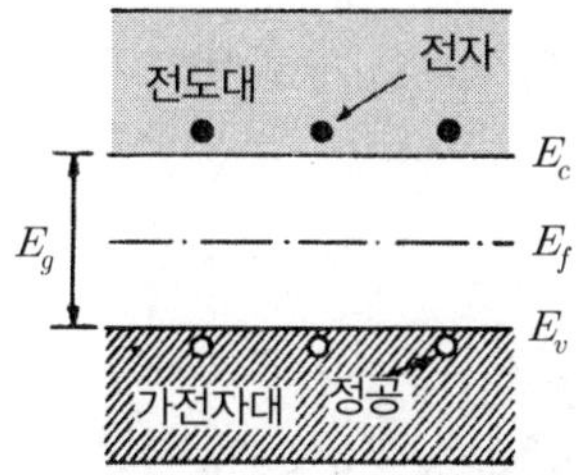

[그림 2-5] 진성반도체의 에너지대

(3) 불순물반도체

일반적으로 반도체에 대한 응용은 불순물이 들어 있는 반도체를 사용한다. 순수반도체의 단결정에 미소량의 불순물, 즉 가전자 3개를 가지고 있는 3가원소나 가전자 5개를 가지고 있는 5가원소를 혼입한 것을 불순물반도체(不純物半導體, impurity semiconductor)라고 한다.

보통, 저항률은 0.01～60[Ω·cm] 정도의 범위 내로 하며, 온도가 상승하면 저항률이 감소하는 성질은 순수반도체와 같으나, 불순물의 가감량에 따라 저항률이 변화할 수 있다는 중요한 특성이 있다.

■ ***N*형 반도체** Si이나 Ge의 순수한 단결정에 원자가가 5가인 불순물

P, As, Sb, Bi 등을 넣은 것을 N형 반도체라고 한다. 이와 같이 반도체에 불순물을 첨가하는 것을 **도핑**(doping)이라고 한다.

4가원소인 Si원자에 5가원소 P를 첨가시킨 경우를 생각한다. 가전자 4개를 갖고 있는 Si원자는 가전자 5개인 P원자가 들어오면 Si원자와 P원자는 각각 4개의 가전자만 공유결합을 하게 되고, 1개의 가전자(價電子)가 남게 된다.

이렇게 남은 전자를 **과잉전자**(過剩電子, excess electron)라고 한다. 그러나, 온도가 상온(T=300[°K]) 정도되면 이 과잉전자는 원자핵의 속박에서 벗어나서 결정 속을 자유롭게 이동할 수 있는 **자유전자**(free electron)가 된다.

이와 같이 공유결합되고 남은 과잉전자를 주는 P와 같은 5가원소인 불순물을 도너 불순물(donor impurity) 또는 간단하게 도너라고 한다. 도너는 '준다'는 의미이고, N형의 N은 Negative, 즉 (−)를 표시한다.

[그림 2-6](a)와 (b)는 N형 반도체의 결정구조와 도너 준위를 각각 나타내었다.

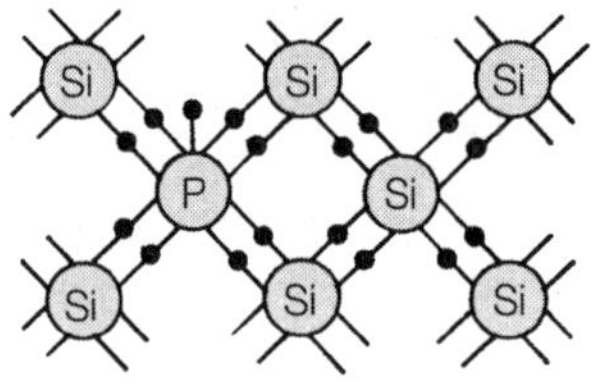

(a) 결정구조

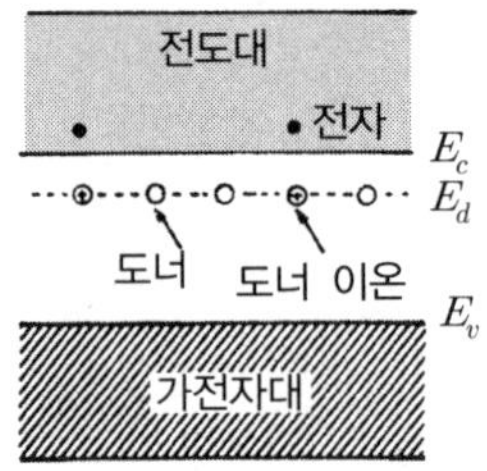

(b) 억셉터 준위

[그림 2-6] N형 반도체

N형 반도체의 에너지대를 보면 전도대의 바로 아래에 과잉전자에 의해서 형성된 에너지 준위, 즉 도너 준위(donor level)가 위치하고 있다. 이 도너 준위를 넘어 전기전도가 이루어진다.

N형 반도체에서는 전류의 흐름, 즉 전기전도가 주로 자유전자의 운동에 의해서 이루어진다. 원자로부터 과잉전자를 분리시키는 데 필요한 에너지는 Si : 0.05[eV], Ge : 0.01[eV], 실온에서의 전자의 열평균 에너지는 0.026[eV]이다. 따라서, 이 자유전자를 N형 반도체의 **다수 캐리어**(majority carrier)라고 한다. 그

리고 수는 적지만 정공도 다소 있으므로 이 정공을 **소수 캐리어**(minority carrier)라고 한다.

- ***P*형 반도체** 순수한 반도체 Si결정에 가전자 3개를 갖는 3가원소 B, Al, Ga, In 등의 불순물을 넣어서 만든 반도체를 ***P*형 반도체**라 한다.

[그림 2-7](a)에 나타낸 바와같이 3가의 불순물 원소와 Si이 공유결합을 하기 위해서는 1개의 전자가 부족하다. 그러므로 3가 불순물 원소는 인접한 Si 원자가 가지고 있는 4개의 가전자 중에서 1개를 가져와서 (−)의 음이온으로 되어 완전한 **공유결합**을 하게 된다.

이와 반대로, 1개의 전자를 뺏긴 Si원자는 공유결합이 깨어지게 되어 전자를 뺏긴 자리에 구멍(hole)이 생기는데 이것을 정공이라고 한다.

이와 같이 3가 불순물 원소는 (+)의 정전하인 정공을 공급하는 역할을 함을 알 수 있다. 이 불순물을 전자를 받아들인다는 의미로서 **억셉터**(acceptor) 또는 *P*형 불순물이라고 한다.

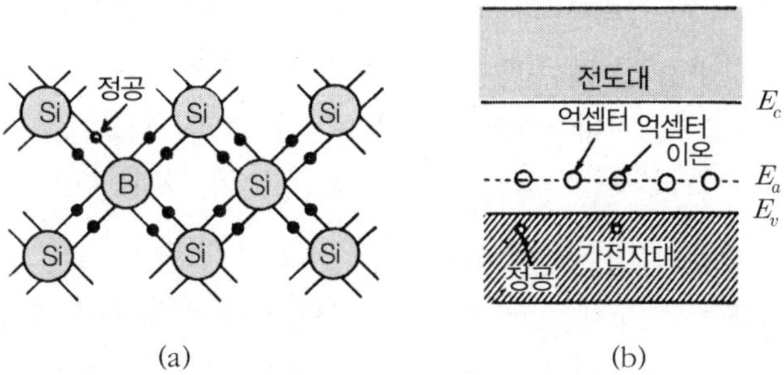

[그림 2-7] *P*형 반도체

[그림 2-7](b)에 *P*형 반도체의 에너지대 구조를 나타내었다. Si결정에 3가의 불순물 원소를 첨가하면 충만대의 약간 윗부분, 즉 Si의 금지대 내에 새로운 에너지가 생기게 되는데 이 준위를 **억셉터 준위**(acceptor level)라고 한다.

이렇게 구성된 억셉터 준위는 Si의 경우 가전자대보다 0.5[eV] 정도이고, Ge 경우에는 0.01[eV] 정도로서 높은 데에 존재한다. 그런데, 0[°K]에서 가전자대는 완전히 채워져 있고, 전도대나 억셉터 준위는 완전히 비어 있으므로 온도가 상승하면 열에너지를 받은 전자는 이 억셉터 준위로 올라가게 되어 **도전성**을 일으킨다.

*P*형 반도체에서는 정공이 다수 캐리어, 전자가 소수 캐리어가 된다.

2-3 화합물반도체

두 가지 또는 그 이상의 금속원소가 결합된 화합물을 금속화합물이라고 한다. 이와 같이 2개 이상의 원소가 결합되어 이루어지는 화합물이 본래의 구성원소와는 다른 성질을 가지고, 반도체의 성질을 갖게 되는 경우가 있다. 이러한 화합물반도체는 복합반도체라고도 하는데, 원소주기율표의 각각 다른 족 원소들의 결합으로 이루어진 반도체를 의미한다.

근래에 와서 화합물반도체는 고속성 및 발광성 등이 쉬운 각종 원소들의 화합물 조합에 의한 새로운 물질의 생성, 극미세 구조에 의한 양자의 효율성 등의 특성으로 인하여 연구발전이 계속되고 있다.

여기에서는 화합물반도체의 특성을 이용하여 실용화 개발이 활발하게 이루어지고 있는 Ⅲ-Ⅴ족 화합물반도체를 중심으로 설명한다.

■ **Ⅲ-Ⅴ족 화합물반도체** 대표적인 화합물반도체로는 Ⅲ-Ⅴ족인 GaAs, InP, InAs, GaP, InSb 등이 있으며, 이들은 자계 속에서 전기저항이 변하는 응용소자나 Hall 효과, 발광 다이오드 재료 등으로 쓰인다. 또한 BP, BN, GaN 등의 화합물반도체도 있지만, 시스템의 재료로 사용하는 데는 결정체의 성장기술 등의 문제가 남아 있다.

모든 반도체는 에너지 밴드폭에 의해서 특성이 결정된다. Ge, Si 등 4족 원소는 간접천이형 에너지 밴드폭을 갖는다. 그러나 GaAs는 직접천이형 에너지 밴드폭의 특성을 갖는다. Ⅲ-Ⅴ족 화합물반도체 중에서 실용성이 가장 많은 GaAs의 특성은 다음과 같다.

- Si은 수광기능만 갖지만 GaAs는 가시광선 영역에서 수광 및 발광기능을 갖는다.
- 전자의 이동도(mobility)가 단결정인 Si나 Ge에 비해 5~6배 이상 빠르며, 응답속도도 빠르다.
- 온도특성이 양호하여 고온에서도 동작이 가능하다.
- 고출력의 마이크로파 발진이 가능하다.
- 가시광선 영역에서도 수광 및 발광기능이 있다.

- 빛을 전기적 에너지로 변환가능하여 광증폭 및 광전소자로 이용된다.
- 이종접합 기술이 가능하여 BJT, LD(LASER Diode) 등의 고출력 기능에 이용된다.
- 전력소모가 적다.
- Si 집적회로에 비해서 고주파 특성 및 제조공정이 쉽다.
- CDMA(Code Division Multiple Access)와 TDMA(Time Division Multipile Access) 등의 마이크로파 디지털 통신 시스템 등에서 효율적으로 이용된다.

■ **Ⅱ-Ⅵ족 화합물반도체** ZnS, ZnSe, HgS, CdSe, CeS 등이 있으며, 광도전재료, 형광체, 정전지 등의 응용소자로 사용된다.

■ **그밖의 화합물반도체** II-V족 화합물(ZnSb, CdSb), V-VI족 화합물(Bi_2Te_3, Bi_2Se_3), IV-VI족 화합물(PbTe, PbSe), 3원합금($AgInS_2$, $AgSbTe_2$) 등이 있다. 〈표 2-2〉에 화합물 반도체 재료의 주기율을 나타내었다.

〈표 2-2〉 화합물반도체 재료의 주기율

족 / 주기	Ⅰ	Ⅱ	Ⅲ	Ⅳ	Ⅴ	Ⅵ	Ⅶ
2			B	C	N	O	F
3			Al	Si	P	S	C1
4	Cu	Zn	Ga	Ge	As	Se	Br
5	Ag	Cd	In	Sn	Sb	Te	I
6	Au	Hg	T1	Pb	Bi	Po	At

2-4 *PN* 접합

Si나 Ge과 같은 단결정의 한쪽에 3가원소인 억셉터 불순물(*P*형 불순물)을 도핑하고, 다른 쪽에 5가원소인 도너 불순물(*N*형 불순물)을 도핑하면 한 결정 내에 *P*형 반도체와 *N*형 반도체가 형성된다. 이렇게 형성된 *P*형 반도체와 *N*형 반도체의 금속학적 경계를 *PN*접합이라 한다.

[그림 2-8]은 *PN*접합을 나타낸 것이다. 대부분의 반도체소자들은 구조적으로 이러한 *PN*접합을 적어도 1개는 가지고 있다.

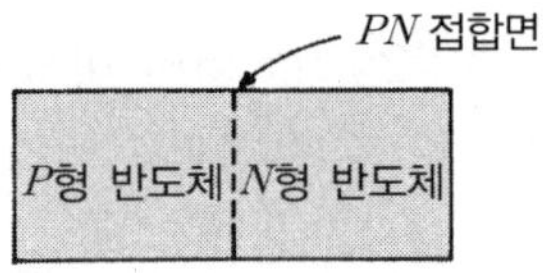

[그림 2-8] *PN*접합

*PN*접합이론은 검파, 정류, 증폭, 스위칭 작용 등의 기능을 수행하는 전자회로의 기초분야로써 매우 중요하며, 바이폴라 트랜지스터나 전계효과 트랜지스터 등 특히 **광전소자**들의 동작원리와 밀접하게 연관되는 이론이다.

(1) 공간전하영역

*PN*접합에서 캐리어의 상태를 보면, *P*형 영역에는 다수 캐리어인 정공농도 ($p_{p0} \simeq N_a$)가, *N*형 영역에는 다수 캐리어인 전자농도($n_{n0} \simeq N_d$)가 존재한다.

이와 같이 *P*형 영역과 *N*형 영역의 캐리어 농도는 각각 다르기 때문에 *P*형 영역의 정공은 *N*형 영역으로 확산하게 되고, *N*형 영역의 전자는 *P*형 영역으로 확산하게 되어 **확산전류**가 흐르게 된다.

그리고, *N*형 영역으로 확산되어 들어간 정공과 *P*형 영역으로 확산되어 들어간 전자는 소수 캐리어가 된다. 결과적으로 이 소수 캐리어들은 재결합(recombination)에 의해서 모두다 소멸된다. 과잉 소수 캐리어인 *N*형의 정공은 *N*형의 다수 캐리어인 전자와 *P*형의 전자는 *P*형의 다수 캐리어인 정공과 **재결합**해서 소멸된다는 뜻이다.

여기서 한 가지 고려할 점은 *P*영역과 *N*영역의 다수 캐리어가 모두 확산운동에 참여하는 것은 아니고, 단지 접합면 부근에 있는 다수 캐리어만 확산운동을 하게 된다는 것이다.

[그림 2-9]에서와 같이 *P*형 영역에서 *N*형 영역으로 정공이, *N*형 영역에서 *P*형 영역으로 전자가 각각 이동하게 되면 정공을 잃은 *P*형 영역은 고정된(−) 억셉터 이온으로 대전되고, 전자를 잃은 *N*형 영역은 고정된 (+)도너 이온으로 대전된다.

이러한 현상으로 인해서 *PN*접합면 부근에는 전위차가 형성된다. 이 전위차는 캐리어의 확산운동을 저지하게 되는데, 이 전위차를 **전위장벽**(電位障壁, potential barrier)이라 한다.

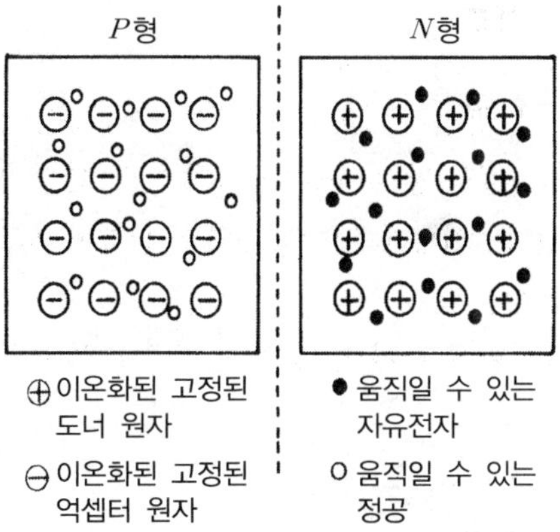

[그림 2-9] *PN*접합 내에서 캐리어의 운동

또한, *PN*접합면 부근에는 확산운동에 의해서 캐리어(전자-정공)들이 결합하게 되므로 캐리어가 존재하지 않는 층(layer)이 생긴다. 이 층을 **공간전하영역**(空間電荷領域, space charge region) 또는 **공핍층**(空乏層, depletion), **천이영역**(遷移領域, transition region)이라고 한다.

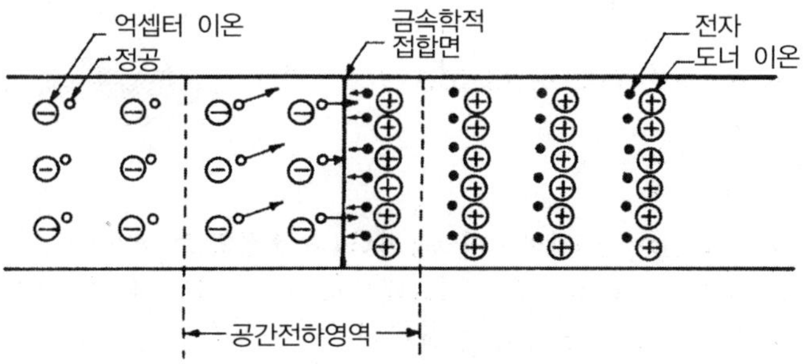

[그림 2-10] 공간전하영역의 형성

(2) 전압이 인가된 *PN* 접합

■ **순방향 바이어스** *PN*접합의 전기적 특성은 기본적으로 정류작용(rectification)이라 할 수 있다. 즉, 한 방향으로는 전류가 잘 흐르지만 반대방향으로는 전류가 흐르지 못한다.

외부에서 가해진 전압이 *PN*접합 양단에 인가되면 평형상태는 깨어지게 되어 드리프트 전류성분과 확산전류 성분 사이의 균형이 무너져서 캐리어는 접합의 경계면을 통하여 이동하게 된다.

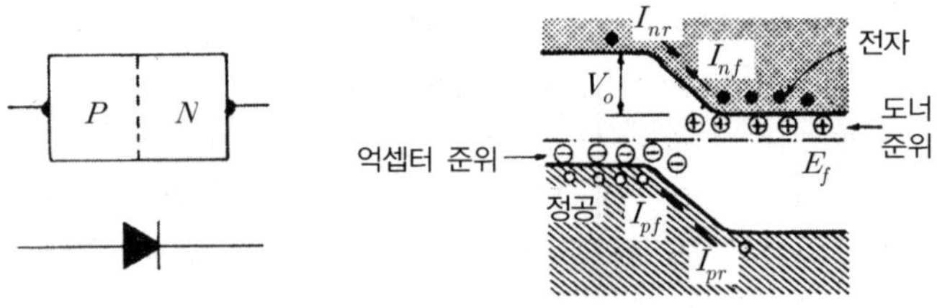

(a) 평형상태

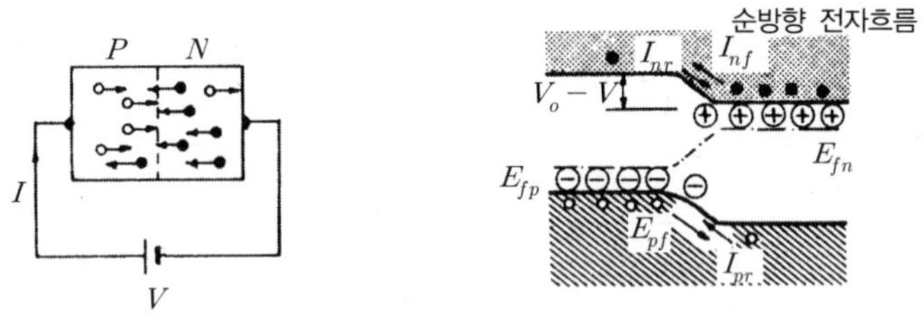

(b) 순방향

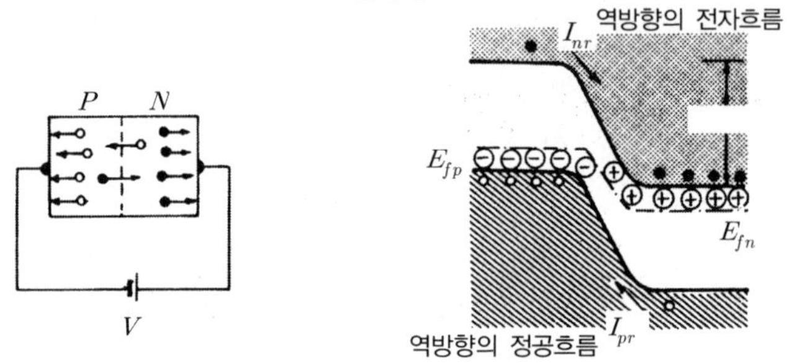

(c) 역방향

[그림 2-11] PN접합의 정류작용

앞에서 설명한 열평형상태의 PN접합에 [그림 2-11](b)와 같이 P형쪽에 (+), N형쪽에 (−)전압을 외부에서 인가하였을 때 이 전압을 순방향 바이어스(forward bias)라 한다.

이와 같이 (+)단자는 P형쪽에, (−)단자를 N형쪽에 연결하면 정공은 N형쪽으로, 전자는 P형쪽으로 끌려서 접합면을 넘어 들어가서 전자-정공의 재결합에 의해서 소멸된다.

그러나, 외부에서 전압이 계속 공급되는 동안은 (+)전원에서는 $+e$를, (−)전원에서는 $-e$를 계속 공급하므로 계속해서 전류가 흐른다. 그러므로, 순방향 바이어스가 가해지는 상태에서는 P형쪽의 정공은 접합면을 지나 N형쪽으로 가서 소수 캐리어가 되고, N형쪽에서 P형쪽으로 이동한 전자도 소수 캐리어가 되어 전류를 흐르게 한다. 이 전류를 소수 캐리어에 의한 전류라 한다.

*P*형쪽에서 *N*형쪽으로 이동하는 정공에 의한 전류와 *N*형쪽에서 *P*형쪽으로 이동하는 전자에 의한 전류의 방향은 동일하므로, 다이오드에 흐르는 전류는 소수 캐리어로 작용하는 정공과 전자에 의한 전류의 합으로 표시된다.

■ **역방향 바이어스** [그림 2-11](c)와 같이 외부에서 전압을 인가했을 경우를 역방향 바이어스(reverse bias)라 한다. (+)단자는 *N*형쪽에, (−)단자는 *P*형쪽에 연결하면 *N*형의 전자는 (+)단자로 끌리게 되며, *P*형의 정공은 (−)단자로 끌려서 다수 캐리어가 접합면으로부터 멀어지게 된다.

이들 다수 캐리어가 접합면으로부터 멀어지게 되면 *P*형쪽에는 고정된 도너 이온이 노출되어 (−)전하밀도의 영역이 커지게 되고, 반대로 *N*형쪽에는 고정된 억셉터 이온이 노출되어 (+)전하밀도의 영역이 커지게 되므로 공간전하영역을 더욱 넓게 하여 전위장벽의 크기가 아주 높게 된다. 이 결과로 다수 캐리어의 흐름은 중단된다. 실질적으로는 아주 낮은 역바이어스 전압이 인가되어도 다수 캐리어의 이동은 완전히 중단된다.

오직 열생성에 의한 소수 캐리어(*P*형에서는 전자, *N*형에서는 정공)만이 존재하게 되는데, 이 소수 캐리어가 역바이어스에 의해서 접합을 통과하게 되어 미소한 전류를 흐르게 한다. 이 미소한 전류를 **역포화전류**(逆飽和電流, reverse saturation current)라 한다.

소수 캐리어에 의한 역포화전류는 역바이어스 증가에 비해서 아주 미소한 양으로 증가하므로, 인가된 역바이어스 전압이 0.1[V]를 초과하지 않는 한 특별히 문제시되지 않는다. 역바이어스를 *PN*접합에 인가하면 단지 소수 캐리어에 의한 전류는 역바이어스가 증가해도 실질적으로는 상수로 취급하는 것이 일반적이다.

이와 같이 다수 캐리어에 의해서 전류가 흐르지 않도록 외부에서 전압을 인가하는 방법을 역방향 바이어스라 한다.

(3) 반도체와 금속의 접합

*PN*접합의 유용한 성질은 적절한 금속반도체의 접촉을 형성시킴으로써 얻

어진다. 이와같은 방법은 제작이 간단하고 고속정류가 필요한 경우나 PN접합을 외부와 연결할 때에 금속전극을 사용하기 때문이다.

■ **두 금속의 접촉전위차** 일반적으로 종류가 다른 두 가지 물질을 서로 접촉시키면 접촉면 부근에 접촉전위차(接觸電位差, contact potential difference)가 발생한다.

[그림 2-12]와 같이 두 금속 A, B를 접촉시킨 경우를 생각하자. 이 금속A, B는 접촉 전에는 서로 독립된 상태로 자유전자의 농도가 다르다. 다시 말해서 에너지 준위가 다르다. 그러나, 두 금속이 접촉된 후에는 두 금속의 접합면에서 위치 에너지 장벽이 없어져서 평형상태를 이루게 된다.

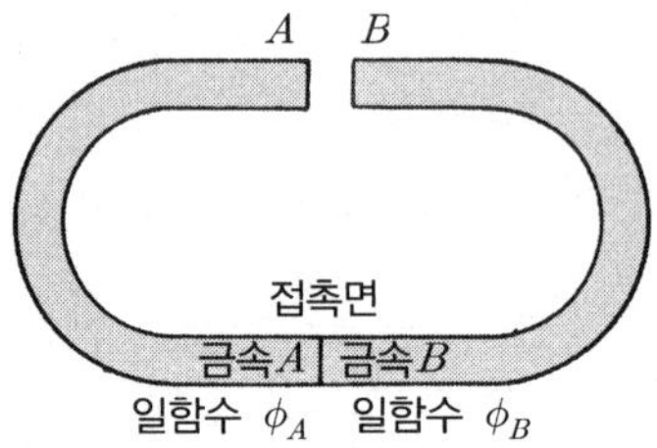

[그림 2-12] 두 금속의 접촉전위차

접촉 전의 금속 A와 B는 에너지 준위가 다르기 때문에 에너지 준위가 같아지는, 즉 평형상태가 되려면 금속 A나 B 중에 낮은 에너지 준위에 있는 금속의 에너지 준위가 상승되어야 하므로 접촉전위차가 생긴다.

예를 들어 금속 A가 B보다 자유전자농도가 크다고 가정하고 금속 A, B를 접촉시키면 확산운동에 의하여 금속 A에 있는 자유전자가 금속 B로 이동하게 될 것이다. 이 결과 자유전자를 상실한 금속 A면은 (+)로 대전되고, 자유전자를 받은 금속 B면은 (−)로 대전하게 되어 전위차가 생기게 된다. 따라서 금속 A와 B 사이의 위치에너지차(potential energy difference)는

$$E_{AB} = E_{W_2} - E_{W_1} \tag{2-1}$$

와 같고 구하는 전위차 V_{AB}는 다음과 같다.

$$V_{AB} = \phi_B - \phi_A \tag{2-2}$$

여기서, ϕ_A는 금속 A의 일함수, ϕ_B는 금속 B의 일함수이다.

■ **Ohm 접촉과 정류성 접촉** 금속과 반도체를 접촉시키는 경우는 Ohm 접촉과 정류성 접촉 두 가지가 있는데, 일함수 ϕ에 따라서 구분된다. Ohm 접촉인 경우는 전류방향에 관계없이 낮은 저항값을 가지며, 정류성 접촉인 경우는 금속과 반도체 사이에 전위장벽이 존재한다.

■ **금속과 반도체의 접촉** 여기서, 금속의 일함수를 ϕ_m, 반도체의 일함수를 ϕ_s라 하고, [그림 2-13]과 같이 금속과 N형 반도체를 열평형상태에서 접촉시킨 경우를 생각한다.

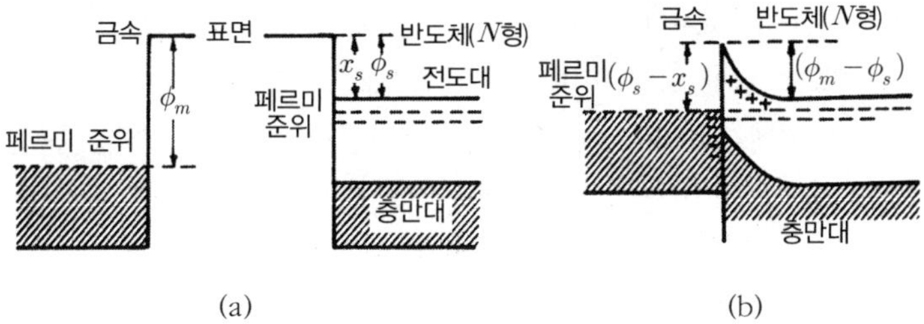

[그림 2-13] 금속-N형 반도체의 접촉

[그림 2-13](a)는 접촉 전의 에너지 준위 상태이고, (b)는 접촉 후의 에너지 준위 상태를 나타낸 것이다.

먼저, $\phi_m > \phi_s$인 경우를 예를 든다면 이 경우는 N형 반도체 속의 전자가 금속보다 높은 에너지 준위에 위치함을 의미한다. 열평형상태에서 금속과 반도체를 접촉시키면 반도체의 에너지 준위가 금속의 에너지 준위에 대해서 상대적으로 내려오게 되므로 반도체의 페르미 준위와 금속의 페르미 준위가 일치하게 된다.

따라서, 높은 에너지 상태에 있는 반도체의 전자들이 확산운동에 의하여 금속으로 이동하여 고정된 (+)의 도너 이온을 남기게 된다. 이 현상은 PN접합의 경우와 같이 반도체로부터 금속으로 이동하는 전자를 방해하는 방향으로 전계를 일으켜 전위장벽을 만든다. 이 전위장벽, 즉 공간전하영역은 반도체 내에만 존재하고 금속 내에는 없다. 왜냐하면, 반도체 내에서의 전하밀도가 훨씬 작으므로 공간전하를 유지하는 힘이 반도체가 금속에 비해서 훨씬 크기 때문이다.

■ **접촉한 금속과 반도체에 바이어스를 인가한 경우** 먼저, 반도체에 금속보

다 높은 (+)의 역바이어스 전압 V_R을 인가하면 반도체측의 전위장벽의 높이는 다음과 같이 쓸 수 있다.

$$e V_D = e(V_D + V) \tag{2-3}$$

여기서, $e V_D = \phi_m - \phi_s$이고, $V_R = V$, V_D는 확산전위이다. 이렇게 역바이어스 전압 V_R이 인가되면 금속과 반도체 사이의 전위장벽은 매우 높아져서 금속 내의 전자가 반도체로 이동하기 어렵고, 반도체 내에서 금속으로 이동하는 전자수는 매우 적어져서 반도체에서 금속으로 흐르는 전류는 열평형상태의 전류보다 적어진다. 이때의 흐르는 전류를 **누설전류**(漏洩電流, leakage current)라고 한다.

역바이어스 경우와는 반대로 금속이 반도체보다 높은 (+)의 순바이어스 전압 V_F를 인가하면 전위장벽의 높이는

$$e V_D = e(V_D - V) \tag{2-4}$$

이 된다. 단, $V_F = -V$이다. 이렇게 순바이어스가 인가되면 전위장벽은 줄어들게 되어 반도체의 전도대에 있는 전자들은 금속으로 쉽게 이동하게 된다.

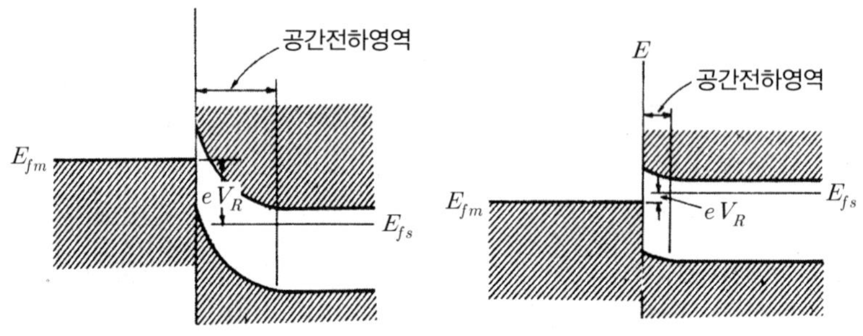

[그림 2-14] 바이어스 인가에 따른 에너지 준위의 변화

[그림 2-14](b)를 보면 전위장벽을 넘어서 금속으로 이동하는 전자의 에너지는 금속 내의 페르미 준위보다 높다는 것을 알 수 있다. PN접합에서는 순방향의 주된 전류는 소수 캐리어에 의하지만, 금속-반도체 접촉의 경우는 다수 캐리어인 전자가 전류원이 된다.

이번에는 $\phi_m < \phi_s$ 인 경우를 예로 들면, 금속과 N형 반도체를 접촉하기 전에는 금속의 전자(금속의 페르미 준위)가 N형 반도체 내의 전자(N형 반도체의 페르미 준위)보다 높은 에너지 준위에 존재함을 의미한다. 그러나, 접촉한 후에는 양쪽의 페르미 준위가 일치하게 된다.

따라서, 확산에 의하여 금속 내의 전자들은 반도체로 이동하게 되어 금속에 (+)의 도너 이온을 남긴다. 여기에 외부에서 바이어스를 인가하면 전자는 쉽게 전위장벽을 넘어서 전류를 흐르게 한다. 이와 같이 전류의 방향에 관계없이 낮은 저항값으로 나타나는 접촉을 Ohm **접촉**이라 한다. 반대로 정류성 접촉은 금속과 반도체 사이에 전위장벽이 존재하는 것을 말한다.

P형 반도체와 N형 반도체를 각각 금속과 접촉시켰을 경우 Ohm 접촉과 정류성 접촉을 구분하면 다음과 같다.

- 금속－N형 반도체 접촉시
  $\phi_m < \phi_s$: Ohm 접촉
  $\phi_m > \phi_s$: 정류성 접촉
- 금속－P형 반도체 접촉시
  $\phi_m < \phi_s$: 정류성 접촉
  $\phi_m > \phi_s$: Ohm 접촉

제3장

광원과 광전현상

3-1 광원의 개요
3-2 광원의 종류
3-3 반도체의 광전현상과 열전효과

이 장에서는 앞 장에서 다룬 빛의 특성을 기본으로 광원의 특성을 이해하고, 광전소자 응용을 위한 예비이론으로 광전효과 및 광도전현상에 대해서 설명한다.

3-1 광원의 개요

광원(光源, light source, illuminations source)이란 전구, 양초, 태양 등 빛을 내는 물체, 즉 빛을 내는 원천을 말한다. 스스로 빛을 방사하는 **1차 광원**과 다른 광원에서 나오는 빛을 반사 또는 투과시켜서 비치는 **2차 광원**이 있다. 또 광원의 크기와 형에 의해 직광원, 원광원 등으로 부르는 것이 있다.

일상생활에서 우리 주변의 많은 광원을 볼 수 있다. 일반적으로 이러한 광원들은 광대역 광원과 선 광원으로 분류할 수 있다. **광대역 광원**에는 태양광 및 텅스텐 필라멘트와 같은 가열된 금속광원들이 있다. **선 광원**에는 방전램프나 방전관과 같은 다중 선 광원과 LED와 레이저 등과 같은 단일 선 광원들이 있다.

(1) 광대역 광원

태양광은 태양의 중심부에서 분자상태의 수소 핵융합에 의해서 발생되며 이때 주로 진동수가 $10^{11} \sim 10^{15}$[Hz] 범위의 전자기파가 복사된다. 태양으로부터 열(장파장)과 빛(단파장)을 동시에 받고 있으므로, 이미 알고 있는 바와 같이 **태양광**은 방출파장 범위 혹은 스펙트럼이 넓고, 모든 파장영역에서 전자기파가 나오기 때문에 **광대역 광원**으로 본다.

태양의 발광원은 흑체이며 이것은 본질적으로 에너지를 복사에 의해서만 잃는 것을 의미한다. 대류나 전도에 의한 에너지 손실은 없다. 텅스텐 필라멘트 전구의 경우도 훌륭한 흑체의 하나이다. 필라멘트가 진공 중에 있으므로 대류가 없고 매우 가늘기 때문에 전도가 어려워 에너지는 주로 복사에 의해서 방출된다. 원자 에너지 준위들 사이의 천이에 의해서 빛이 발생된다는 것을 이미 알고 있다.

광대역 광원은 연속적으로 넓은 범위의 빛을 발생시킨다. 원소가 **기체상태**일 때 원자들은 충분히 떨어져 있다고 볼 수 있으므로 에너지 준위가 서로 겹치지 않는다. 그러나 **고체상태**에서는 원자들이 매우 가까이 있으므로, 원자들의 **에너지 준위**가 겹쳐져서 이들의 상호작용에 의해 새로운 에너지 준위들이 생겨난다. 따라서 **에너지 준위**는 점차 넓어져서 에너지대가 만들어짐을 알 수 있으며 다음과 같은 특징을 갖는다.

- 가장 바깥쪽이 영향을 많이 받으므로 최외각 준위들의 확장정도가 가장 크다.
- 원자들이 보다 가깝게 밀집될수록 에너지대(energy band)가 더욱 넓어진다.
- 높은 에너지대가 낮은 에너지대와 겹쳐지도록 충분히 확장되거나 단일 에너지대가 갈라짐을 알 수 있다.

고체에서는 상호작용하는 원자들의 개수가 매우 많으므로 많은 수의 에너지 준위가 생겨나고 그것들이 에너지대를 구성하게 된다. 고체에서의 에너지대 안에서는 에너지 준위들이 매우 가까워서 연속적으로 취급할 수 있다. 이것이 **고체광원**에서 광대역 빛이 나오는 이유이다.

전자의 천이가 에너지 준위 사이에서 일어나지 않고 에너지대 사이에서 일어나며 이것이 가능한 파장영역을 매우 넓게 만드는 것이다. 예를 들면 [그림 3-1]에서 상위 에너지대 최고점에서 하위 에너지대 최하점으로 그 반대방향으로 천이가 일어난다.

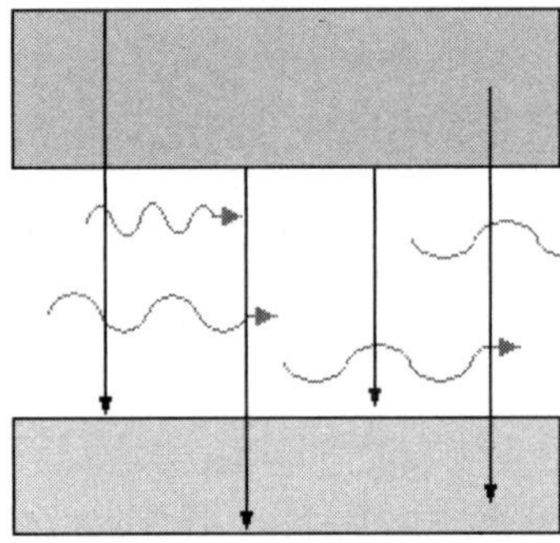

[그림 3-1] 고체에서 에너지대 사이의 천이

(2) 다중 선 광원과 단일 선 광원

■ **플라즈마** 방전관들은 플라즈마(plasma)를 통해서 전류를 흘림으로써 동작한다. 플라즈마는 전기적으로 활성화된 **기체상태**이며 전기적으로 중성 가스분자, 대전된 입자, 광자들로 이루어져 있다.

플라즈마는 이온화된 상태의 **기체**이다. 기체에 열을 충분히 가하면 원자들 간의 충돌로 인해 많은 수의 전자들이 원자핵의 구속에서 벗어나게 되는데 이것이 소위 **물질의 제4상태**라 불리는 플라즈마이다.

플라즈마 속에는 전기적으로 중성인 원자들로만 이루어진 고온 기체와는 달리 서로 반대의 전하를 띤 입자들, 즉 전자와 원자핵이 뒤섞여 존재한다. 따라서 전체적으로는 **중성**이지만 국부적으로 이온과 전자 사이의 전하분리에 의해 **전기장**이, 전하의 흐름에 의해 전류와 **자기장**이 발생하게 된다. 전기장과 자기장은 보다 넓은 영역에 효력을 미치게 되어 매우 복잡하지만 활용성 또한 높은 물리적 현상이 나타난다.

■ **방전관** 플라즈마는 [그림 3-2](b)와 같이 전극사이에 **고전압**을 가함으로써 일어난다. 우주선, 방사능 불순물 혹은 배경 복사에 의한 관의 **이온화**에 의해서 언제나 약간의 **자유전자**가 존재하며, 가해진 위치에너지에 의해서 이 전자들이 가속되어 충분한 에너지를 얻어서 다른 전자들과 충돌하여 또 다른 전자를 방출시킨다.

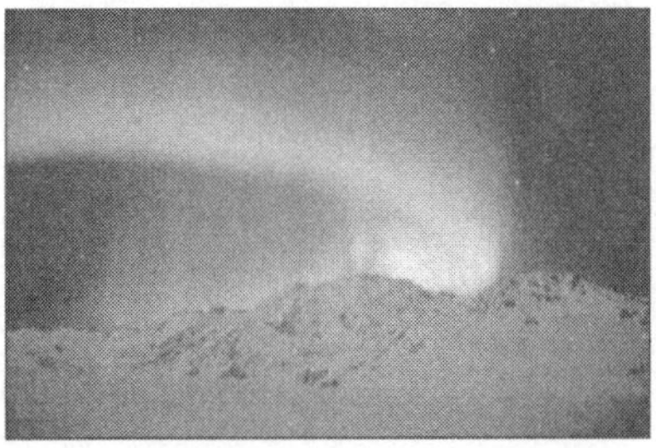

(a) 알래스카의 오로라

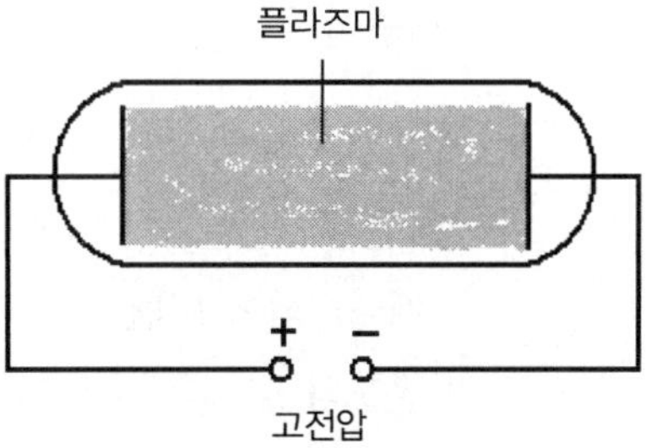

(b) 방전관의 플라즈마

[그림 3-2] 플라즈마 발생

따라서 음(—)으로 대전된 **자유전자**와 **양전하**들이 존재하게 된다. 새롭게 생성된 자유전자들이 또 다른 전자들을 연속적으로 자유롭게 만듦으로써 연쇄적인 효과가 나타난다.

다중 선 광원들이 광대역 광원보다 좀 더 유용하다고 하지만 둘 이상의 방출파장이 존재한다는 것은 일반적으로 아직도 활용하기 적합하지 않음을 의미한다. 다중 선 광원에 포함된 원하지 않는 파장을 제거하기 위하여 필터를 사용한다 해도 이 방법은 비효율적이다. 따라서 **유도방출과정**을 이용한 레이저를 **단일 선 광원**으로 사용한다. 특히 반도체의 발광현상을 이용한 발광다이오드와 반도체 레이저를 매우 광범위한 분야에서 단일 선 광원으로 사용하고 있다.

(3) CRI와 CCT

■ **CRI** CRI(Color Rendering Index)는 태양광을 사물에 조사했을 때와 기타 인공적으로 제작한 조명을 조사했을 때 사물의 색깔이 달라지는 정도를 나타내며, 사물의 색깔이 태양광에서와 같을 때 CRI값을 100으로 정의한다. 따라서 CRI란 인공 조명하에서 사물의 색상이 태양광을 조사했을 때와의 색상과 얼마나 근접한지를 나타내는 지수로서 0 이상 100까지의 수치를 갖는다.

다시 말해서 CRI가 100에 접근하는 **백색광원**일수록 태양광 아래서 인간의 눈이 인식하는 사물의 색상과 별반 차이가 없는 색상을 느끼게 되는 것이다. CRI가 높은 백색광을 만들기 위해서 형광물질에 대한 연구가 활발히 진행중이다.

■ **CCT** 이상적인 흑체(blackbody)가 방출하는 빛의 색은 플랑크의 **복사법칙**에 의한 온도에 의해서만 정해진다. 물체가 **가시광선**을 내며 빛나고 있을 때 그 색이 어떤 온도의 흑체가 복사하는 색과 같아 보일 경우, 그 흑체의 온도와 물체의 온도가 같다고 보고 그 온도를 물체의 **색온도**라고 한다.

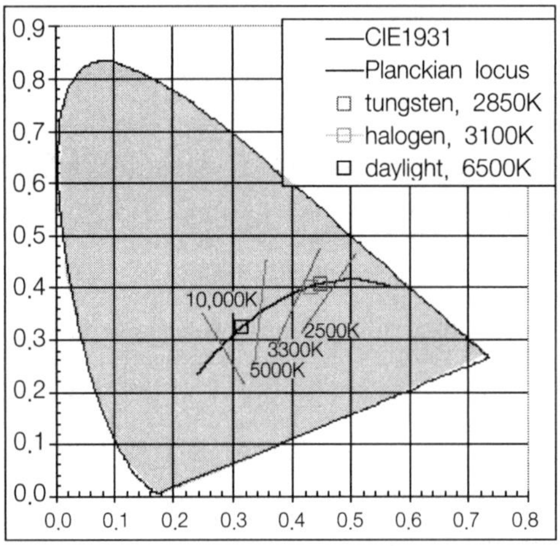

[그림 3-3] 광원별 CCT

즉, 물체의 **색온도**는 같은 색광의 흑체의 온도(절대온도 °K)로 표시된다. 가령 전구의 빛은 2,800[°K], 형광등의 빛은 4,500~6,500[°K], 정오의 태양 빛은 5,400[°K], 흐린 날의 낮 빛은 6500~7000[°K], 맑은 날의 푸른 하늘 빛은 1만 2000~1만 8000[°K] 정도의 색온도이다.

[그림 3-3], 즉 같은 **백색광**이라도 CCT(Correlated Color Temperature)가 다른 것을 알 수 있다. 어떤 색의 CCT가 낮다는 것은 그 색이 좀 더 따뜻하게 느껴진다는 것을 의미하고(warmerlight, more yellow/red), CCT가 높다는 것은 차게 느껴지는 색(colder light, more blue)을 의미한다.

따라서, CCT를 조절함으로써 다양한 색감을 요구하는 특수 조명의 특성까지도 만족시킬 수 있게 되는 것이다. 또한, 소비자들에게 보다 친근하게 다가서기 위해서는 백색 LED의 CCT를 조절할 수 있는 제작기술이 필요하게 된다. 색온도의 측정법은 국제적으로 정해져 있으며, 적당한 색유리 필터와 **표준광원**을 사용하여 측정한다.

(4) 광원의 표준

우리가 일상생활에서 가장 흔하게 접하는 광원은 **태양광**이므로 대부분의 물체의 색을 태양광 아래에서 보게 된다. 따라서 색을 논할 때 사용하는 광원으로 태양광선을 사용하는 것이 가장 자연스럽다.

그러나 태양광선은 지구상의 위치, 고도, 시간 등에 따라 조금씩 **분광분포**가 달라지게 되므로 문제점이 있다. 이런 문제점을 해결하고자 C.I.E에서 표준 인공 광원을 제정하여 이를 사용할 것을 추천하는 것이다.

- Illuminant A : 이 광원의 분광분포는 상대 색온도 2854[°K]에서의 Tungsten Filament Lamp에서 나오는 빛의 분광분포와 같다. 광원 A는 표준과 시료간의 Metamerism 값을 계산할 때 주로 사용한다.
- Illuminant C : 이 광원은 자연 그대로의 태양광과 유사하며 흐린 날 낮의 태양광선으로 색온도가 6770[°K]를 갖는다. 이 광원은 Color Matching 및 그 밖의 기초색 연구용으로 많이 쓰이고 있다.
- Illuminant D65 : 1976년 C.I.E.에서 Daylight에 근접한 분광분포를 갖는 D65 광원을 채택하였는데, 이것은 C광원에 비해 푸른기를 띠고 있고 색온

도가 6500[°K]인 광원이다.

- Illuminant F : 백색 형광의 광원

3-2 광원의 종류

광원은 크게 **자연광원**과 **인공광원**으로 나눌 수 있는데 자연광에는 오직 태양광 밖에 없으나 인공광원에는 백열등, 할로겐램프, 형광등, 수은램프, 나트륨램프, 메탈 할라이드 램프, 삼파장 형광램프 등이 있다.

(1) 백열등과 조명용 램프

1879년 미국의 Thomas Edison에 의해서 백열전구가 발명되었다. 백열등은 필라멘트에 전류를 흘려서 그것을 고온으로 백열시켜 **온도방사**에 의하여 빛을 방사시키는 광원이다.

백열등은 램프의 점등시 필라멘트가 고온의 백열상태가 되어 산화되기 때문에 처음에는 유리구내의 산소를 제거하여 진공상태로 하였으나, 불활성 가스를 봉입하면 텅스텐의 증발이 억제되기 때문에 필라멘트의 온도를 높일 수 있게 하였다. 백열등의 특징은 다음과 같다.

- 연색성이 좋고 따뜻한 광색이다.
- 점광원에 가깝고 빛의 집광이 용이하다.
- 조광을 연속적으로 할 수 있다.
- 점등이 간단하고 즉시 점등된다.
- 광속 저하가 적다.
- 효율이 낮고(형광등의 약 1/5) 수명이 비교적 짧다(1,000~1,500).
- 방사열이 많아 이용에 불편이 따른다.

■ **할로겐램프** 할로겐램프는 미량의 할로겐 물질을 포함한 불활성 가스를 봉입하여 할로겐 물질의 화학반응을 응용한 텅스텐 전구로서 1959년 미국에서 개발되었다. 할로겐램프는 유리구 내에 불활성 가스 이외에 요오드, 브롬, 염소 등의 할로겐 화합물을 미량 봉입하여 흑화(램프의 한쪽 관단 또는 양단의 전극부분이 검게 되는 현상)를 방지하였을 뿐만 아니라 수

명도 길어졌다.

흑화현상이 적으므로 유리구가 작아도 되며 크기가 다른 일반 램프에 비하여 콤팩트 사이즈이기 때문에 체적이 일반 램프에 비하여 1/10 정도로도 충분하다. 효율은 25[lm/W], 수명은 3,000~4,000시간이다. 할로겐램프는 주로 점포의 스포트라이트나 다운 라이트 및 주택에서 높은 광질의 조명용 광원등으로 사용되고 있다. 할로겐의 특징은 다음과 같다.

- 백열등의 1/200까지 축소 가능하며 작고 가벼워 작은 공간에 적합하고 초소형이기 때문에 설계상 편리하게 디자인이 가능하다.
- 할로겐 사이클에 의해 필라멘트 소모가 방지되므로 수명이 길고(백열등의 1.5배~2배) 사용하는 동안 조도가 일정하다.
- 사용중 밝기의 저하가 없다.
- 음영이 뚜렷하고 반짝이는 효과가 있다.
- 연색성이 우수하여 쾌적한 빛을 낼 수 있고 자연광에서처럼 색구별이 용이해서 색을 선명하게 재현할 수 있다.
- 빛의 각도조절이 쉽다. 또한 점광에 가까운 빛을 낼 수 있고 적당한 반사경으로 고도의 광을 조절할 수 있고 정확한 빔을 가지고 있다.
- 흑화현상을 방지한다.
- 벌브 벽이 석영유리이므로 작은 크기라도 높은 광출력을 낼 수 있으며, 열충격에도 강하다.
- 효율이 높고, 온도분포가 일정하다.

■ **크립톤램프** 크립톤램프는 백열등에 아르곤 가스 대신에 열전도율이 낮은 크립톤 가스를 봉입하여 만든 연색성이 좋은 램프이다. 필라멘트로부터의 열의 전도와 대류에 의한 손실이 적으므로 소비전력을 줄일 수 있다. 크립톤램프의 특징은 다음과 같다.

- 백열등보다 수명이 2배 이상 길다.
- 형광등보다 2배 이상 연색성이 좋다.
- 발광효율을 높여 10[%]의 절전 효과가 있다.
- 정전도 코팅으로 눈부심을 방지하여 눈의 피로를 감소시킨다.
- 태양빛에 가까운 자연빛을 발하므로 시력을 보호한다.

■ **형광등** 형광등은 1938년 미국의 General Electric사에서 개발하여 사용기간이 이미 반세기를 지나고 있다. 형광등은 음극으로 된 저압 수은의 방전에서 발생된 자외선의 방사로서 방사 루미네센스에 의하여 유리관 내면에 바른 형광물질을 자극시켜 효율이 좋은 빛을 얻도록 만든 광원이다. 형광등은 점등장치가 필요하지만 광질이 좋고 고효율이므로 경제성도 좋다. 그리고 램프의 모양이 종래의 것에 한하지 않고, 여러 가지 형태가 용도에 따라 다양하게 실용화되고 있다. 다음은 형광등의 특징이다.

- 열발산이 없고 수명이 길다.
- 효율이 높아 전체 조명기구의 70[%]에 사용된다.
- 자연색광에 가깝다.
- 그림자가 없다.
- 저온에 부적합하다.
- 빛의 흔들림이 있다.
- 원하는 광색을 얻을 수 있다.
- 점등기와 적정 전압(80[V] 이상)이 필요하다.

(2) 방전램프

방전램프는 전류의 제한과 점등을 위하여 특수 안정기가 필요하다. 방전램프의 방전형식은 글로우방전과 아크방전이 있다.

글로우방전은 음극의 전자방출이 주로 양이온에 의해서 방전되는 것으로 전류의 밀도에 광색이 변한다. 아크방전은 방전전류가 증가하여 양이온의 충격으로 음극이 가열되면 음극에서 열전자가 방사되어 음극강하가 급격히 적어져서 결국 기체의 전기전압정도가 되는 것으로 방전관의 종류는 다음과 같다.

■ **수은램프** 유리관 내에 봉입된 수은 증기압의 방전을 이용한 것으로 램프의 효율이 50[lm/W] 정도로 높고 수명이 10,000시간으로 실외 조명용으로 사용되며 예열시간이 20분 소요된다.

■ **메탈 할라이드 램프** 수은램프의 연색성과 발광효율을 개선할 목적으로 만든 것으로 색재현이 매우 좋기 때문에 경기장 조명에 주로 사용되고 있다.

■ **나트륨램프** 나트륨 증기의 방전을 이용한 방전램프이다. 황색광으로 효율이 대단히 좋다. 연기와 안개 등에 대한 투과력이 강하고 시감도가 좋은 것이 특징이다.

■ **크세논램프** 크세논 가스의 방전을 이용한 램프이다. 이 광원은 근적외부가 강력한 선스펙트럼으로 되어 있으며, 광색을 자연광과 비슷하고 색온도는 60,000[°K]로 일정하고 휘도도 매우 높다. 점등과 동시에 광출력이 안정된다. 반대로 점멸하면 다시 순시 점등도 가능하다.

(3) 특수램프

■ **적외선램프** 적외선램프는 치료용, 산업용, 연구용, 농업용 등 다양하게 쓰이고 있다. 치료용 적외선램프의 경우 치료효과가 있는 단파장의 적외선이 방사되어 유기체 내에 열효과뿐만 아니라, 피하 침투효과를 미쳐 방사열에 노출된 세포와 기관은 활성화되며 혈관이 확장되어 혈액순환이 촉진된다.

■ **자외선램프** 자외선 광원은 대체로 방전램프로서 빛에 민감한 접착제, 페인트, 플라스틱들을 경화시키고 빛을 쏘이며, 재료를 숙성시키는데 사용되며 또한 위조품(위조지폐검사) 식별에 사용된다.

■ **HMI램프** HMI램프는 교류로 작동되는 방전램프이다. 열저항이 강한 석영유리로 만들어지며 타원형이나 원통형의 방전관에서는 텅스텐으로 된 두 전극이 있고, 전류는 특별한 모양으로 된 몰리브덴 금속조각을 통하여 전달되는데 이 금속조각이 베이스와 전극 간에 전류를 통하게 해준다.

■ **무전극 램프** 무전극 램프는 삼파장 역발광 형식으로 전력에너지의 손실을 최소화시킨다. 무전극 램프의 특징으로는 내부전극(필라멘트)이 없으며 수명이 길어 유지보수에 따른 인건비 및 자재비 절감이 가능하고 연색성이 뛰어나 눈의 피로를 줄일 수 있고 사고예방은 물론 사물의 색구분이 명확해 환경 개선 및 생산성 향상을 기대할 수 있다. 그밖에 고효율이고, 재점등시 즉시 점등되며 1분 이내에 본래 광속의 90[%] 이상에 도달하는 우수한 광속 안전성을 갖는다.

3-3 반도체의 광전현상과 열전효과

(1) 반도체의 열전효과

전기가 열로, 열이 전기로 변화되는 것과 같이 전기와 열 사이의 현상을 **열전효과**(熱電效果, thermoelectric effect)라 한다. 저항체에 전류를 흘려주어 주울(Jjoule)열이 발생하는 것이나, 온도의 변화에 의해서 저항률이 변화하는 것이 열과 전기간의 현상이라 하겠다. 일반적으로 열전효과의 종류에는 제벡(Seebeck) 효과, 톰슨(Thomson) 효과, 펠티어(Peltier) 효과 등 3가지가 있다.

1) 제벡(Seebeck) 효과

[그림 3-4]와 같이 다른 종류인 2개의 반도체 또는 도체를 접속하여 양접점의 접합부에 다른 온도로 온도차를 주면 기전력이 발생하는 현상을 **제벡 효과**라 한다. 제벡 효과는 1821년 T. J. Seebeck에 의해서 발견되었다.

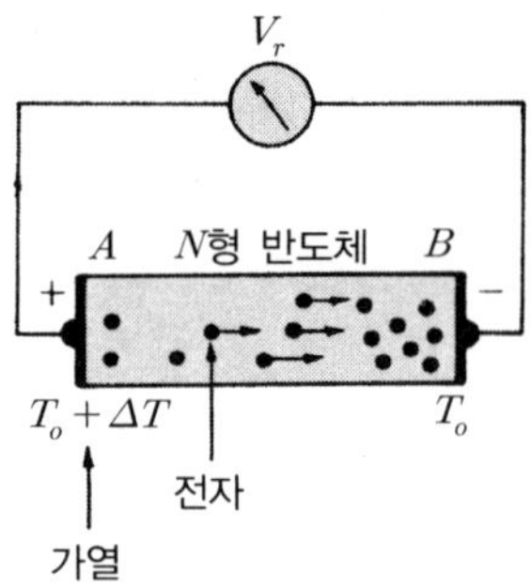

[그림 3-4] 제벡 효과

- **동작특성** [그림 3-4]는 제벡 효과의 원리를 나타낸 것이다. N형 반도체의 양쪽 끝부분을 동일한 금속선으로 접속하고 가운데에 전위차계 VT를 놓았다.

  여기서, 반도체의 양끝부분 $A \sim B$에 온도차가 없으면 전위차는 생기지 않는다. B 부분을 온도 T_0이라 하고, 다른 쪽 A부분을 가열하여 $T_0 + \Delta T$로 하면 만들어진 온도차는 $\Delta T(\Delta T > 0)$가 된다.

반도체의 양단에서는 T_0, $T_0+\Delta T$ 의 온도에 의해서 가열되어 열에너지를 받게 된다. 이 열에너지 때문에 자유전자가 발생되지만 실험소자가 반도체이므로 B 보다 높은 온도로 가열된 A는 자유전자의 농도가 B 보다 커지게 된다.

따라서 전자농도가 높은, 즉 온도가 높은 A에서 B쪽으로 확산운동이 일어나고, A 보다 낮은 온도인 B 부분에는 자유전자가 과잉으로 축적되어 (−)전하를 띠고, 높은 온도인 A에는 (+)전하, 즉 정공이 남게 된다. 이 때문에 A와 B 사이에는 전위차가 발생하게 된다. 이 제벡 효과를 이용해서 열에너지를 전기에너지로 변환할 수 있다.

2) Thomson 효과

일부에 온도차가 있는 동일한 도체에 전류를 흘려주면 그 부분에 주울열 이외의 열이 발생하거나 흡수되는 현상을 톰슨 효과(Thomson effect)라고 한다. **톰슨 효과**는 1845년 W. Thomson이 이론적으로 예언하고 그 후에 실증된 것이다.

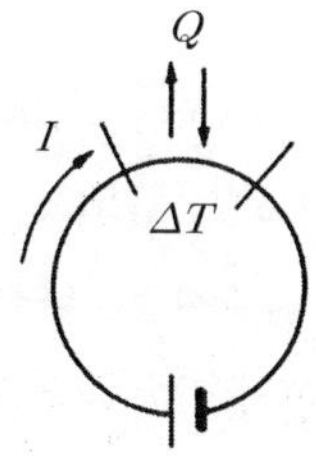

[그림 3-5] 톰슨 효과

[그림 3-5]는 톰슨 효과를 나타낸 것이다. 이 그림과 같이 부분적으로 온도의 구배가 있는 하나의 도체의 전류 I를 흘려주면 주울열 이외의 열이 이 도체에서 흡수되거나 발생된다.

이 경우 발생되는 열량 Q 는

$$Q=\gamma IT \tag{3-1}$$

로 되고 γ를 **톰슨 계수**라고 한다.

3) 펠티어 효과

[그림 3-6]과 같이 서로 다른 두 종류의 금속이나 반도체를 접속하여 전류를 흘려주면 주울열 이외의 열이 그 접합부에서 발생하거나 열의 흡수가 일어나는 현상을 **펠티어 효과**(Peltier effect)라 하고, 이 효과는 제벡 효과와는 역관계의 현상이라 하겠다.

펠티어 효과는 1834년 J. C. A. Peltier에 의하여 발견되었다. [그림 3-6]에서 전류의 방향을 반대로 하면 열의 발생과 흡수가 반대로 되기 때문에 이 효과는 가역성이 있다고 하겠다.

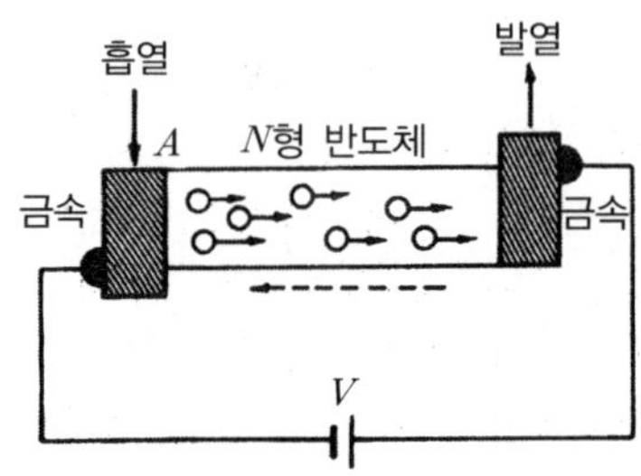

[그림 3-6] 펠티어 효과

- **동작원리** [그림 3-6]에서 N형 반도체와 금속을 접속하고 외부에서 전압 V를 인가하면 점선의 화살표와 같은 방향으로 전류가 흐른다.

  다수 캐리어인 전자가 금속으로부터 접촉면 A를 통하여 N형 반도체로 흘러들어가면 에너지를 흡수하게 된다. 이 때문에 접촉면 A의 부근에는 온도가 내려가고 주위에서 열을 흡수하게 된다.

  반대로 전자가 N형 반도체에서 접촉면 B를 통하여 금속으로 흘러들어가면 에너지는 방출되고 접촉면 B의 부근에서는 열이 발생한다.

  P형 반도체인 경우에는 위의 현상과는 반대로 열의 흡수, 또는 발생이 생긴다. 접촉면에서 발생되는 열량을 H[cal], 전기량을 Q[C]이라 하면

  $$H = PQ\,[\text{cal}]$$

  의 관계식이 성립된다. 이 식에서 P는 펠티어 상수이다. 참고적으로 안티몬-비스머스의 펠티어 상수는 10.7×10^{-3}[cal/C]이다.

  접촉면의 온도차가 ΔT일 때의 기전력을 ΔV라 하면

$$Q = \frac{\Delta V}{\Delta T} \tag{3-2}$$

가 되고 Q를 **열전능**(thermoelective power)이라 하며, 즉 두 물질 간의 온도차가 1[°K]일 때의 열기전력을 말한다. Q는 실험적으로 온도 T에 관하여 1차식으로 표시할 수 있다.

$$Q = a + bT \tag{3-3}$$

여기서, a와 b는 금속의 종류에 따라 결정되는 열전상수이다.

4) 전자냉각

앞에서 설명한 바와 같이 펠티어 효과는 전류의 방향을 반대로 하면 열이 발생했던 부분은 에너지를, 즉 열을 흡수하고, 반대로 열을 흡수했던 부분은 열을 발생하게 된다. 이와 같이 발생 또는 흡수되는 열량은 전류에 비례한다. 전자냉각(또는 전자냉동)은 펠티어 효과를 이용한 것으로 펠티어 상수가 큰 재료일수록 전자냉각기의 요소로써 적합하며, 재료 하나하나의 열전능이 크고 열전능의 부호가 다른 재료일수록 좋다.

두 종류의 도체가 금속인 경우에는 흡수하는 열량은 적고 1~2[℃]의 온도차를 겨우 만들 수 있다. 그러나 반도체인 경우, 즉 적당한 재료의 N형 및 P형 반도체를 조합한 것은 확실하게 큰 펠티어 효과가 생기므로 충분하게 큰 냉각소자로서 사용할 수 있다. 이러한 소자를 **열전소자**라 하며, 이와같은 방식의 냉각수단을 **전자냉각**이라고도 한다.

[그림 3-7]은 전자냉각의 원리를 표시한 것으로 P형 반도체와 N형 반도체를 금속판 A로 접촉하여 직류를 가한 것이다. 펠티어 효과의 동작원리를 적용해서 생각하면,

- N형 반도체의 열전능 < 0
- P형 반도체의 열전능 > 0
- 금속의 열전능 $\simeq 0$

이므로 N형 반도체와 P형 반도체를 금속 중심으로 하여 접촉해서 전류를 흘려주면 금속과 N형 반도체의 접촉면과 P형 반도체의 접촉면에서는 모두 열을 흡수하게 된다.

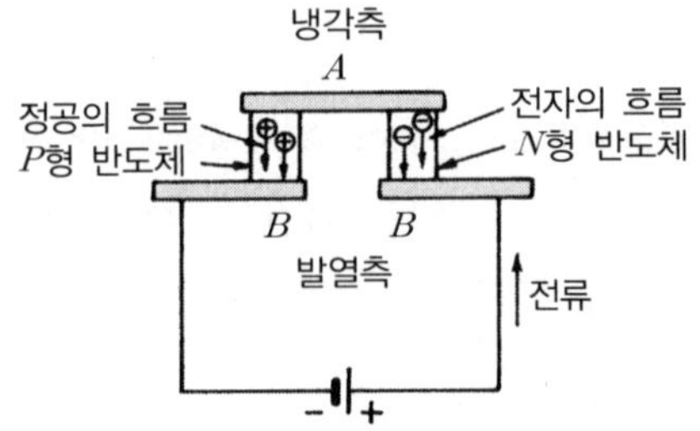

[그림 3-7] 전자냉각의 원리

따라서 금속판과 접촉된 부분에서 냉각작용이 생기게 된다. 즉, A에서는 흡열작용이, B에서는 발열작용이 생긴다.

만일, 발열측에 방열판을 붙여서 냉각시키면 흡열층은 점점 더 냉각되어 큰 온도차를 얻을 수 있다. 또한, 전류의 방향을 바꾸게 되면 열의 흡수, 발생이 반대로 되므로 가열과 냉각작용을 모두 이용할 수 있다.

전자냉각에 사용되는 반도체 재료는 펠티어 효과가 큰 것이 선택되어지며, 〈표 3-1〉에 나타낸 바와 같이 보통 $Bi_2(TeSb)_3$ (N형), $(BiSb)_2Te_3$(P형) 등의 금속화합물 반도체가 쓰인다. 1개의 열전소자의 흡열량은 1~1.5[cal/h]인데, 필요한 개수를 cascade 접속방법을 써서 냉각능력을 올린다.

〈표 3-1〉 전자냉각재료

	α[μV/deg]18[℃]	η[W/m · deg]	ρ[Ω · m]×10^{-6}	Z[deg]×10^{-3}	융 점	측정 온도
Pb_2Te_3	236	2	12	2.3	573	18
n Bi_2Te_3	−173	2.8	5.8	1.9	573	18
$(BiSb)_2Te_3$	+171	1.4	7.3	2.9	~550	18
$Bi_2(TeSb)_3$	−192	1.5	8.6	2.9	~550	18

현재 쓰이는 **전자냉각용 소자**는 대용량일 때에는 가스 냉각에 비하여 효율이 낮아서 사용이 곤란하지만, 소규모 용량인 경우에는 가격이나 효율적인 면에서 가스 냉각보다 유리하다. 또한 전자냉각의 **성능지수** Z는 다음과 같이 표시된다.

$$Z = \frac{\alpha^2}{\eta\rho} \tag{3-4}$$

여기서 η는 열전도도, ρ는 저항률, α는 열기전력계수를 뜻한다. **성능지수** Z가 클수록 냉각재료로써 적당하며, 최근에는 최대효율이 25[%], 최대온도차가 70[℃] 정도까지 된다.

■ **응용부분** 전자냉각은 가동부분이 없으며 음향, 진동, 마모가 없고 수명은 반영구적이다. **전류의 방향**에 따라서 냉각과 가열이 가능하고 정밀한 온도제어에 편리할 때가 많다.

그러나, 효율이 나쁘고 특히 냉각능력이 비례하고 있는 것도 저전압 대전류(전압으로서는 1개의 소자당 약 0.08[V])의 직류전원이 필요하기 때문에 불편하다. 그러므로 냉각장치 본체에 비해서 대규모인 전원장치가 필요하게 되는데 50[W] 정도까지의 소형 냉동기에는 실용성이 있다.

특히, 국부적 냉각이 잘 되며, 전자부품인 트랜지스터나 광전자증배관의 냉각, 이화학기계용, 사진현상기구용 저온장치, 공업용계측기기의 항온 또는 냉각장치용으로 적합하다.

(2) 광전효과

빛을 물질에 조사할 때 전기적 성질이 변화하고, 또는 물질에 가해지는 **전기에너지**가 **빛**으로 변환되는 현상을 **광전효과**(光電效果, photoelectric effect)라 한다. 빛을 조명용 광원으로서가 아니라 정보의 검출, 전송, 축적, 기록 등의 처리를 하는 매체로써 사용하는 것도 전자분야에서는 매우 중요하다.

빛과 전기의 두 부문에 걸친 현상을 다루는 분야를 총괄해서 opto-electronics라는 용어가 사용되며 전자부품에도 이 개념이 도입되고 있다. 여기에서는 빛에서 전기로, 전기에서 빛으로 변환하는 소자들과 그 원리에 대해서 설명한다.

1) 광기전력효과

빛이 조사되면 기전력이 생기는 현상을 **광기전력효과**라 한다. 반도체의 PN 접합을 이용한 태양전지 또는 포토 트랜지스터(photo transistor)도 이 효과를 이용한 것이다. [그림 3-8]은 광기전력효과의 원리를 나타낸 것이다.

■ **동작특성** [그림 3-8]과 같이 PN 접합에 외부의 바이어스가 없으면 개

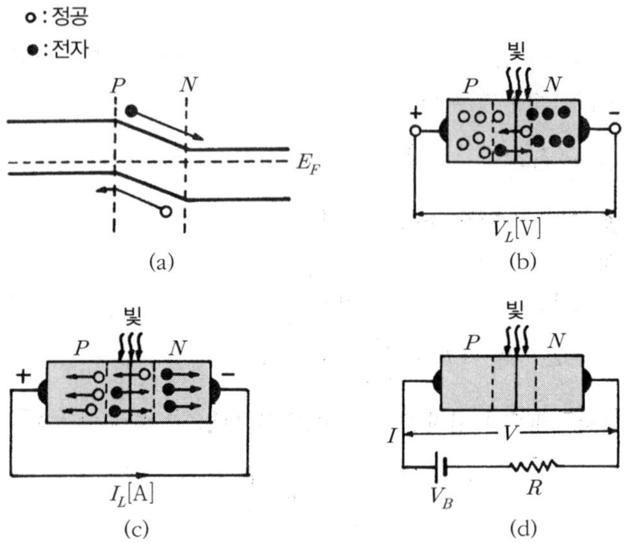

[그림 3-8] 광기전력효과

방회로의 전위차, 즉 **광기전력**을 얻을 수 있다. 이러한 원리를 이용한 광기전력전지가 태양전지의 기본요소가 된다. 이 기전력은 **공간전하영역** 내에서의 **전계**를 고려함으로써 이해할 수 있다.

즉, PN접합면의 공간전하영역에 빛을 조사하면 캐리어의 결합층에는 전자-정공쌍(EHP)이 발생하여 에너지 장벽의 경사에 의해 정공을 P형쪽으로, 전자는 N형쪽으로 향하는 경향이 있다.

개방회로상태에서는 정공은 P형 단자근처에, 전자는 N형 단자근처에 축적되어 전지와 같은 광기전력을 일으키게 되며, 또한 단락상태의 접합면에서는 N형으로부터 P형쪽으로 향하는 전류가 흐르게 된다. 요약하면 다음과 같다.

① 개방회로상태에서는 P형쪽이 (+), N형쪽이 (−)로 대전되어 기전력 V_L[V]가 발생한다. 이때의 에너지는 입사광자로부터 얻어지고, 실제로 태양 에너지의 14[%] 정도를 전기 에너지로 변화시키는 태양전지가 있다.

② 단락상태에서는 [그림 3-8](c)와 같이 접합면에 N형으로부터 P형으로 향하는 전류가 흐르므로 외부회로에는 화살표방향으로 전류 I_L[A]가 흐른다.

■ **광기전력효과의 전압-전류특성** [그림 3-8](d)의 회로는 PN접합에 외부 회로인 전압 V를 인가한 상태를 나타낸 것이다. 이 회로에서는 다음의 두 가지 특성을 생각할 수 있다.

- **PN접합에 빛을 조사하지 않은 경우** : 이 PN접합, 즉 PN다이오드에 흐르는 전체전류는 이상적인 다이오드의 전류식으로부터 다음과 같다.

$$I_T = I_0\,(e^{V/V_T} - 1) \tag{3-5}$$

- **PN접합에 빛을 조사한 경우** : 이때에는 빛에 의한 광전류 I_L이 빛을 조사하지 않았을 때의 전류식 (3-5)와는 반대방향으로 흐르게 되는데, 수식으로 나타내면 다음과 같다.

$$I = I_T - I_L = I_0(e^{V/V_T} - 1) - I_L \tag{3-6}$$

따라서, 개방된 단자전압을 V_0라고 하면 $I = 0$이 되므로

$$V_0 = V_T l\left(1 + \frac{I_L}{I_0}\right) \simeq V_T l \frac{I_L}{I_0} \tag{3-7}$$

이 된다. 이와 같이 PN 접합면에 빛을 조사하면 내부에 광기전력이 발생하고, 하나의 폐회로(loop circuit)로 하면 N형쪽에서 P형쪽으로 전류가 흐르게 된다.

[그림 3-9](b)에서 ①은 **빛을 조사하지 않았을 때** 흐르는 전류인데 단순히 PN 다이오드의 정류작용에 의한 $V-I$ 특성이라 한다. 이때에 흐르는 전류를 암전류(暗電流, dark current) I_D 라고 한다. ②는 **광기전력효과**에 의한 $V-I$ 특성인데 Ⅰ-Ⅳ 상한에 나타나는 $V-I$ 특성은 순방향전압이 인가되고, 빛을 조사한 경우이다.

그리고 (−)를 나타내는 전류값은 광전류가 인가된 전류가 크기 때문에 나타난 현상이다. 또, Ⅲ상한의 $V-I$ 특성은 역방향전압이 인가되고, 빛이 조사되었기 때문에 광전류 I_L만 증가하는 것으로 되어 있다.

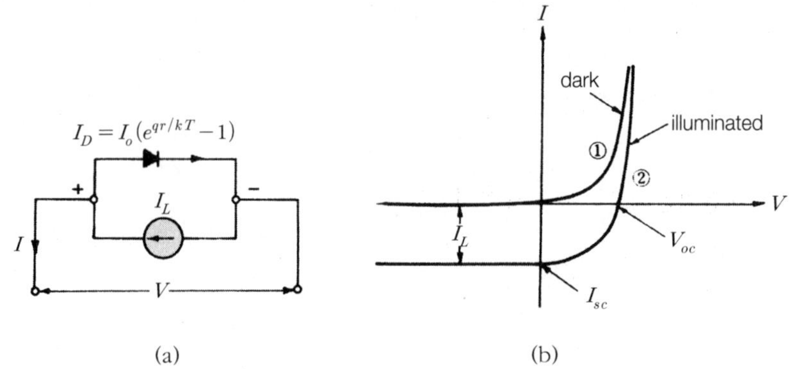

[그림 3-9] 광기전력효과의 $V-I$ 특성

2) 광도전현상과 재료

어떤 물질(반도체 등)에 빛을 조사하면 이 물질은 빛에너지를 흡수하여 캐리어의 수가 증가하고 도전율이 변화하는 현상을 광도전효과(光導電效果, photo conductive effect)라 하며, 내부광전효과라고도 한다. 이 효과는 1873년 W. Smith가 Se에다 빛을 조사해서 전기저항이 감소한다는 사실을 발견하였고, 1950년에 TV 촬상관의 광전면에 이용함으로써 처음으로 실용화되었다.

- **동작특성** [그림 3-10]은 진성반도체의 광도전현상을 나타낸 것이다. 여기서 진성반도체를 **광도전체**(光導電體, photo conductive cell 또는 photo-cell)라고 한다.

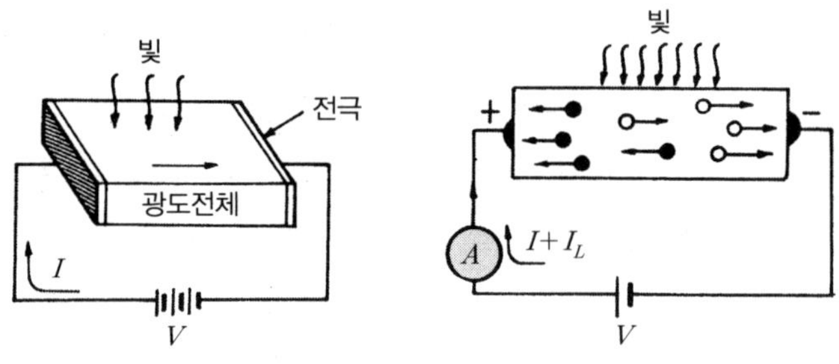

[그림 3-10] 진성반도체의 광도전현상

[그림 3-10]과 같이 광도전체에 전압 V[V]를 인가하여 전류를 흘려주고 여기에 빛을 조사하면 빛에너지 $E=hf$ [J]이 광도전체인 반도체에 흡수되어 캐리어가 증가되고 이에 따라 자유전자수가 증가해서 전류는 증가된다.

즉 빛의 조사에 의한 전류의 증가분인 이 전류를 **광전류**, 빛을 조사하지 않을 때의 전류를 **암전류**라 한다.

$$\text{광감도(photo-sensitivity)} = \frac{\text{광전류}}{\text{암전류}} = \frac{I_L}{I_D}$$

광감도가 큰 것이 이상적인 광도전체라 할 수 있고, CdS가 대표적인 예가 된다.

[그림 3-10]에서 전원으로부터 광도전체에 흐르는 전류는 두 가지로 해석된다. 하나는 빛에너지 $E = hf$에 의한 광전류 I_L과 또 하나는 열에너지에 의한 전류 I로 나타낼 수 있다. 여기서 h는 플랑크 상수, f는 빛의 주파수이다. 전체전류는 $I + I_L$의 형태가 된다.

■ **에너지대 해석** [그림 3-10](b)와 같이 빛에너지가 광도전체의 금지대륙보다 큰 에너지가 가해지면 전자는 전도대로 올라가고 캐리어의 수가 증가한다. 광도전체가 불순물 반도체라 하면 빛에너지는 불순물에 흡수되어 불순물에 잡혀있던 전자를 떼어내어서 캐리어를 형성된다.

다시 설명하면 P형 반도체의 캐리어는 정공, N형 반도체에서의 캐리어는 전자인 한 종류의 캐리어가 된다는 뜻이다. 전계를 가했을 때 불순물 반도체의 광전류의 전자는 전계와 반대방향으로 정공은 전계와 같은 방향으로 된다.

■ **광도전성을 나타내는 물질** 광도전성을 나타내는 물질에서 잘 알려진 재료는 다음과 같다.

- 단체 : Si, Ge, Se
- 산화물 : ZnO, PbO
- 카드뮴 화합물 : CbS, CdSe, CdTe
- 연합화합물 : PbS, PbSe, PbTe
- 금속과의 산화물 : InSb, ZnS, Sb_2S_3, InAs

이것을 재료로 해서 만든 광도전소자는 촬상관의 광전면, 필름의 사운드 트랙의 재생, 적외선 검출, 광통신, 온도측정, TV 수상기의 자동 휘도조정, 카메라의 자동노출기 등에 널리 응용된다.

〈표 3-2〉 대표적인 광도전물질의 장파장한계

물질	장파장한계 300[°K], μ	물 질	장파장한계 300[°K], μ
진 성		GaSd	1.85
ZnS	0.34	PbS	2.1
ZnO	0.38	InAs	3.5
ZnSe	0.48	PbTe	4.0
CdS	0.51	InSb	7.7
CaP	0.52	불순물을 포함한 경우	
ZnTe	0.59	ZnS : Cu	0.38
Se	0.60	CdS : Cu	0.69
Sd_2S_3	0.63	Si : Au	3.8
CdSe	0.72	Ge : Fe	4.1, 4.6
AlSb	0.78	Si : In	9.0
CdTe	0.86	Ge : Au	5.5, 9.0〈15
GaAs	0.92	Si : B	30
InP	1.0	Ge : Cu	29
Si	1.1	Ge : Zn	〉38
Ge	1.8		

광도전소자는 광전지에 비해서 출력전류가 크고 증폭기나, 특히 고감도의 계전기(relay) 같은 것이 필요하지 않으므로 매우 유리하다. 광도전소자를 실제로 응용할 때는 요구되는 파장감도 특성에 따라 소자의 재료를 선택한다.

예를 들면 X-선, γ선 영역에는 CdS, CdSe계, 적외선 영역에는 PbS 및 PbSe계가 사용된다. 그리고 광도전소자의 응답특성은 그렇게 빠른 편은 아니다. 100[lux] 정도의 조도에서는 CdS는 수100[ms], CdSe는 수[ms] 정도이다.

■ **광전자방출 현상** 금속 등의 물질에 빛을 조사하면 전자가 빛에너지를 흡수하여 전자의 운동에너지가 증가하고, 이 금속의 표면으로부터 전자가 방출되는 현상을 광전자방출 또는 **외부광전효과**라 한다.

이 현상은 1888년에 W. Hallwaches가 금속면으로부터 광전자방출을 발견한 것이 처음이고, A. Einstein의 광양자설에 의하여 빛의 입자성을 증명하는 근거가 되었다. 이 현상은 광전관, 광전자증배관 등에 널리 이용되고 있다. 광전자방출 재료에는 다음의 것이 주로 사용된다.

- 은-세슘(Ag-O-Cs) : Ag를 증착 산화하여 Cs를 반응시켜서 제조하며, 가장 긴 파장까지 감도를 나타낼 수 있다.
- 안티몬-세슘(Bi-Ag-O-Cs) : Ag 및 Bi를 동시에 증착 산화하여 Cs를 반응시킨다. 가시광선에 대하여 감도를 나타내며 촬상관, 광전자증배관 등에 이용된다.

제4장

발광 및 광검출소자

4-1 반도체의 광특성과 발광소자
4-2 발광다이오드 원리와 응용
4-3 OLED
4-4 LED 응용회로 설계
4-5 광분리기와 LCD

광통신 및 광전자 응용분야에서 광소자(light source) 관련 지식은 광원 및 광섬유와 함께 전자적 신호를 광학적 신호로 변환하는 광변환이론으로 매우 중요하다. 이 장에서는 발광 및 광검출소자의 특성과 원리를 중심으로 설명한다.

4-1 반도체의 광특성과 발광소자

(1) 반도체의 광특성

반도체 내부를 광자가 진행하면 광자와 전자의 상호작용에 의해 광자가 **흡수**되거나 광자가 **방출**된다. 만일, 반도체에 입사한 광자의 에너지가 반도체의 밴드 갭 에너지보다 작으면 흡수가 일어나지 않고 반도체 내부를 통과한다. 또 광자의 에너지가 반도체의 밴드 갭 에너지보다 크면 가전자대의 전자가 이 빛 에너지를 흡수하여 전도대로 상승한다. 이러한 광자와 전자의 상호작용을 그림으로 나타내면 [그림 4-1]과 같다.

[그림 4-1](a)는 광자가 반도체에 입사할 때 가전자대에 있는 전자가 광자의 빛에너지를 흡수하여 전도대로 상승하고, 전도대에 전자 하나와 가전자대의 정공(hole : 양공) 하나를 만드는 빛의 흡수(absorption)현상을 나타낸다. 이렇게 생성된 전자-정공 한 쌍을 **전자-정공쌍**(EHP : Electron-Hole Pair)이라고 한다.

[그림 4-1](b)는 전도대에 있던 전자가 가전자대의 빈자리를 채우면서 전자가 갖고 있던 에너지가 빛에너지로 변환되어 광자가 방출되는 방출현상을 나타낸다. 이때 전자와 정공의 재결합이 이루어진다. 즉 전자-정공쌍 하나가 소멸되는 것이다.

[그림 4-1](c)는 전자-정공쌍이 반도체 내를 진행하는 광자를 만나면 이 전자-정공쌍에 의해 새로이 생성된 광자는 진행하는 광자의 파동과 위상이 일치하여 빛의 간섭하기 쉬운 성질, 즉 **코히런트**(coherence) 현상이 일어난다. 참고로 자연광은 인코히런트(Incoherence)광이라고 한다. 이를 **유도방출현상**이라고 한다. 레이저는 이러한 코히런트 상태의 빛으로 파장이 일정하고 직진성이 강하여 이상적인 광원으로 그 활용 분야가 매우 넓다.

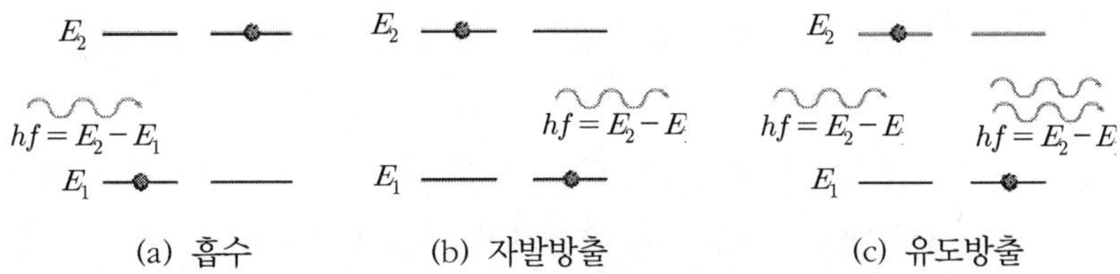

[그림 4-1] 반도체의 빛의 흡수와 방출

반도체 다이오드에 순방향의 전류를 흘리면 N형 반도체의 전자가 P형 반도체의 정공과 PN 접합부에서 재결합(recombination)하면서 빛이 발생되는 과정으로 [그림 4-2]와 같은 원리로 빛이 발생한다.

이때 전류가 약하여 밀도반전(population inversion)이 일어나지 않을 때에는 유도방출이 안되고 자발방출에 의한 빛만 발생하게 되는데 이 소자를 발광다이오드(LED : Light Emitting Diode)라 한다.

반도체 발광소자는 발광다이오드와 레이저 다이오드(LD : Laser Diode)로 나눌 수 있다. 발광다이오드는 발광과정으로 자발방출을 사용하고 있으며, 그 출력광은 인코히런트한 빛이다. 반도체 레이저는 발광과정으로서 유도방출을 사용하고 있으며, 따라서 그 출력광은 코히런트광이다.

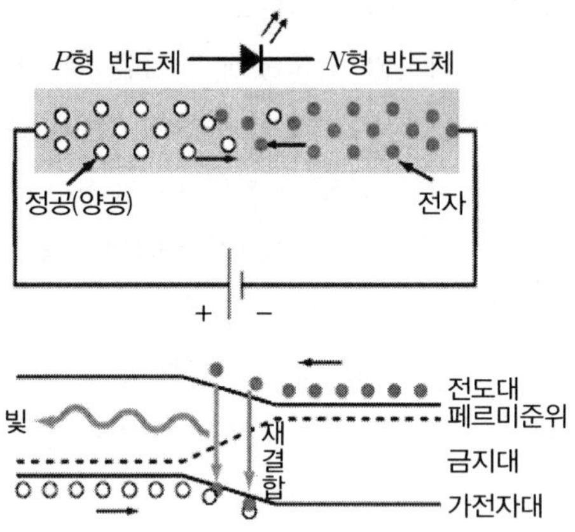

[그림 4-2] 전자-정공쌍의 재결합에 의한 방출

(2) PIN 접합의 발광

일반적인 PN접합 다이오드는 반도체 소자의 한쪽에 P형 반도체를, 다른 한쪽에 N형 반도체를 접합하여 구성한다. 이러한 PN접합에서 P형 반도체와 N형 반도체의 밴드 갭 에너지가 같은 경우를 **동종접합**(homo junction)이라고 한다.

이 PN접합 다이오드에 순방향 전압을 인가하면 [그림 4-3]과 같이 PN접합면에서 전자-정공쌍이 형성되어 광자가 생성된다. 그러나 이 경우 전자와 정공이 PN접합부에만 국한되지 않고, 일부 전자가 P형 반도체로 확산되면서 P형 반도체 내부로도 들어가며, 마찬가지로 일부 정공이 N형 반도체로 확산되어 N형 반도체 내부로도 들어간다.

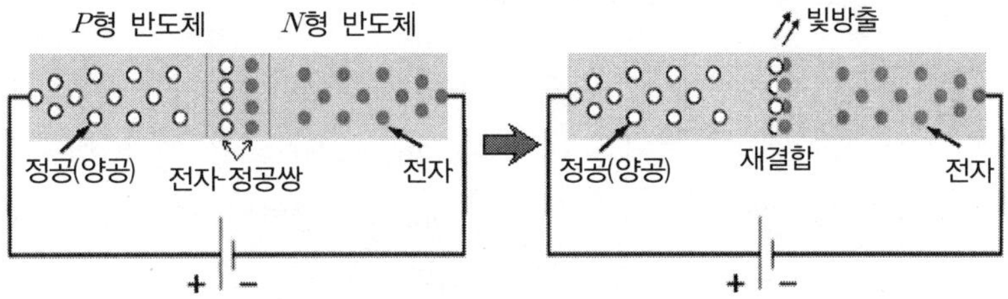

[그림 4-3] *PN*접합부에서 전자-정공쌍의 생성 및 재결합에 의한 발광

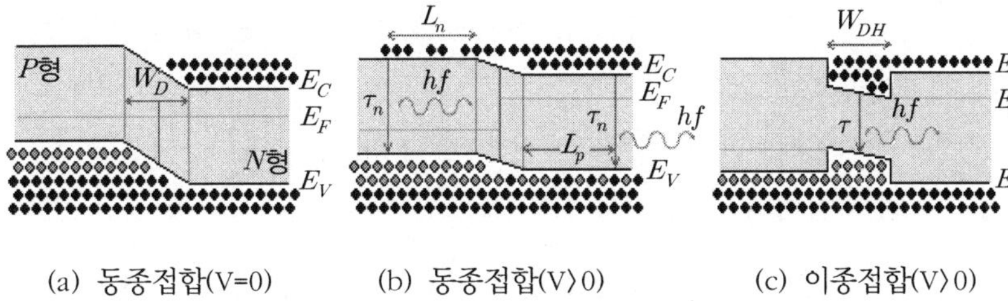

[그림 4-4] *PN* 접합과 PIN 접합

[그림 4-4](b)에서 L_n은 전자의 확산거리, L_p는 정공의 확산거리를 나타낸다. 따라서 *PN* 접합부에서의 전자-정공 재결합 효율이 감소한다. 이러한 이유로 인하여 동종접합 *PN* 접합다이오드에서는 광방출효율이 매우 낮다. 이러한 문제를 해결하기 위하여 이종접합(hetero junction)구조의 PIN 다이오드가 개발되었다.

이종접합이란 반도체의 밴드갭 에너지가 다른 물질끼리 경계를 이루는 접합을 말한다. 이 중 PIN **접합 다이오드**는 일반적으로 *PN*접합 다이오드의 접합면에 밴드 갭 에너지가 작은 진성반도체(intrinsic semiconductor)를 삽입한 구조이다. 이 PIN 접합에 순방향 전압을 인가하면 [그림 4-4](c)와 같이 *N*형 반도체 쪽에서 밀려온 전자는 에너지 준위가 낮은 진성반도체쪽에 모인다. 그러므로 이 진성반도체 영역에서 전자와 정공이 재결합하여 빛이 방출되므로 광자의 생성효율이 *PN* **동종접합 다이오드**에 비해 월등히 향상된다.

이 경우 빛의 파장은 진성반도체(I)층의 밴드 갭 에너지에 의해서 결정되며, 이 진성반도체층에서 가장 활발한 광자의 생성이 일어난다. 이 때문에 진성반도체층을 **활성층**(active layer)이라고 한다.

(3) 반도체 발광소자의 특성

- 다른 발광장치에 비해 소형이고 경량이다 : 예를 들면 1[mW] 출력의 He-Ne 레이저 크기는 대략 30[mmϕ]×250[mm]이지만, 반도체 발광 장치의 하나인 반도체 레이저는 수십[mW] 출력의 소자라도 대략 0.3[mm]×0.4[mm]×0.15[mm]로 대단히 적다.
- 변조가 쉽고 빠른 변조가 가능하다 : 반도체 발광소자는 반도체로의 주입 전류(전자와 정공)에 의해서 일어난다. 따라서 전류를 변화시키면 빛의 강도나 주파수가 변화한다. 이처럼 변조가 쉽다는 성질 때문에 광통신용으로 개발되고 있다.
- 단위면적, 단위 입체각에서의 발광 파워가 크다.
- 소비전력이 적다.

반도체 레이저광은 집광성이 좋으므로 광파이버로의 입력 파워를 크게 할 수 있다. **발광다이오드**는 온도변화에 의한 광출력의 변화가 적으며, 광출력을 제어할 필요가 없다. 수명에 있어서 발광다이오드가 반도체 레이저보다 길다.

특히 반도체 레이저는 광통신에 매우 적당하다. 그 이유는 크기가 작고(최대가 수십[mm]), 효율이 높으며(25～30[%]), 간단하고, 수명이 길고(100년 정도), 반응이 빠르기(GHz 영역까지) 때문이다.

〈표 4-1〉은 발광 다이오드와 반도체 레이저의 특징을 보여 준다.

〈표 4-1〉 발광다이오드와 반도체 레이저의 특성 비교

특 징	발광다이오드	반도체 레이저
스펙트럼폭	넓다((30~120[nm])	좁다(10～0.01[nm])
집광성	나쁘다	좋다(~$2\lambda^2$)
광파이버 입력 파워	적다(~0.02[mW])	크다(~1[mW])
변조속도	작다(~100[MHz])	크다(~수[GHz])
광출력 제어	불필요하다	필요하다

(4) 발광소자의 에너지 갭에 따른 발광파장

발광소자용 반도체 재료는 크게 **직접천이형**(direct transition)과 **간접천이형**(indirect transition)으로 구별할 수 있다. 반도체의 에너지 구조에서 전도대의

전자가 가전자대의 정공과 결합할 때 에너지가 방출하게 된다. 규소(Si) 등 간접 천이형 반도체 내에서는 이 에너지는 주로 열과 진동으로 소모되어 발광 효율이 크게 저하되는 반면, 질화갈륨(GaN) 등 직접천이형 반도체에서는 전자와 정공의 재결합시 발생하는 에너지가 모두 발광형태로 나타나기 때문에 LED를 구성하기 위한 적합한 재료라고 볼 수 있다. 이러한 직접천이로부터 발생하는 빛의 파장은 반도체의 고유한 특성인 에너지 밴드 갭(E_g)에 따라 결정되며, 빛의 에너지와 발광파장은 다음과 같은 관계가 있다.

$$E_g = h = \frac{hc}{\lambda}\ [\text{eV}] \tag{4-1}$$

(h : 플랭크 상수, c : 광속, λ : 파장)

$$\lambda = \frac{1240}{E_g}\ [\text{nm}] \tag{4-2}$$

[그림 4-5]는 발광소자에 이용되고 있는 화합물반도체의 예와 각 반도체의 에너지 갭에 따른 파장과의 관계를 보여준다.

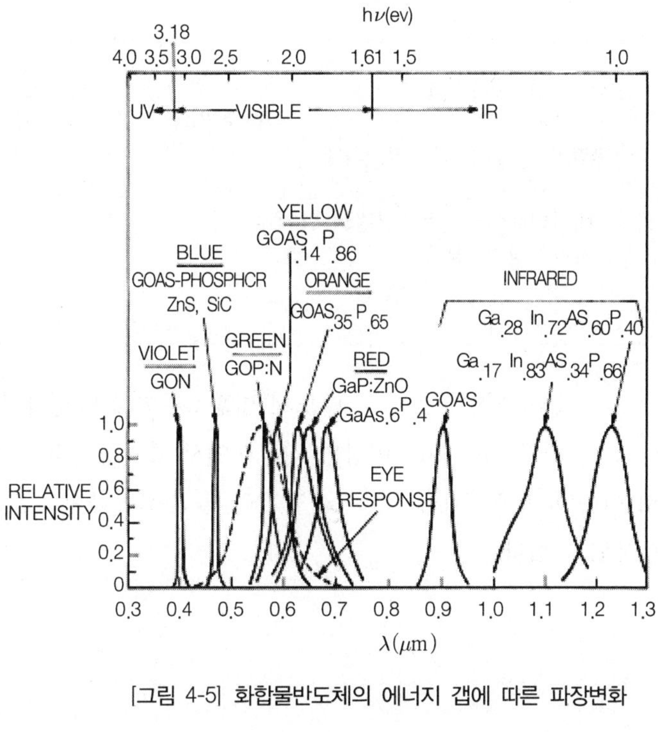

[그림 4-5] 화합물반도체의 에너지 갭에 따른 파장변화

적색 LED에서는 GaAlAs와 같은 3원계, 혹은 InGaAlP와 같은 4원계 조성의 화합물반도체가 사용되고 있다. 녹색 LED의 경우에는 처음에 GaP로 구현되었는데, 이는 간접천이형 재료로서 효율이 떨어져서 실용적인 순녹색 발광을 얻을 수 없었다.

그러나 추후에 InGaN 박막성장이 성공함에 따라 고휘도 청색 및 녹색 LED 구현이 가능하게 되었다. 현재 InGaN의 In 조성을 조절함에 따라 적색에서 근자외선(Near UV)에 해당하는 빛을 얻을 수 있다.

〈표 4-2〉 반도체 발광소자의 응용분야

파장 (nm)	가시광←→적외선 ←단파장대→←장파장대→ 700 800 900 1000 1100 1200 1300 1400 1500 1600
발광다이오드	광파이버 통신(단거리, 옥내) 광빔통신(화상, 음성, 데이터) 거리측정기 자동초점 카메라, 광센서 광파이버 통신(중거리, 옥외)
반도체레이저	오디오, 비디오디스크 광파이버 통신(단거리, 옥내) 데이터베이스, 컴퓨터링크(단거리) 거리측정기, 분광기 파장분할 다중전송 광파이버 통신 (장거리, 대용량)
재료	GaAlAs/GaAs (700~1000) InGaAsP/InP (1000~1600)

〈표 4-2〉는 발광파장대에 따른 반도체 발광소자의 응용분야이다. 표에서 보는 바와 같이 주로 1100[nm] 이상의 파장대에서 중·장거리 통신에 응용되고, 900[nm] 이하의 파장대에서 옥내 등 단거리 통신이나 음향·영상기기, 계측기 등에 응용되고 있다.

4-2 발광다이오드 원리와 응용

(1) LED의 기본특성과 구조

발광다이오드(Light Emitting Diode : LED)는 반도체의 PN접합부에 전류를 흘려 빛을 방사하는 발광현상을 이용한 소자로서 이 발광현상을 **전기 루미네선스**(전기장발광)라고 하며, 1923년 탄화규소 결정의 발광관측에서 비롯되는데, 1923년에 비소화갈륨 PN접합에서의 고발광효율이 발견되면서부터 그 연구가 활발하게 진행되었다. 1960년대 말에는 발광다이오드가 실용화되기에 이르렀다.

LED는 PN접합에 순방향으로 전류를 흐르게 함으로써 빛을 발생시키는 다이오드이다. P형으로부터 정공이, N형으로부터 전자가 각각 N형과 P형측으로 주입되는데, 이들 양 캐리어의 일부는 재결합하여 소멸된다. 이때 소멸된 캐리어가 가졌던 에너지가 빛을 발생한다. 이 빛발생의 상세한 과정 · 메커니즘은 재료에 따라 차이가 있다. 또 이것에서 발생하는 빛은 보통 적외선 또는 이에 가까운 파장의 빛이지만, 이 중에는 가시광선을 내는 다이오드도 있다. 발광다이오드는 낮은 전압으로도 동작되고 수명이 길며, 또한 고휘도(高輝度)의 빛을 내는 등의 이점이 있기 때문에 디스플레이 · 통신 등에 활용된다.

LED의 기본특성을 요약하면

- 다른 발광장치에 비해 소형이고 경량이다.
  1[mW] 출력의 He-Ne 레이저 크기는 대략 30[mmϕ]×250[mm]이지만 반도체 발광장치의 하나인 반도체 레이저는 수십[mW] 출력의 소자라도 대략 0.3[mm]×0.4[mm]×1.5[mm]로 대단히 적다.
- 변조가 쉽고 빠른 변조가 가능하다. 반도체 발광장치는 반도체로의 주입전류에 의해서 일어나므로, 전류를 변화시키면 빛의 강도나 주파수를 쉽게 변화시킬 수 있다. 쉬운 변조특성 때문에 광통신용으로 개발되고 있다.
- 단위면적, 단위 입체각에서의 발광 파워가 크다.
- 소비전력이 적다.
- 발광파장이 가시(可視) 또는 근적외(近赤外) 영역에 존재할 것

- 발광효율이 높을 것
- *PN* 접합의 제작이 가능할 것

등의 조건을 만족시키는 것으로서 주로 비소화갈륨 GaAs, 인화갈륨 GaP, 갈륨-비소-인 GaAsP, 갈륨-알루미늄-비소 GaAlAs, 인화인듐 InP, 인듐-갈륨-인 InGaP 등 3B 및 5B족인 2원소 또는 3원소 화합물반도체가 사용되고 있는데, 2B족, 6B족이나 4A족, 4B족인 것에 대하여도 연구가 진행되고 있다.

LED의 발광기구는 일반적으로 자유 캐리어의 재결합과 불순물 발광중심에서의 재결합에 의한 것으로 구분된다.

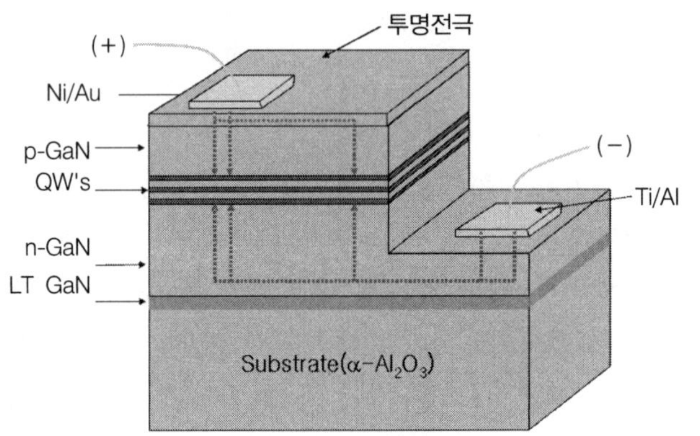

[그림 4-6] LED 칩의 구조

불순물 발광중심에 의한 재결합에서는 발광파장은 반도체에 첨가되는 불순물의 종류에 따라 다르다. 인화갈륨인 경우 아연 및 산소원자가 관여하는 발광은 **적색**(파장 700nm)이고, 질소원자가 관여하는 발광은 **녹색**(파장 550[nm]) 정도이다. [그림 4-6]은 LED 칩의 구조이다.

〈표 4-3〉 LED 재료의 발광파장

	파장[nm]	광영역	에너지갭(eV)
Gap	560	Green	2.19
GaAlP	590	Yellow	2.10
GaAsP	700	Red	1.90
GaAs	840	근적외선	1.43
InP	980	근적외선	1.25
InS	3,400	원적외선	0.36

발광다이오드는 종래의 광원(光源)에 비해 소형이고, 수명은 길며, 전기에너지가 빛에너지로 직접 변환하기 때문에 전력이 적게 들고 효율이 좋다. 또한 고속응답이라 자동차 계기류의 표시소자, 광통신용 광원 등 각종 전자기기의 표시용 램프, 숫자표시장치나 계산기의 카드 판독기 등에 쓰이고 있다.

이렇게 빛을 방출하는 칩은 보편적으로 0.25[mm²]로 매우 작으며, LED 크기는 플라스틱 렌즈와 리드 프레임으로 결정된다. 현재 가장 보편적으로 사용하는 LED는 5[mm] 플라스틱 패키지(package), 에폭시 수지 패키지, SMD 패키지 등이나 특정 응용분야에 따라 새로운 형태의 패키지를 개발하고 있다.

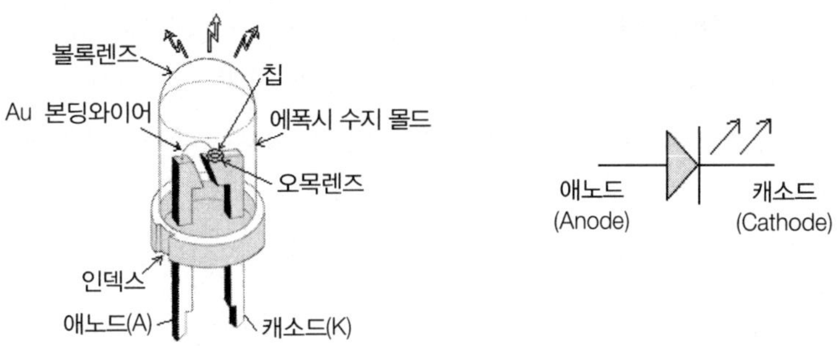

[그림 4-7] LED 패키지의 구조 및 기호

[그림 4-7]은 Lamp형 LED 패키지와 기호를 나타낸다. LED에서 방출하는 빛의 색은 반도체 칩 구성원소의 배합에 따라 파장을 만들며 이러한 파장이 빛의 색을 결정짓는다. 현재 고휘도 LED에 주로 사용하는 AlGaInP(Alumiium Gallium Indium Phosphide) 칩에서는 Red부터 Amber까지, InGaN(Indium Gallium Nitride) 칩에서는 Blue와 Green 그리고 Blue 칩에 형광체(Phosphor) 기술을 접목하여 White LED를 가능하게 하였다.

가시광선 스펙트럼은 각각의 색깔에 해당하는 파장을 보여주고 있는데 적색에 가까울수록 긴 파장을, 보라색에 가까울수록 짧은 파장을 나타내며 파장이

〈표 4-4〉 LED의 파장에 따른 발광색

Color	파장[nm]	Color	파장[nm]
Violet	400～430	Amber	590～595
Blue	430～480	Orange	600～615
Green	490～530	Orange-Red	620～640
Yellow	550～590	Red	645～700

짧을수록 좀더 많은 에너지가 필요하다.

〈표 4-4〉는 LED의 파장대별 발광색을 나타내었다.

(2) LED의 동작원리

앞에서 설명한 바와같이 반도체 내부에서 전자와 전공이 재결합할 때 그들이 갖고 있던 여분의 에너지는 빛에너지나 열에너지로 방출되나, Si나 Ge의 경우 캐리어들이 주로 재결합 중심에 의한 재결합을 하므로 거의 빛을 내지 않는다.

그러나 GaAs, GaP 같은 화합물반도체 재료를 사용하면 많은 양의 직접재결합이 발생하여 빛을 낸다. 이 원리는 전도대로부터 충만대로 전자가 떨어질 때 발생하는 에너지가 에너지갭 E_g에 해당하는 빛을 방출한다. 이렇게 PN 접합 다이오드에 의해서 주입형 전계발광현상을 이용한 발광소자를 발광다이오드라 한다.

[그림 4-8]에 LED의 점등회로와 동작원리를 나타내었다.

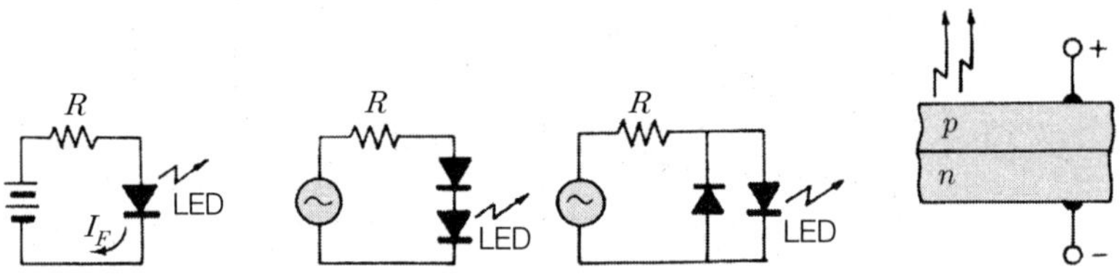

[그림 4-8] LED 점등회로의 예

- **LED의 발광특성** 화합물반도체로 제조된 발광소자인 LED는 시스템의 표시구동회로에 주로 이용된다. 가시광 LED는 일반적으로 GaP나 GaAs를 재료로 한 화합물반도체 재료가 많이 사용되지만 최근의 LED는 GaP가 주종을 이루고 있다.

  근래에 와서는 SiC를 사용하여 480[nm] 정도의 파장감도를 갖는 청색의 LED도 개발되고 있으며, 이밖에도 LED의 동작 평균전류값에 따라 적색, 녹색, 등색, 황색 등으로 발광색을 가변시킬 수 있는 multi color LED도 개발되고 있다.

  [그림 4-9]에 인간의 시감도와 LED의 발광 스펙트럼에 대한 특성을 나타내었다.

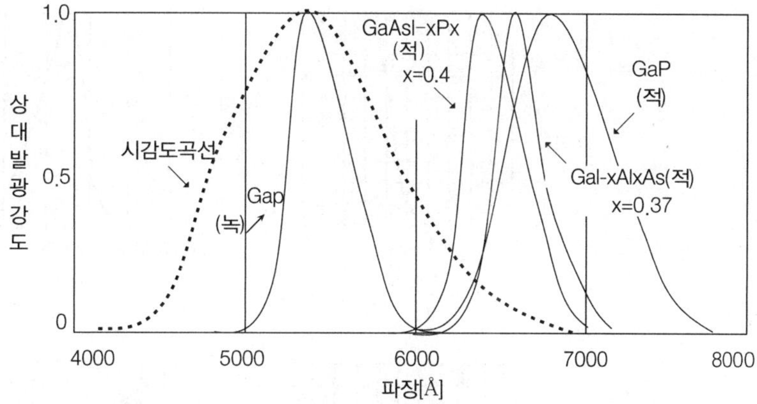

[그림 4-9] 시감도와 발광 스펙트럼

LED는 [그림 4-10]과 같이 PN 접합에 순방향전압을 가하면 P형쪽에서 N형쪽으로 정공이, N형쪽에서 P형쪽으로 전자가 주입된다. 이와 같이 전자-정공, 즉 캐리어들이 재결합할 때에 발광현상이 생긴다. 이것을 일반적으로 주입형 전계발광이라 한다.

LED의 **발광효율**은 순바이어스를 가했을 때 흐르는 전류인 주입전류에 따라서 증가하기도 하고, 온도의 감소에 따라서도 발광효율은 증가한다.

또한 광주파수는

$$f = \frac{E_g}{h}[\mathrm{Hz}] \tag{4-3}$$

이 된다. 예를 들어서 (GaAl)As를 재료로 한 LED의 특성을 [그림 4-10]에 나타내었다. GaAs는 $E_g = 1.43$[eV]로 적외선을 발생하고, GaP는 $E_g =$ 2.19[V]로 녹색광을 발생한다. 이 다이오드는 극히 소형화할 수 있으므로 [ns]의 고속 스위칭 소자로 사용할 수 있다. 이것은 50[mA]까지의 전류로서 휘도가 높은 적색광을 방사하며, 10[MHz] 정도의 순전류에 비례한 광신호를 얻을 수 있다.

[그림 4-8]에서 표시한대로 직렬저항을 사이에 두고 직류전원을 이용하거나 또는 역방향 내압을 초과하지 않도록 다른 다이오드를 추가해서 교류를 점등하는 것도 가능하다. 펄스로 점등할 경우 직류점등의 경우와 같

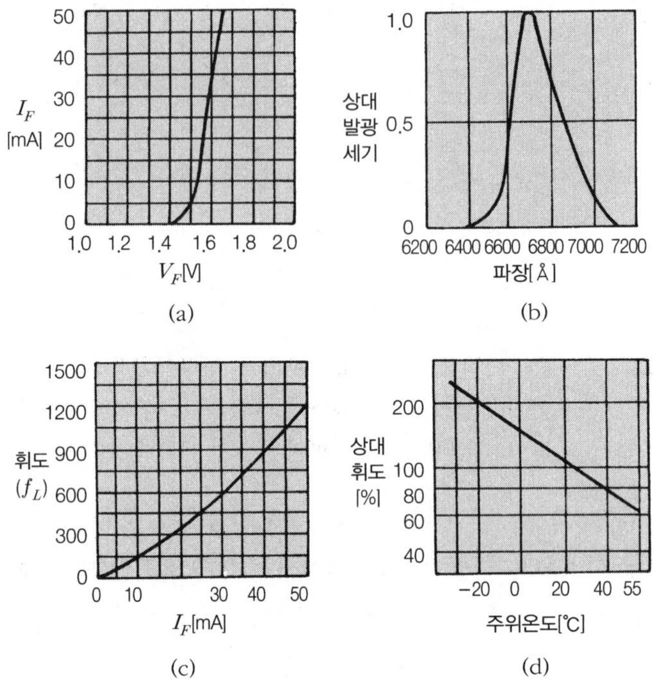

[그림 4-10] LED의 특성

은 밝기를 얻으려면 당연히 큰 펄스 전류를 흘려주어야 한다.

LED에서 가장 쉽게 만드는 색광은 **적색광**인데, 반도체 재료와 그 처리 방법에 따라서 **녹색광**, **황색광**, **적외광**도 만들 수 있다. 이러한 것을 **고체 램프**라고도 하며, 저전압, 고휘도로 응답속도가 [ms] 정도로 고속 스위칭이 가능하고 고신뢰도의 램프에 적합하다.

램프로서 특징을 들면 직류점등이 가능하고, 발광 스펙트럼이 좁아서 단색광이며, 신뢰도가 높다. pilot 램프로서는 수명이 길고, 발광지향성이 없

〈표 4-5〉 3족 및 5족 화합물 반도체를 이용한 LED의 특성

재료	발광색	피크 파장 [Å]	발광효율 [%]	순방향 전압 [V]	순방향 전류 [mA]
GaAs	근적외광	9400	3	1.2	50
GaP	적 색	7000	7	1.8	15
GaP	녹 색	5600	0.2	2.0	50
Ga(AsP)	적 색	6500	0.3	1.6	10
(GaAl)As	적 색	6700	0.4	1.6	10

으며, 소비전력이 100~300[mW] 정도로 매우 적다는 것이다. 또한, LED는 응용범위가 매우 넓으나 photo coupler, 검지기, 표시장치 등에 다양하게 쓰인다.

(3) LED 광원의 특성과 LED 재료

단파장의 발광다이오드는 다음에 나타낸 것과 같은 뛰어난 특징을 갖고 있다. 친환경적이며 안전한 새로운 고체소자 조명광원으로서 실용범위가 매우 크다.

- 광변환효율이 높기 때문에 소비전력이 매우 적다(전구의 1/8, 형광등의 1/2).
- 작은 광원이기 때문에 소형화, 박형화, 경량화를 할 수 있다.
- 수명이 반영구적이고, 점등/소등 속도가 빠르다.
- 점등회로, 구동장치의 설계가 쉽다.
- 가스, 필라멘트가 없기 때문에 충격에 강하고 안전하다.
- 안정적인 직류 점등방식을 위한 소비전력이 적고 빠른 반복, 펄스 동작이 가능하고 또한 시신경의 피로를 저감할 수 있다.
- Intelligent 조명광원이다.
- 형광등과 같은 수은, 방전용 가스를 사용하지 않기 때문에 친환경적인 조명광원이다.

1) LED에 사용되는 반도체 재료

■ General급

GaP	GaN	GaAs	GaAlAs
Green, Red	Blue	Red, Infrared	Red, Infrared

■ Super급

GaAlAs	GaAsP	GaN	InGaN	GaP
Red	Red, Yellow	Blue	Green	Green

■ Ultra급

GaAlAs	InGaAlP	GaN	InGaN
Red	Yellow, Orange, Red	Blue	Green

2) LED 재료의 파장별 색구분

LED는 휘도에 따라 General급, Super급, Ultra급으로 나눠진다.

100mcd 이하는 General급이고, 500mcd 이하는 Super급, 그 이상은 Ultra급으로 구분된다.

■ General급

파장 [nm]	400~ 450	450~ 470	470~ 557	557~ 567	567~ 572	572~ 585	585~ 605	605~ 630	630~ 700
발광색	Pure Blue	General Blue	Pure Green	General Green	Yellow Green	General Yellow	General Amber	General Orange	General Red

■ Super급

파장	470[nm]	572[nm]	650[nm]	660[nm]
발광색	Super Blue	Super Yellow Green	Super Red	Super Red

■ Ultra급

파장	591[nm]	610[nm]	624[nm]	639[nm]	660[nm]
발광색	Ultra Yellow	Ultra Amber	Ultra Orange	Ultra Red	Ultra Red

(4) LED의 종류

LED는 일반 전자기기의 표시등이나 숫자표시에 주로 사용되었으나 낮은 휘도와 색깔의 한계성이 지적되어 왔다. 그러나 새로운 LED 재료와 기술의 향상으로 백색을 포함한 가시광선 영역의 모든 색깔의 고휘도 LED가 생산되고 있다. 이러한 고휘도, 고효율, 다양한 색깔의 LED는 대형 전광판, 비상구등, 교통

신호등, 자동차산업 등의 여러 분야에서 응용되고 있다. LED는 소형이며, 경량이고 반영구적인 수명의 특성으로 기존 광원을 대체하고 있으며 현재 각광을 받고 있는 LCD, OLED 등과 함께 그 응용범위는 매우 넓다고 하겠다.

LED 구동방법으로 병렬형 직렬과 병렬의 병용형 매트릭스형이 있다. 병렬형은 각각의 LED를 독립해서 구동하기 때문에 숫자표시나 레벨미터 등 소수의 LED를 이용한 디스플레이의 구동에 적용한다. 병용형은 다수의 LED 소자를 사용하는 옥외용 LED 램프 등의 구동에 이용된다. 그리고 매트릭스형은 복잡한 문자, 화상표시 등에 이용된다.

LED 발광색상은 현재 빨강 · 녹색 · 황색 · 오렌지 · 청색 · 백색 등이 개발되어 있다. 첨가하는 불순물의 함량에 따라 재질의 파장이 달라 파장은 인간의 가시광선 영역인 400[nm]에서 700[nm] 사이이며 적색은 700[nm]대, 청색은 470[nm], 녹색은 565[nm], 황색은 585[nm], 오렌지색은 635[nm]의 파장을 형성하고 있다.

■ **청색 LED** 청색 LED는 질화갈륨비소와 사파이어 등을 이용하여 만들어지며, 백색 LED는 백색에 해당되는 단일 파장은 존재하지 않기 때문에 두가지 색 이상의 조합으로 백색을 구현할 수 있다. 즉 빛의 삼원색은 적색, 녹색, 청색으로 이들 삼원색을 혼합하여 백색을 만든다. [그림 4-11]에서 청색 LED의 구조를, [그림 4-12]에서 삼원색 혼합법을 보였다.

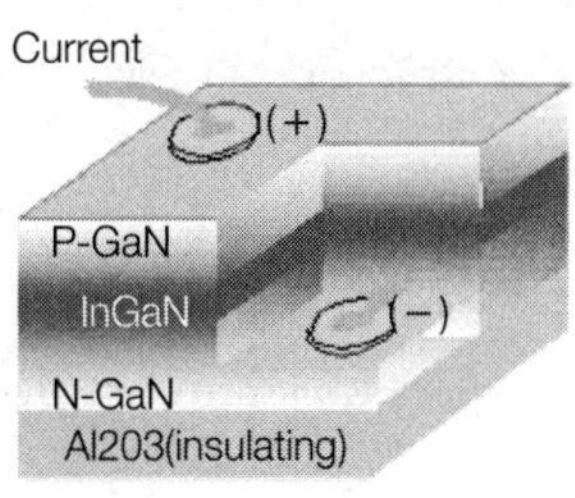

[그림 4-11] 청색 LED의 구조

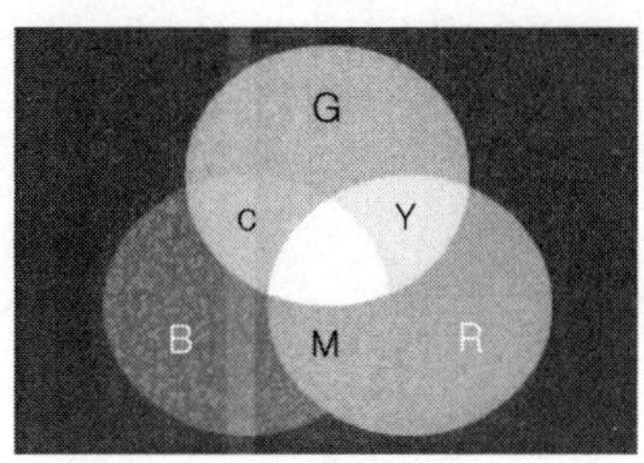

[그림 4-12] 삼원색 혼합

■ **백색 LED** 현재의 백색 LED는 자외선 LED 또는 청색 LED 위에 황색 형광체를 도포함으로써 백색을 구현하는 방법으로 보색인 황색과 청색, 청록색(cyan)과 황갈색(amber), 녹색과 자홍색(magenta)을 각기 혼합하여 백색을 만들 수 있다. 최근에는 청색 LED에 황색 형광체를 넣거나 자외선

LED에 RGB 형광체를 넣어 제조하는 방법이 이용되고 있다. 〈표 4-6〉에 백색 LED 구현방법과 특성을 나타내었다.

〈표 4-6〉 백색 LED 구현방법 분류

구 분	1-chip solution		2-chip solution	3-chip solution
구현방법	청색 LED+ 황색 형광체	UV LED+ RGB 형광체	Binary Complementary	RGB Multichip
연색성	△	◎	△	○
색안정성	○	◎	△	△
수 명	△		○	○
효 율	△	◎	○	○
형광체	양산중	양산중	필요없음	필요없음
특 징	제조용이, 색상균일성 떨어짐	좋은 연색성, 패키지 재료의 내자외선 요구	좋은 출력, 연색성 떨어짐	좋은 색 연출성, 좋은 출력신뢰성 떨어짐
응 용	백라이트	조명	Task light	전광판

■ **풀 컬러 LED** 풀 컬러(full color) LED는 적색·녹색 LED를 조합시킨 하이브리드형으로 발광효율이 높은 SiC 청색 LED와 GaP 적색 및 녹색 LED를 램프화하여 순백색 발광을 포함한 다수 발광이 가능한 풀 컬러 LED이다. 적색·녹색·청색 LED 칩을 하나의 패키지로 제작하는 방법은

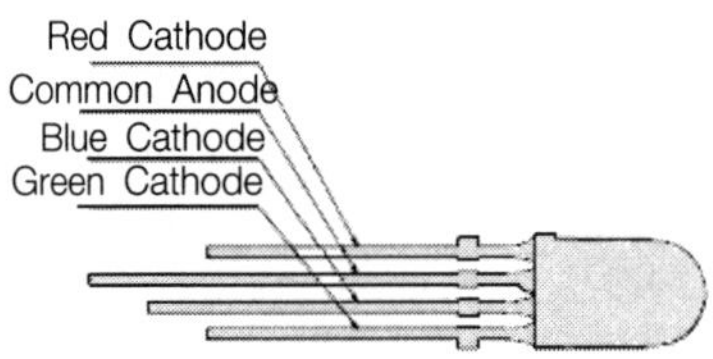

[그림 4-13] 풀 컬러 LED 패키지

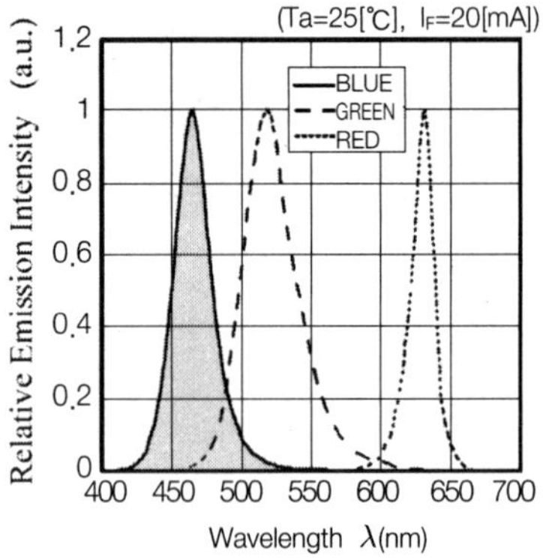

[그림 4-14] 풀 컬러 LED의 스펙트럼 분포

발광효율이 우수하고 풀 컬러 표현이 가능하나, 3개의 칩을 사용하므로 다른 방식에 비해 고가이고, 전원회로가 복잡해지는 단점이 있다. [그림 4-13]에서 풀 컬러 LED 패키지, [그림 4-14]에서 풀 컬러 LED의 스펙트럼 분포를 보였다.

■ **적외선 LED** 적외선(Infrared : IR) LED의 재료는 주로 GaAs로 양불순물인 Si를 이용하여 LPE 결정 성장조건으로 그 치환위치(Ga 또는 As원자)를 제어함으로써 PN 접합을 형성한다.

텔레비전 등의 리모컨에서 신호송신용으로 이용되고 있으며, 일반적인 포토커플러, 포토아이솔레이터 등의 **복합광소자**로서 가장 많이 이용된다. 최근에는 카메라의 오토포커스 등 고출력을 요하는 것이나 장거리 리모트 컨트롤용 광원으로서 GaAlAs에 의한 DH 구조의 고출력 타입 적외선 LED가 이용되고 있으며, 최근 현금입출금기(ATM) · 자동화기기 · 게임기 등에도 실용화되고 있다. [그림 4-15]에 여러 가지 적외선 LED의 패키지를 보였다.

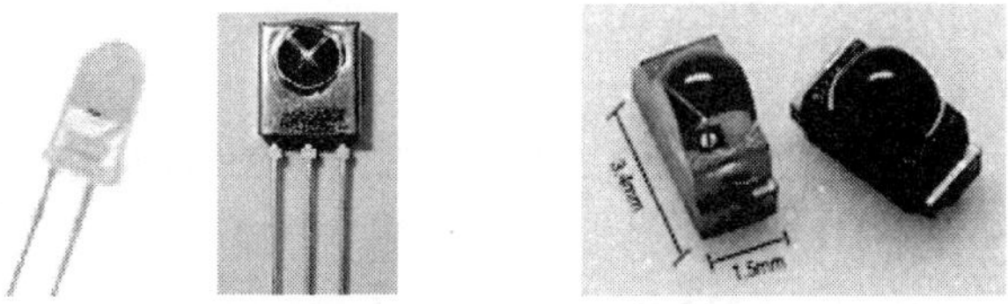

[그림 4-15] 여러 가지 패키지의 적외선 LED

■ **자외선 LED** 자외선(Ultraviolet : UV) LED는 질화갈륨(GaN)이나 산화아연(ZnO)을 이용한 반도체 소자 또는 다이아몬드 기판을 이용한 PN 접합으로 자외선을 발광한다.

발광파장은 235[nm], 265[nm], 280[nm], 310[nm], 340[nm], 400[nm] 등으로 가시광선 영역의 보라색 빛인 400[nm]가 UV LED 파장으로 주로 사용된다. 특히 200~350[nm]의 자외선은 NDA 분석, 살균, 공기청정, 정수, 각종 의료분야, 고밀도 광기록, 산화물 및 오염물질처리 등의 바이오공학 분야에 광범위하게 응용된다.

그동안 자외선을 내는 장치로 수은램프가 사용됐는데 환경오염 물질인 수은이 쓰이고 오존이 발생해 많은 문제를 일으켰다. [그림 4-16]은 여러 가지 자외 LED의 패키지이다.

[그림 4-16] 여러 가지 패키지의 UV LED

- **폴리머 발광다이오드(LED)** LED에 반도체 물질과 같이 폴리머(polymer)를 사용한 것이며, 폴리머는 많은 미립자들이 모여 큰 분자를 구성하는 화학물질로서 단백질과 DNA는 **자연산 폴리머**이고, 나일론과 같은 물질은 **가공 폴리머**이다. 폴리머의 유연성과 강도 때문에 자동차 범퍼와 방탄조끼를 만드는데 사용되며, 또한 가볍고 유연하기 때문에 박막 디스플레이를 만드는데 사용되기도 한다.

  완전 컬러 디스플레이, 저전압 고광도, 장기간 수명, 폴리머와 전극을 사용한 소형 문자 디스플레이, 5[V]전원으로 형광빛 생성 등 다양한 특징이 있다.

(5) LED의 응용분야

LED는 반도체라는 특성으로 인해 신호의 응답 및 처리속도, 전력소모, 신뢰성 등에서 큰 장점을 보여 각종 전자제품의 전자표시 부품 등 광범위하게 이용된다. 기존의 전구처럼 눈이 부시거나 필라멘트가 단락되는 경우가 없는 LED는 소형으로 제작돼 각종 표시소자로 폭넓게 사용되고 있다.

- **점발광 LED** 각종 기기의 스위치 on/off나 기능표시를 비롯하여 완구, 오락 등 폭넓게 활용된다. 〈표 4-7〉에서 LED의 응용분야와 응용기술을 나타내었고, 〈표 4-8〉에 LED 응용제품을 표시하였다.

- **복합 표시소자** 복합 표시소자에는 7세그먼트형과 매트릭스형이 있는데, 현재 각 7세그먼트에 LED 칩을 배열하여 반사판을 이용하는 7세그먼트형이 주류를 이룬다.
- **옥외표시 LED** 종래의 LED는 휘도부족 때문에 실내표시에 제한적으로 사용되어 왔으나 최근 LED는 고휘도화, 다색화, 저가격화가 진전, 옥외표시 · 차량 등에 넓게 사용되고 있다. 옥외형 대형 LED는 복수의 LED를 동일 하우징 내에 직접 설정하는 것에 의해 휘도를 향상시킨 것이다.

■ **LED 패널 디스플레이** 여러 사람을 대상으로 한 정보표시로서 LED를 매트릭스형상에 배치한 패널 디스플레이를 말한다. 철도역 구내나 공항 내의 교통정보 표시에 이용되고 있다.

〈표 4-7〉 LED의 응용분야

분 야	응 용 기 술	비 고
통 신	• 초단거리 유/무선통신용 광원	메모리 반도체 이후 최대의 응용분야
산 업	• 자동차 내 · 외장 램프 • 교통 신호등/도로표시용 • 직 · 간접조명 • Display/sign • Back-light (소형 가전, 휴대폰) • Decoration	
의 료	• 살균용 광원(UV) • Dental curing	
기 타	• 위폐식별기 • 완구류 · 기계 · 스포츠용품 표시기	

〈표 4-8〉 LED 응용제품

구분	Display용	Traffic Sign용	전장용	광원용	통신용
Set	옥내외 전광판	도로교통 신호동 도로상태 경보등 도로상태 안내등 도로지명 표시등		산업용 특수조명	
Module & Array	옥내전광판 문자전광판 옥외전광판	도로교통 신호용 모듈 철도교통 신호용 모듈	Stop Lamp 방향지시등 브레이크등 Dash Board	정밀과학기기 특수조명 의료용 장비	IrDA IrDA-Array
Unit	가전제품 산업기기용 표시창 전광판 Pixel 완구류			전구형 Unit 형광등형 Unit Back light (LCD, 단말기, 디지털카메라)	핸드폰 발광 안테나

(6) LED의 정격

공학에 관련된 모든 부품이나 소자는 매뉴얼에 따른 정격을 고려하는 것이 매우 중요하다. 특히 반도체 소자의 경우 최대정격(最大定格, maximum rating) 범위를 초과하면 특성이 변하여 열화 등의 이유로 파괴되므로 주의해야 한다.

LED는 일반적으로 최대정격의 60[%] 이하에서 사용하는 것이 바람직하다. 다음에 열거하는 항목 중 2항목 이상을 최대정격의 60[%] 이상에서 사용하는 경우는 LED가 열화할 우려가 있으므로 피하는 것이 좋다. 〈표 4-9〉에 LED의 정격을 나타내었다.

■ **최대정격**($T_a = 25$℃) 〈표 4-9〉는 적색 고휘도 LED의 최대정격의 예이다.

〈표 4-9〉 LED의 최대정격

항 목 (item)	기 호 (symbole)	정 격(absolute maximum rating)	단 위 (unit)
직류 순전류(forward current)	I_F	30	mA
펄스 순전류(pulse forward current)	I_{FP}	100	
역전압(reverse voltage)	V_R	5	V
허용손실(power dissipation)	P_D	120	mW
동작온도(operation temperature)	T_{opr}	−25∼+85	℃
보존온도(storage temperature)	T_{stg}	−30∼+100	℃
리드납땜온도(soldering temperature)	T_{sld}	265[℃] for 10sec	

- $V-I$**(전압-전류)특성** : LED는 순바이어스에 의해 동작하는 소자로써 공급되는 전원에 따라 출력은 비례하여 증가한다. 일반적으로 임계전압은 LED의 재료에 따라 달라지며, GaAs는 약 1.0[V], GaAsP는 1.5[V], GaP(적색)은 1.8[V], GaP(녹색)은 2[V]이며, 고휘도 LED의 경우는 더욱 높아진다.

  [그림 4-17]에서 $V-I$ 특성을, [그림 4-18]에서 $V-T$ 특성을 나타내었다.

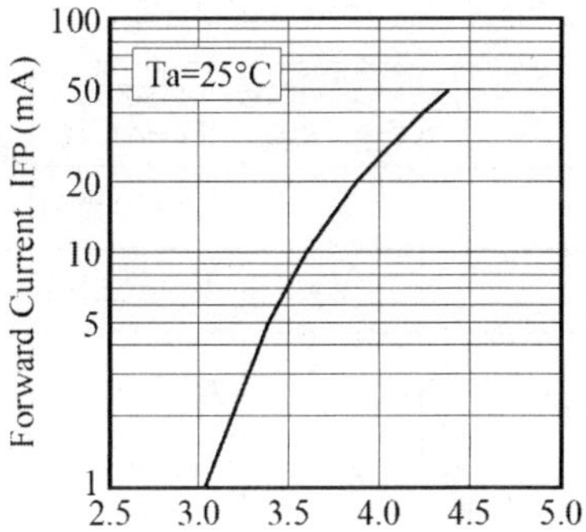

Forward Voltage V_F

[그림 4-17] 전압-전류특성

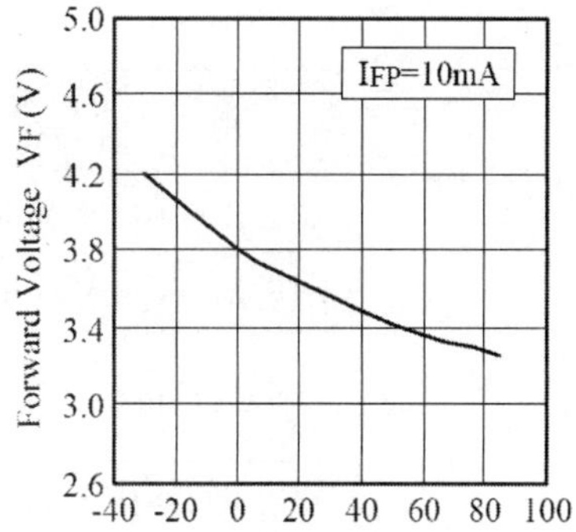

Ambient Temperature Ta

[그림 4-18] 전압-온도특성

- **허용손실** : 일반적으로 LED의 발광강도는 온도에 의존한다. 이 원인은 온도상승과 함께 발광효율이 저하하기 때문이며, 특히 LED에 큰 전류를 흘리면 LED자체의 온도가 상승하여 발광강도가 저하한다. 따라서 LED에 큰 전류를 흘리는 경우에는 펄스 구동으로 해야 한다.

  LED의 열저항이 R이고 P[W]의 전력을 사용하여 동작시켰을 때 LED의 온도상승 ΔT는 다음 관계로 표시된다.

$$\Delta T = R \cdot P[℃] \tag{4-4}$$

  따라서 LED의 주위온도를 T_0라고 하면 접합부 온도는 $T_0 + \Delta T$가 되고, T_0가 커지면 ΔT의 허용범위가 작아진다. 따라서 허용전류도 작아진다.

■ **광전특성**(Ta = 25℃)

- $P-I$(광출력-전류)특성 : LED의 밝기 정도는 출력전력으로 나타낼 수 있는데 순방향전류가 커지면 밝기도 세진다. 소전력용과 대전력용의 용도가 각각의 재료에 따라 특성이 조금씩 다르게 된다. 〈표 4-10〉은 LED의 광전특성을 나타낸 것이다.

〈표 4-10〉 LED의 광전특성

항 목 (Item)	기 호 (Symbole)	조건 (Condition)	최소 (Min)	최대 (Max)	단 위 (Unit)
순전압(Forward Voltage)	V_F	$I_F = 20$[mA]	3.0	4.0	V
역전류(Reverse Current)	I_R	$V_R = 20$[V]	–	100	μA
휘도(Luminous Intensity)	I_V	$I_F = 20$[mA]	7640	–	mcd
발광피크파장(Wavelength Peak)	λ_p	$I_F = 20$[mA]	465	470	nm
스펙트럼 반폭값(Viewing Angle)	2θ 1/2	$I_F = 20$[mA]	20		deg

• **발광휘도의 전류의존성** : 발광휘도는 전류에 의한 LED 자체의 온도상승에 의해서 영향을 받을 뿐만 아니라 LED자체의 온도가 일정해지도록 했다하더라도 전류밀도에 따라서 영향을 받는다. 즉, 전류밀도가 커지면 주입되는 캐리어가 많아지고, 재결합에 의한 발광의 양이 많아지므로 빛의 강도가 증가한다.

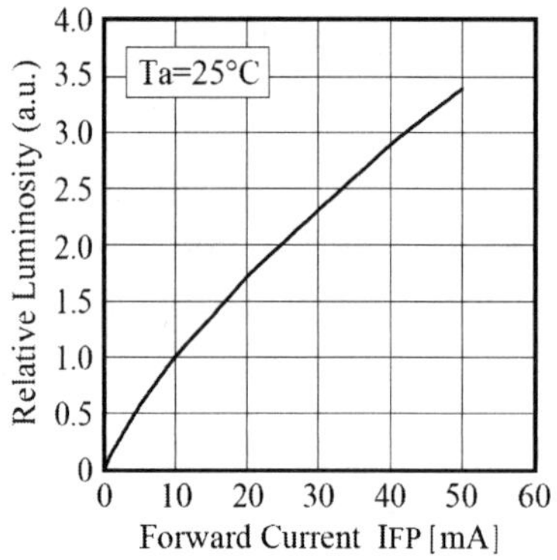

[그림 4-19] 휘도-순전류 특성

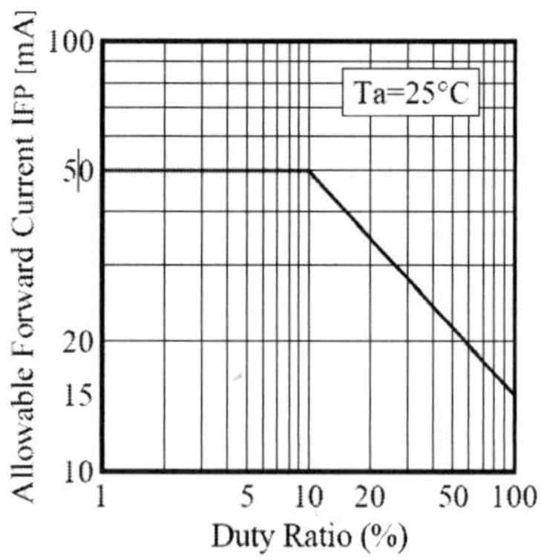

[그림 4-20] 온도-허용순전류 특성

그러나 재결합 중심의 수가 한정되어 있고, 주입 캐리어수가 어느 정도를 넘으면 발광효율은 캐리어수가 아닌 재결합 중심의 수에 따라 결정된다. 따라서 LED의 발광휘도는 어떤 전류값 이상에서 포화현상을 나타낸다.

[그림 4-19]는 LED의 순방향전류와 휘도 특성을, [그림 4-20]은 온도와 순방향전류 특성곡선이다.

- 발광효율 : LED의 발광효율은 양자효율과 파워효율이 있고, 양자효율은 PN 접합을 흐르는 캐리어수에 대한 외부에 방사되는 광자수의 비이며, 파워효율은 입력전력에 대한 광출력의 비이다.

(7) LED의 발광 스펙트럼

물체는 온도가 높아지면 빛을 낸다. 이 빛은 많은 다른 파장의 빛이 섞여 있는데 이런 빛을 프리즘이나 분광기를 이용하면 단색광의 빛으로 분산시킬 수 있다. 비가 온 후에 햇빛이 나면 아름다운 무지개를 볼 수 있는데 이것은 공기 중에 떠있는 수증기가 빛을 분산시켜 나타나는 현상이다. 이렇게 분산된 빛을 스펙트럼이라고 하는데 스펙트럼을 분석하면 빛을 내는 물체에 대하여 많은 것을 알 수 있다.

LED의 발광 스펙트럼은 결정격자의 열진동과의 상호작용 때문에 폭을 가진다. 발광의 강도가 절반이 되었을 때의 발광 스펙트럼폭을 반폭값이라고 하고 발광스펙트럼의 형태의 기준을 부여한다.

[그림 4-21]은 녹색 LED의 스펙트럼 분포를 나타낸 것이다.

인간의 눈으로 본 느낌은 [그림 4-21]에서와 같이 비시감도(relative luminous efficiency)를 고려해야 한다. 즉 적색 GaP LED는 외부 발광효율이 높아 수십 %이지만 녹색 GaP LED는 1[%]에 가깝다. 그러나 적색(700[nm])에 대하여 녹색(560[nm])의 비시감도가 수 10배라는 것을 고려하면 실제로 인간의 눈이 느끼는 휘도는 녹색 LED쪽이 높고 밝게 느껴진다.

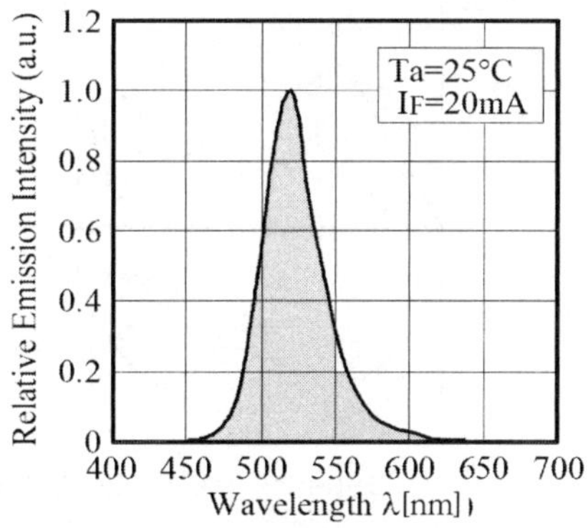

[그림 4-21] 녹색 LED의 스펙트럼

■ **LED의 지향특성** LED에서 발생하는 빛의 방출방향은 반도체 칩의 고정방식, 칩 위에 붙이는 캡 렌즈의 특성에 따라 결정된다. 지향특성은 LED에서 나오는 발광의 세기와 방사각 분포특성의 관계로 볼 수 있다.

[그림 4-22]는 LED의 지향특성을 나타낸다.

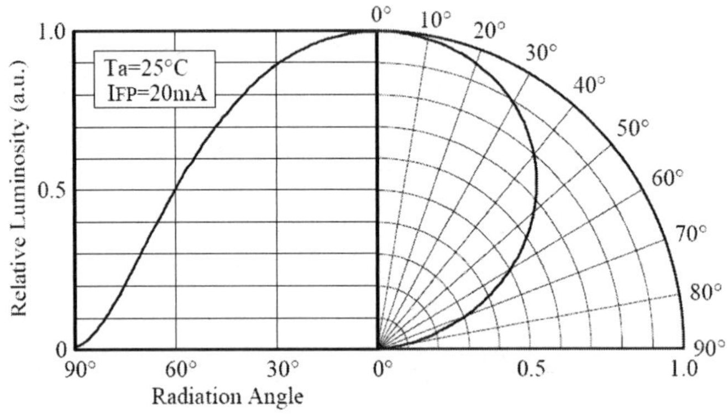

[그림 4-22] LED의 지향특성

■ **방사각(Radiant Angle)** 일반 LED는 람베르티안(Lambertian) 광원으로서 빛의 세기분포가 방출각과 관계가 있다. 즉, $\theta=0$, 발광면과 수직인 방향이 빛의 세기가 가장 크다. 람베르티안 광원에서 반전력폭은 120°(+60°~−60°)이다. 광원의 방사각은 사용목적이나 제조방법에 따라 조절이 가능하다.

[그림 4-23]은 람베르티안 광원의 광세기 분포를 나타낸다.

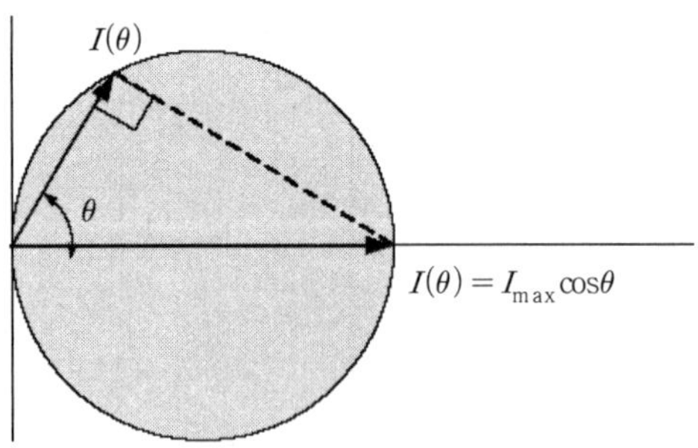

[그림 4-23] 람베르티안 광원의 광세기 분포

4-3 OLED

(1) OLED 특성과 원리

유기발광 다이오드(Organic Light Emitting Diode)는 탄소화합물 같은 유기(有機)물질의 양쪽 면에 가해지는 전기장에 의하여 전자와 정공이 주입되고 재결합하는 과정에서 자체발광으로 빛과 색상을 나타내는 반도체소자이다.

OLED의 가장 큰 특성은 자연에 존재하는 수많은 색상의 재현력과 고화질영상의 표현력이라 하겠다. [그림 4-24]에 OLED의 영상화면 표현방식을 나타내었다.

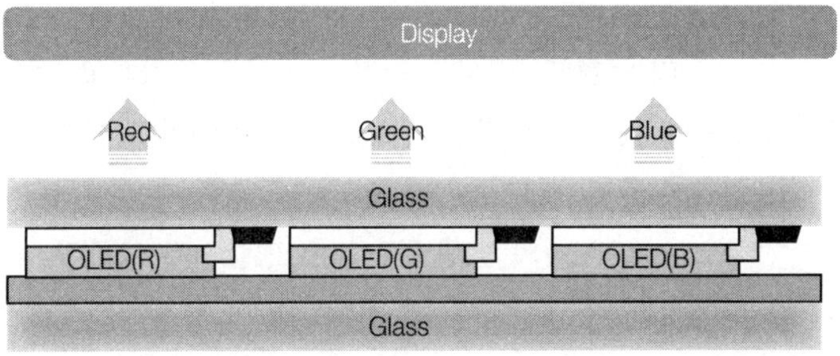

[그림 4-24] OLED의 영상구현

- **유기 EL** 전기에너지를 빛에너지로 변환하는 매체로 변환하는 매체로서 이용되는 발광을 메커니즘 개념에서는 발광다이오드(LED)와 공통된 특성을 갖고 있다. 일반 LED는 금속과 같은 무기(無機)물질을 사용하지만 OLED는 탄소화합물과 같은 유기물질을 이용한다.

  전기에너지와 빛 사이에 매체된 유기 EL은 1963년 PoPe 등에 의하여 안트라센(anthracene)이라는 유기물 단결정에서 이 현상이 발견되었다.

- **유기 EL의 특성** 유기 EL의 특성을 요약 정리하면 다음과 같다.
  - 일반 LED보다 전기전달성이 좋다.
  - 전력소모가 적다.
  - 자체 발광특성으로 시약각이 넓다.
  - 응답속도가 빨라서 영상의 표현이나 신호의 전달성이 좋다.

- 시스템의 소형화에 적합하다.
- 발광체의 수명이 짧고 대형으로 영상화면구성이 어렵다는 단점이 있지만 현재 국내기술로도 문제점을 해결한 상태다.

(2) OLED를 이용한 디스플레이의 특성

영상신호구현이라는 측면에서 OLED의 특성을 보면, 근래의 디스플레이 방식은 PDP(Plasma Display), LED, LCD의 활용이 주류가 되고 있으나 최근에 OLED의 장점을 최대한 응용한 기술이 발표되고 있다.

그동안 이용되어 왔던 디스플레이 방식 중 CRT(Cathode Ray Tube) 방식은 전자총 후면에서 전자빔을 주사하는 구조 때문에 소형화, 부피의 슬림화 문제는 있었지만 원색에 가까운 색상의 구현과 빛의 속도에 가까운 영상신호의 응답속도 그리고 저렴한 색상원가의 장점 때문에 오랫동안 이용되어 왔다.

또한 LCD **디스플레이 방식**은 액정에 전압을 인가하고 백라이트로 빛을 조사해서 영상을 나타내는 방식이다. CRT 디스플레이 방식과 비교할 때 구조적으로 얇고 소형화할 수 있으며, 소모전력이 낮다는 이점이 있으나, 화면의 반응속도나 잔상(after image)의 발생으로 높은 명암비와 고화질 재현, 색상과 화면의 밝기가 단점이라 할 수 있다.

또한 PDP **디스플레이 방식**은 CRT와 LCD 디스플레이 방식의 장점을 갖고 있지만 전력소모가 크다는 단점이 있다.

이와 같은 문제점을 고려할 때 OLED **디스플레이 방식**은 CRT, LCD, PDP 방식에 비해서 색정보와 빛의 정보를 동시에 정교하고 빠르게 제어하는 기술을 이용함으로써 다양한 자연 속의 수많은 색상을 표현할 수 있는 색의 재현력과 고화질(HD : Hight Definition) 영상의 구현을 장점이라 할 수 있다. 앞으로 초고해상도(UD : Ultra Definition)의 화질을 갖고 있는 플렉서블 디스플레이 등 미래 응용기술이 실현될 것으로 보인다.

이와 같이 차세대 디스플레이 산업발전 등에 혁신적인 변화가 기대되는 OLED의 장점을 중심으로 요약하면

- 액정디스플레이, 즉 LCD를 이용한 제품보다 소형이며 두께를 얇게 할 수 있다.

- LCD 또는 LED로서 구현하기 어려웠던 구부릴 수 있는 영상화면, 즉 플렉서블 디스플레이 제작이 가능하다.
- 다양한 색상을 표현할 수 있는 완전한 검은색을 낼 수 있다. 액정 디스플레이에서 나타내는 검은색은 실제로는 어두운 회색에 가깝다.
- 필요한 부분만 색을 내므로 전력소모가 적다.
- 영상신호전환에 관련된 응답속도가 1억분의 1초로 매우 빠르다.

4-4 LED 응용회로 설계

(1) LED의 동작과 회로특성

LED는 일반적으로 10[mA]에서 50[mA] 사이의 전류에 대하여 1.5[V]에서 2.5[V]의 전압강하가 일어난다. 정확한 전압강하는 LED의 전류, 색깔, 오차 등에 따라 약간씩 다르나, 일반적으로 순전류를 20[mA] 정도 흘리면 빛을 나타낸 것이 많고 역방향으로 전압을 걸면 3[V] 정도의 낮은 전압에서 파손될 우려가 있다.

LED의 발광세기는 전류에 의해서 결정된다. 이상적으로 밝기를 조절하는 최선의 방법은 LED를 전류원으로 구동하는 것이다. 두 번째로 높은 공급전압과 큰 직렬저항을 이용하는 방법이다. 즉 [그림 4-25]와 같은 구동회로에서 LED에 흐르는 전류는 다음 식과 같이 구할 수 있다.

$$I = \frac{V - V_d}{R} \text{ [A]} \tag{4-5}$$

여기서 V_d는 LED 양단의 전압강하이다.

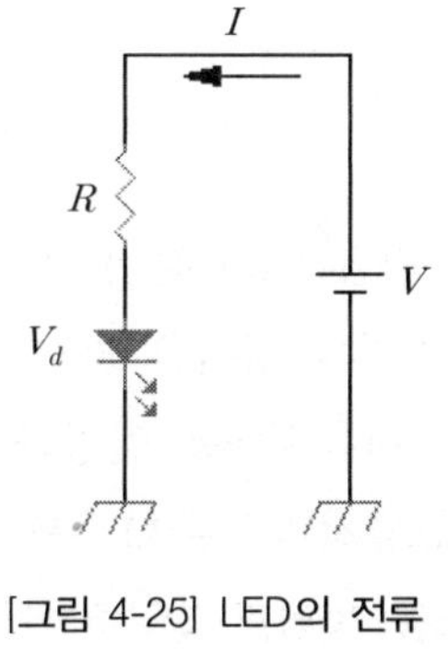

[그림 4-25] LED의 전류

LED 구동회로에서 전원전압이 클수록 LED양단의 전압강하로 인한 영향을 적게 받으며, 전원전압의 값이 크면 LED 양단의 전압변화를 무시할 수 있다. 예를 들면 TIL222는 약 25[mA]의 전류에 대하여 1.8[V]의 최소 전압강하와 3[V]의 최대 전압강하를 갖는 녹색 LED이다. 20[V]전원과 750[Ω]의 저항을 갖는 회로에서 이 LED를 구동시키면 전류는 22.7[mA]에서 24.3[mA]까지 변화하므로 모든 TIL222에 대하여 똑같은 밝기로 구동된다.

또 5[V]전원과 120[Ω]의 저항을 이용하여 설계한다면 전류는 약 16.7[mA]에서 26.7[mA]까지 변하며, LED의 밝기는 크게 변화하므로 LED를 일정한 밝기로 구동하려면 가능한 높은 전압과 큰 직렬저항을 이용하여야 한다.

- **직렬 및 병렬구동** LED를 구동하는 방법은 직류전원을 공급하여 구동하는 방법과 교류전원으로 구동하는 방법, LED를 직렬 접속하여 구동하는 방법과 병렬 접속하여 구동하는 방법, 트랜지스터에 의한 구동법, TTL IC나 CMOS IC를 이용하여 구동하는 방법, LED 드라이브용 전용 IC를 이용하는 법 등 매우 다양한 방법이 있으며 필요에 따라 적절한 방법을 선택하여 사용할 수 있다.

  직렬 및 병렬구동 방법은 [그림 4-26]과 같이 여러 개의 LED를 직렬로 접속하거나, 병렬로 접속하고 개개의 LED에 일정한 전류가 흐르도록 안정화 저항(R)을 넣는다.

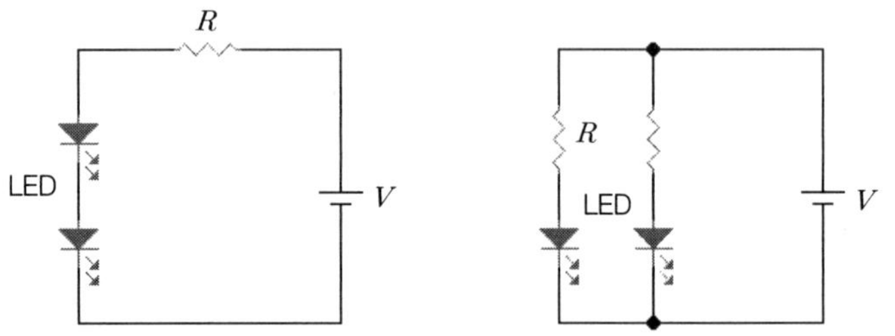

[그림 4-26] 직렬구동과 병렬구동

- **교류구동** [그림 4-27]과 같이 교류전압을 직접 LED 구동전원으로 사용할 경우 LED 역전압의 정격을 넘지 않도록 보호다이오드(D)를 직렬 혹은 병렬로 삽입하고 전류제어용 안정화 저항(R)을 넣는다.

  AC 110[V]의 교류전원으로 LED를 구동하고자 할 때는 [그림 4-28]과 같이 보호다이오드를 병렬로 접속하여 사용하거나 LED를 1개는 순방향, 나

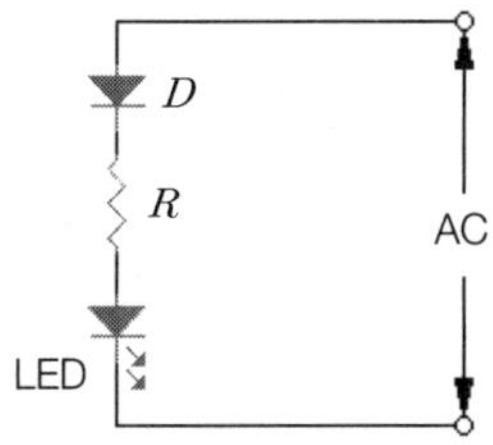

[그림 4-27] 교류구동

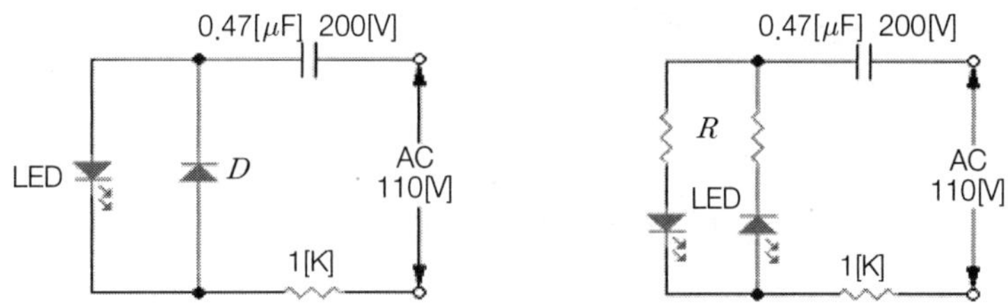

[그림 4-28] AC 110[V] 구동회로

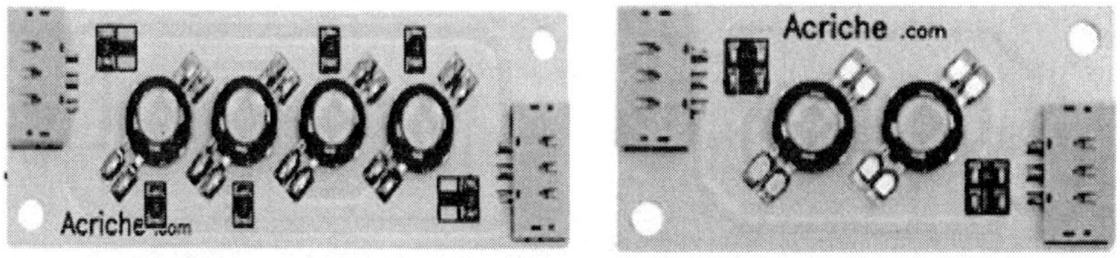

[그림 4-29] AC 구동 조명용 LED 모듈(8[W], 4[W])

머지 1개는 역방향으로 병렬 접속하여 사용한다.

[그림 4-29]는 AC 100[V], 110[V], 220[V], 230[V]에 직접 인가하여 사용하는 반도체 조명용 LED 모듈이다.

■ **펄스 구동** LED를 구동하는 방식으로 [그림 4-30]의 펄스 구동방식(다이나믹 구동)이 있다. 다이나믹 구동의 장점은 적은 수의 포트로 많은 LED를 이용한 표시를 제어할 수 있다는 것이다. 이 방식은 사람 눈의 잔상효과를 이용한 것으로 LED의 조합으로 이루어진 매트릭스(matrix) LED의 구동이나 많은 양의 LED를 구동할 경우 많이 이용하게 된다.

펄스 구동의 경우 LED가 점등하고 있는 시간을 직류구동의 1/2로 하고 직류 구동시보다 2배의 펄스 전류를 인가하면 시각적으로는 밝기가 동일하게 나타난다.

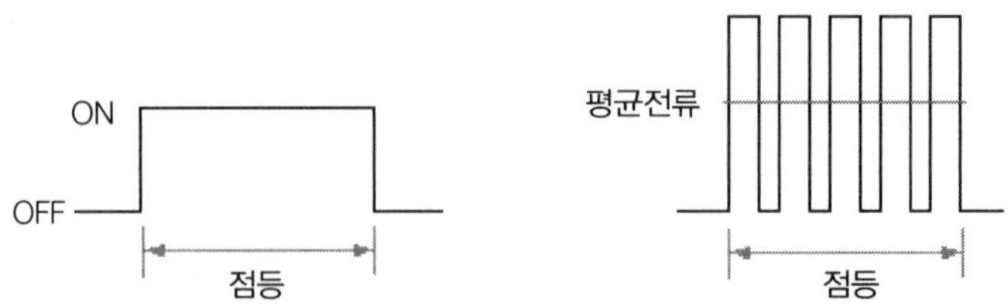

(a) 직류구동 (b) 펄스구동

[그림 4-30] 펄스 구동 원리

- **트랜지스터 구동** LED에 흐르는 전류를 크게 하거나 제어할 목적으로 트랜지스터 구동회로를 사용한다. 이 경우는 [그림 4-31]과 같이 트랜지스터가 ON과 OFF 어느 쪽에서 LED를 점등할 것인지에 따라 Pull-up 회로를 사용할 것인지 Pull-down 회로를 사용할 것인지 선택하여야 한다.

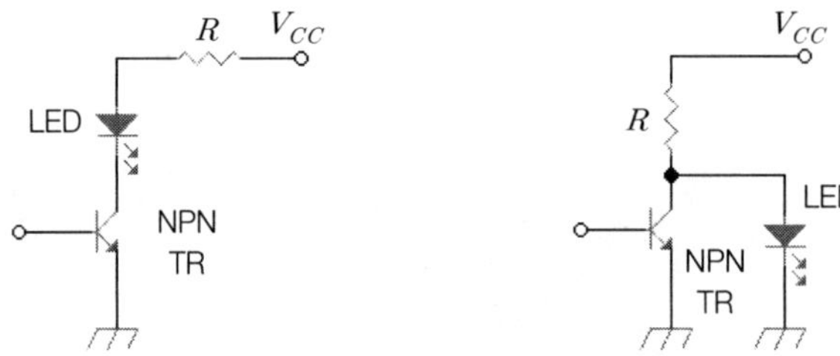

[그림 4-31] 트랜지스터 구동회로

- **TTL IC 구동** [그림 4-32]와 같은 TTL IC에 의한 구동은 L레벨과 H레벨 어느 쪽에서 LED를 점등할 것인지에 따라 트랜지스터 구동회로에서와 같이 Pull-up 회로를 사용할 것인지 Pull-down 회로를 사용할 것인지 선택하여야 한다.

[그림 4-32] TTL IC 구동

■ **CMOS IC 구동** CMOS IC 출력단에 트랜지스터 구동회로를 부가한 회로로서 [그림 4-33]과 같다.

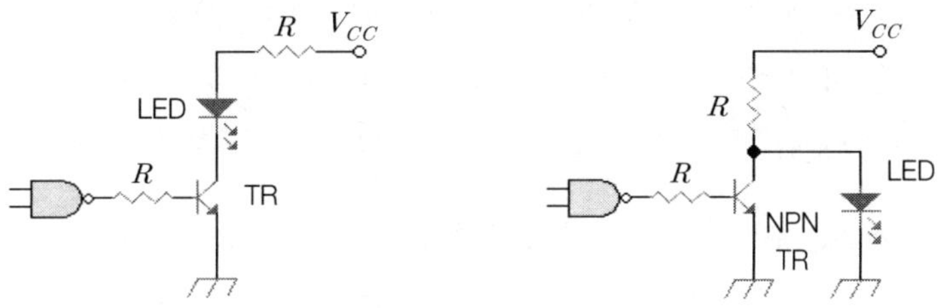

[그림 4-33] CMOS IC 구동

CMOS IC의 출력상태가 H레벨과 L레벨 어느 쪽에서 LED를 점등할 것인지에 따라 출력측에 트랜지스터 구동회로를 선택하여 부가한다.

(2) LED 드라이브 전용 IC

최근 LED가 조명, 백라이트, 대체 광원 등 여러 분야에 활용됨으로써 LED를 용도에 맞게 구동할 수 있는 드라이브 전용 IC가 여러 제조사에서 다양하게 개발 보급되고 있다. 예를 들면 슈퍼텍스사에서 보급하고 있는 Supertex LED Driver IC의 경우 [그림 4-34]와 같이 HV9910은 고휘도 LED 드라이버로서 사용 전원은 직류/교류 겸용으로 DC 8~450[V] 및 AC 85~255[V]로 사용가능하다. 물론 정전류 구동회로가 내장되고, 특별한 보정없이 간편하게 사용할 수 있다. 또 Hysteric Boost-Buck LED Driver로서 HV9930, Switch Mode LED Driver로서 HV9921/22가 있다.

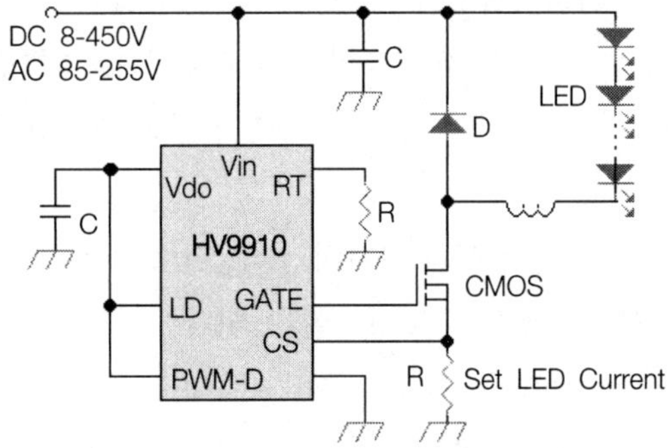

[그림 4-34] LED 드라이브 전용 IC

■ **고휘도 LED의 용도** High Power LED는 소비전력 1[W] 이상, 순방향 직류전류 350[mA], 순방향 펄스전류 1A 이상의 초고휘도 LED로서 주로 R, G, W의 색을 발광한다. 하이파워 LED의 용도는 주로 카메라 Cell phone, 디지털카메라, 자동 조명장치, TFT LCD 백라이트, 건물 내외부 조명장치, 인테리어용 조명장치 등이며 모든 조명장치로 확대되고 있다.

■ **AC 구동 고휘도 LED 점등회로** [그림 4-35]와 같은 AC 구동 고휘도 LED 점등회로에서 브리지 정류회로에 AC 120[V]를 가하면 직류전압 170[V] 정도가 출력된다.

LED 1개의 전류용량을 20[mA], 순방향 전압을 3[V]로 하면 25개의 LED 양단 전압강하는 75[V]가 된다. 170에서 75를 빼면 95가 되고 95[V]가 저항 양단에 걸리게 되므로 이때 저항값은 95/0.02=4750, 즉 4.7[kΩ]가 된다. 이 저항에서 소비되는 전력은 $I^2R = 1.88$[W]이므로 대략 2[W], 4.7[kΩ] 저항을 사용한다.

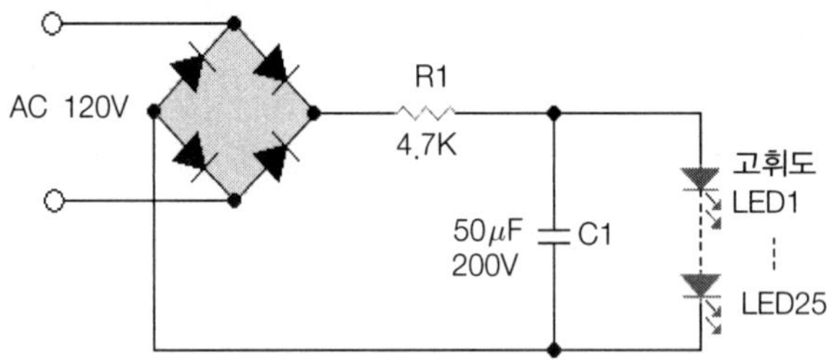

[그림 4-35] AC 구동 고휘도 LED 점등회로

■ **AC 구동 하이파워 LED 전용 IC** [그림 4-36]은 High Power LED 구동용 IC HV9922/21/을 사용한 구동회로이다. 출력전류는 HV9921가 20[mA], HV9922가 50[mA]이며, 교류 전원전압은 80~264[V], 직류 전원전압은 20~450[V]이다.

이 IC의 응용분야는 LED사인 및 디스플레이, 산업용 조명, 건축조명, 대체 백열등, 저전력 조명시설 등이다.

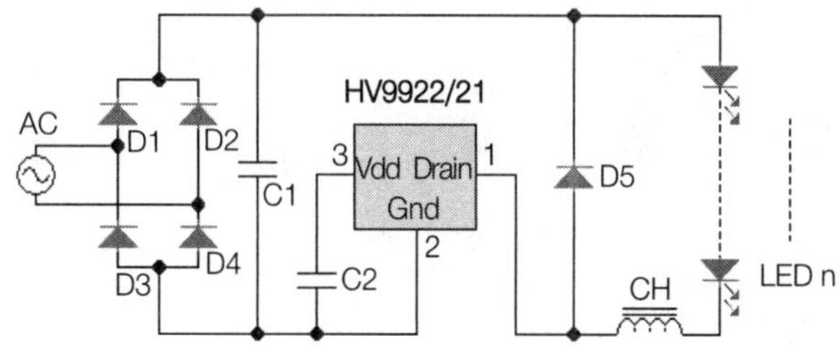

[그림 4-36] High Power LED AC 구동 전용 IC회로

- **파워 LED의 발광** 시판되고 있는 5[W]급 파워 LED는 압력 전압이 AC/DC12V 600[mA]용이 있다. [그림 4-37]은 여러 가지 색광의 5[W]급 파워 LED의 발광상태를 보였다.

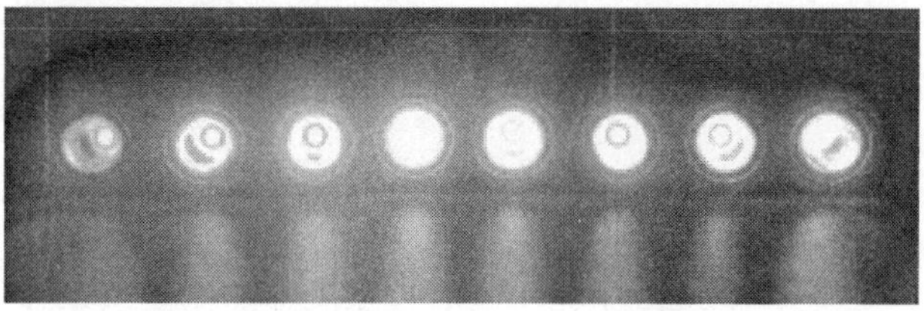

[그림 4-37] 5[W]급 파워 LED의 발광상태

4-5 광분리기와 LCD

(1) 광분리기

광분리기(光分離器, opto-isolator)는 앞에서 설명한 광전소자들의 특성을 혼합한 소자라고 하겠다. 이것은 1개의 적외선 LED와 Si 다이오드, 트랜지스터 darlington pair 또는 SCR 등으로 구성된 1개의 광검지기로 이루어진 패키지이다. 소자의 파장응답이 가능한 한 동일하도록 꾸며져서 가장 높은 크기의 결합이 가능하도록 했다.

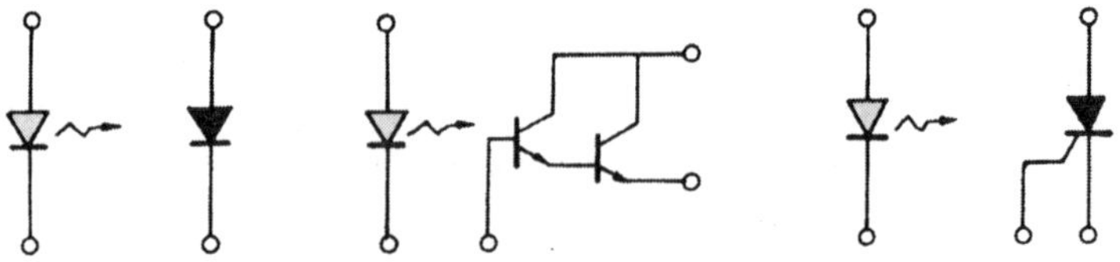

(a) 포토다이오드　　(b) 포토다알링턴 쌍　　(c) 포토 SCR

[그림 4-38] 광분리기

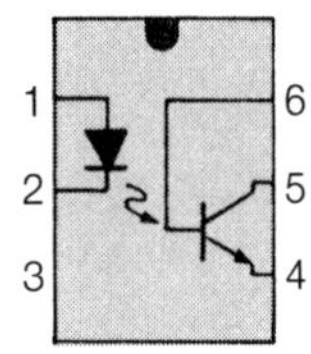

핀번호	기 능
1	양극
2	음극
3	NC
4	이미터
5	컬렉터
6	베이스

(a) ISO-LIT 1

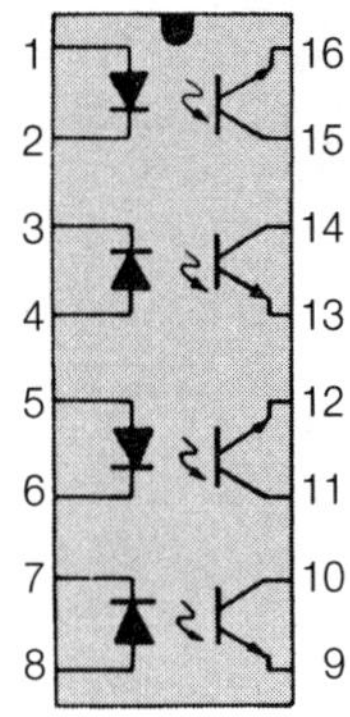

(b) ISO-LITQ1

핀번호	기 능
1	양극
2	음극
3	음극
4	양극
5	양극
6	음극
7	음극
8	양극
9	이미터
10	컬렉터
11	컬렉터
12	이미터
13	이미터
14	컬렉터
15	컬렉터
16	이미터

[그림 4-39] 2개의 Litronix 광분리기

[그림 4-38]은 광분리기를 소자별로 구분하여 나타낸 것이고, [그림 4-39]는 2개의 Litronix 광분리기를 나타낸 것이다.

■ **동작특성**　[그림 4-38]에서 빛의 통로를 만들어 주기 위한 구조 내의 각 소자들 사이에는 투명한 절연통로가 있다. 이 소자들의 응답시간은 매우 작게 설계되어 있으므로 [MHz]범위에서 데이터를 전송하는 데 이용할 수 있다. 여기서는 전기적 특성을 생략하였지만, 일반적으로 IL-1 모델의 최대 정격에서 보면 I_{CE0}는 [nA] 정도로 측정되며, LED와 트랜지스터의 소비전

력은 거의 같다는 점이 중요하다.

- **주의할 점** 저온에서는 온도가 출력전류에 매우 큰 영향을 주고 상온(25[℃] 이상)에서는 응답이 거의 일정하다는 것이다. 차단전류 I_{CE0} 값은 적을수록 좋으며, 이 소자에서는 주위온도 문제를 잘 고려해야 한다.

  또한, 광분리기의 스위칭 시간은 전류가 증가함에 따라 감소하는 특징이 있다. 이것이 다른 소자들과의 차이점이라 하겠다.

(2) 액정 디스플레이

앞에서 설명한 LED는 동작할 때 소비전력이 [mW] 정도로 높지만 액정 디스플레이(Liquid Crystal Display : LCD)는 [μW]의 소비전력으로 동작한다. 그리고 LCD는 온도범위가 0~60[℃]로 제한되며 내부 또는 외부광원을 필요로 한다.

- **액정의 특성** 액정은 액체와 같은 유기체적인 유동물질로 분자구조는 고체의 성질과 유사하다. 빛의 산란에서 가장 중요시 되는 것은 [그림 4-40]과 같은 결정구조를 갖는 뉴메틱 액정결정(newmatic liquid crystal)이다.

  [그림 4-40]에 나타낸 바와 같이 막대모양을 갖고 있는 각 분자들이 있고, 산화인듐으로 되어 있는 도체면은 아주 투명하여 투사광을 쉽게 통과시킬 수 있으며, 액정의 구조는 투명하게 보일 것이다.

  [그림 4-40](b)에서 임계전압이 6~20[V]인 소자에 전압이 인가되면 각 분자의 배열이 깨지면서 이 영역은 다른 굴절률을 갖게 된다. 따라서, 투사된 빛은 다른 굴절률을 갖는 영역에서 각각 다른 방향으로 반사되는 빛의 산란으로 인해서 우유빛 유리(frosted-glass) 상태로 흐려진다. 그러나, 전부가 흐려진 상태가 아니라 도체면이 붙어 있는 곳만 흐려지고 나머지 부분은 투명한 상태로 있게 된다.

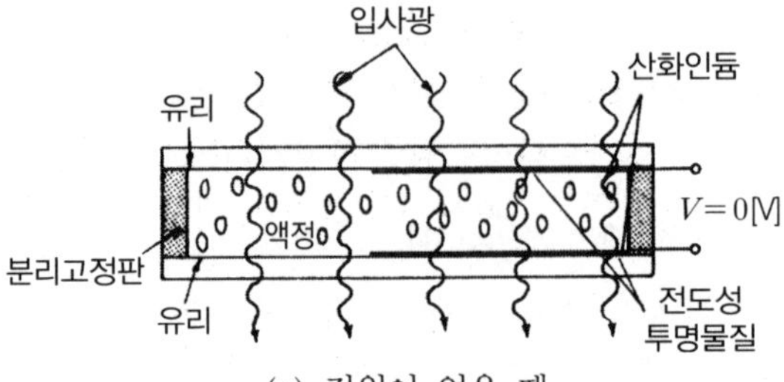

(a) 전원이 없을 때

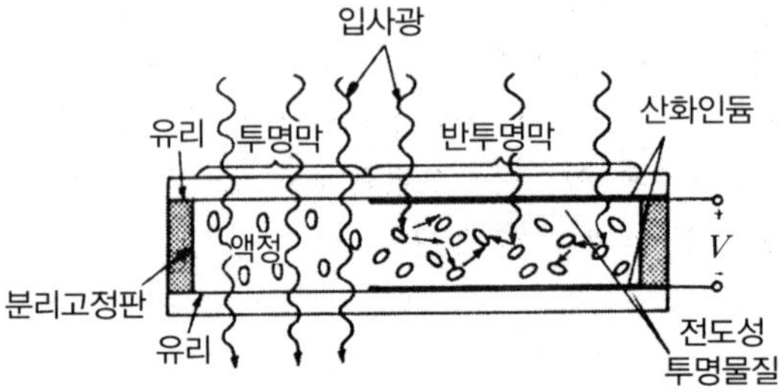

(b) 전원이 인가되었을 때

[그림 4-40] 선형액정

■ **동작특성** [그림 4-41]은 LCD를 이용한 8세그먼트 디스플레이의 실체도면이다. 2개의 차폐면이 봉해진 두꺼운 층의 액정물질 양면에 있다. 이 LCD가 동작할 때를 예로 들어보면, 숫자 2를 표시할 때는 숫자 8, 7, 3, 4, 5만 흐려지고, 나머지 1, 2, 6은 투명한 채로 그냥 있다. 이와 같이 LCD는 자체에서 빛을 발생하지 못하고 외부 또는 내부전원에 의존한다.

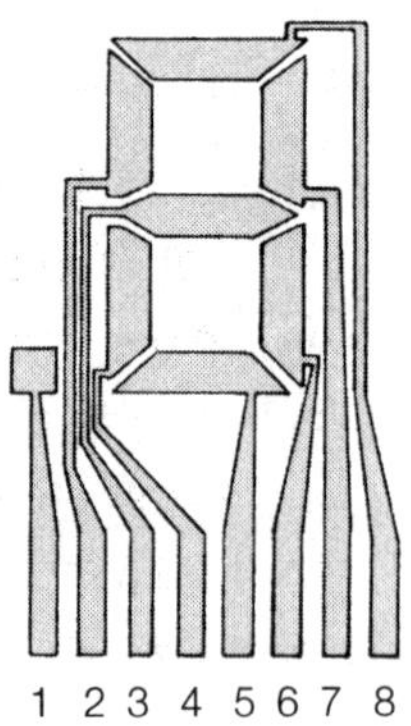

[그림 4-41] 8세그먼트 디스플레이

그리고, 빛이 명암에 따라서 LCD는 동작시킬 필요가 있는데, 예를들면 빛이 어두울 때는 LCD는 뒷면이나 앞면에 자체의 내부광원을 가질 필요가 있다. 또 빛이 밝은 낮에는(밝은 빛을 받는 장소) 반사체를 LCD의 뒷면에 두어서 빛이 최대의 세기로 디스플레이를 통해서 반사될 수 있도록 한다.

■ **전계효과 LCD** 시계를 제조할 때 전달(자신의 광원)과 반사의 두 모드를 조합한 반굴절(transflective) 모드를 최적 동작을 위하여 사용한다. 전계효과 LCD(field effect LCD)는 전달전계효과 LCD와 반사형 전계효과 LCD로 구분된다.

[그림 4-42]는 전달 모드를 사용한 디스플레이이다. 앞 절에서 설명한 LCD와 차이점은 광분극기(light polarzer)가 있다는 점이다. 관측자는 좌측에 내부광원은 오른쪽에 있으며, 오른쪽에서 입사하는 빛의 수직성분만 수직광분극기를 통과할 수 있게 되어 있다.

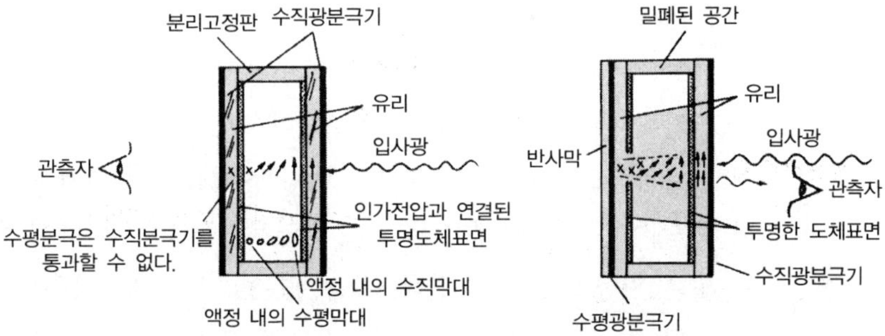

(a) 전원이 없는 상태에서 전달형 LCD

(b) 전원이 없는 상태에서 반사형 LCD

[그림 4-42] 전계효과 LCD

전달형 LCD의 구조를 살펴보면 전계효과 LCD는 투명도체 표면의 오른쪽면이 화학적으로 예정되거나 유기 필름(organic film)이 가해져서 액정 내에 있는 분자들이 cell벽에(수직방향) 평행한 방향으로 되어 있다. 액정 내의 오른쪽 끝의 화살표 방향에 유의해야 한다.

반대쪽의 도체면도 분자들이 수평방향에서 위상각이 90°벗어나게 되어 cell벽에 평행하도록 되어 있으며, 왼쪽의 광분극기는 수직으로 분극된 투사광만 통과시키도록 되어 있다. 만일, 도체표면에 전압이 인가되지 않았다면 빛은 수직으로 분극되어 액정영역에 들어오게 된다.

이렇게 액정영역으로 들어온 빛은 분자들의 구조에 의해서 90° 방향으로 전환되어 수평으로 분극되어서 좌측의 수직광분극기에서 빛이 수평분극을 통과시키지 못하게 된다. 따라서, 관측자에게는 디스플레이 전체가 어둡게 보이게 될 것이다.

일반적으로 쓰이는 소자인 경우는 임계전압이 2~8[V] 정도인데, 이 임계전압이 가해지면 막대모양의 분자는 전계에 따라 벽면에 수직으로 배열되고, 빛은 위상각 90°의 변환이 없이 직접 통과할 수 있다. 이 경우 수직으로 투사된 빛은 두 번째의 수직분극 스크린을 직접 통과할 수 있게 되어 관측자에게는 빛의 통과면이 밝게 보일 것이다. 이것이 디지털 세그먼트 LCD의 동작원리라고 하겠다.

다음으로 [그림 4-41](b)의 반사형 전계효과 LCD를 생각한다. 전달형 LCD는 세그먼트로 동작시에 숫자판이 까맣게 나타나고, 반사형 LCD는 숫자판이 환하게 나타낸다. 또, LCD는 LED에 비해서 소등, 점등시간이 훨씬 느리다.

구조를 보면 왼쪽에서 수평분극된 빛은 수평분극 필터를 통과해서 반사체로 진행하여 액정으로 다시 반사된다. 이 빛은 또다시 수직분극으로 되어 관측자쪽으로 다시 돌아온다. 여기서 전압이 가해지지 않은 상태라면 디스플레이는 일정하게 점등되고, 전압을 가하면 왼쪽에서 수직으로 투사된 빛은 편향이 없어 직접적으로 수평분극 필터에 충돌되어 통과하지 못하게 된다. 즉, 반사되어 나오는 빛이 없게 되어 결과적으로 액정은 어두운 상태로 있게 된다.

■ **응용부분** 전계효과 LCD는 광산란형보다 소모전력이 매우 낮아서 수[mW] 정도로 휴대용 기구, [μW] 정도의 시계 등 에너지원이 1차적인 요소인 경우에 사용된다. 응답시간은 LCD가 100~300[ms] 정도이고, 유효응답시간은 100[ns] 이하이다.

그러나, 시계인 경우에서는 100[ns]와 100[ms]의 차는 별문제가 되지 않는다. 그리고 수명은 근래에 와서 크게 증가되어 약 10,000시간 이상이 되며, 발생되는 광원에 따라 색이 달라지므로 필요한 색을 선택하기가 좋다.

제5장

레이저 원리와 응용

5-1 레이저의 원리
5-2 레이저 다이오드

레이저는 20세기 광기술과 분광학의 결정(結晶)으로 생명과학, 의료기술, 핵융합분야에 이르기까지 광범위하게 실용화 되고 있다. 이 장에서는 각종 레이저의 특성과 원리를 중심으로 설명하였다.

5-1 레이저의 원리

레이저(LASER)란 Light Amplification by Stimulated Emission Radiation의 약자로서 원자나 분자에 의한 광의 유도방출에 의한 광증폭이란 뜻으로 대부분의 경우 레이저 발진기를 의미한다. 최초의 레이저는 1960년 Hughes 항공사의 Theodore H. Maiman에 의하여 발명된 첨두출력 5[kW]의 적색광($\lambda = 0.6943$ [μm]) 루비 레이저(ruby LASER)이다.

- **Maiman의 광증폭 실험** Maiman은 양쪽 끝에 은도금한 지름이 약 1[cm] 정도의 루비 막대기에 플래시 램프의 빛을 강하게 여기시켜서 형광을 관찰할 수 있었다. 여기광(勵起光)의 세기를 더욱 높여서 스펙트럼의 폭이 수분의 1로 좁아지고, 형광선 중 2개의 상대강도가 분명하게 증가하는 것을 관찰할 수 있었다. 이것이 유도방출에 의한 광증폭을 확인한 최초의 실험이었다.

- **레이저의 발진** 최초의 레이저 발진에 관한 실험은 1960년 Bell 연구소의 Ali Javan을 중심으로 한 연구진에 의하여 실현되었다. 지름 1.5[cm], 길이 1[m]의 석영관에 1[torr]의 He과 0.1[torr]의 Ne을 넣고 양쪽에 반사거울을 붙여 고주파방전을 시킴으로써 파장이 1.15[μm] 정도되는 He-Ne 기체 레이저가 발진되는 것을 확인하였다.

  이 He-Ne 기체 레이저는 루비 레이저만큼 출력이 크지는 않으나 지향성이 매우 높은 것이 특징이었다. 또한, 전화신호를 이용해서 레이저광을 변조하여 최초로 레이저 통신의 길을 열어놓았다. 이와 같이 루비 레이저 외에도 고체 레이저의 종류가 늘어남에 따라 다른 재료를 이용한 레이저 발진이 1962년에 실현되었다.

  특히, 유리는 결정재료보다도 광학적으로 균일한 레이저 물질을 만들 수 있어서 대출력 레이저용으로 적합하다. 1962년 William P. Dumke에 의해서 GaAs가 반도체 레이저로 유용하다는 이론을 발표되었으며, IBM의 Marshall I. Nathan이 반도체 레이저의 발진을 발표하였다.

(1) 빛의 방출과 광발진

Bohr의 이론에서 이미 설명한 제2가설인 주파수 조건에 따르면 양자조건에서 주어진 원자는 하나의 궤도에서 또 다른 궤도로 옮겨갈 때 그 차에 해당하는 에너지를 빛으로 방출하거나 흡수한다고 했다. 이 빛 또는 전자파의 주파수와 궤도상태의 에너지 준위 E_1, E_2 사이의 관계는

$$E_1 - E_2 = hf \tag{5-1}$$

로 설명된다. 여기서 h는 플랭크 상수이고, f는 빛의 주파수이다.

■ **자연방출** 광발진기의 원리를 설명하기에 앞서 Bohr의 이론을 적용하여 자연방출의 개념을 알아보자.

원자궤도에서 에너지 준위 사이에서 일어나는 원자의 **천이**(遷移)에 의해서 전자파 또는 방사선의 방출이나 흡수가 나타나는데, 원자나 분자 등은 외부의 작용이 없어도 높은 에너지 준위로부터 낮은 에너지 준위로 자연적으로 천이해서 방사선이나 전자파를 방출한다. 이 현상을 **자연방출**(自然放出 ; spontaneous emission)이라 한다.

형광등, 백열등에서 나오는 광원의 경우는 높은 에너지 준위에 위치하던 여러 개의 다른 원자들이 낮은 에너지 준위로 상호작용(또는 간섭)이 없이 천이하면서 각각 파장이 다른 빛을 동시에 방출한다. 즉, 백열등이나 형광등에서 방출되는 빛은 여러 가지의 각각 다른 파장을 갖고 있는 빛의 집합이라 한다. 이것이 자연방출현상이다.

자연방출현상의 특징을 요약해 보면 다음과 같다.

- 자연방출은 상호작용이 없는 원자의 모임에서 발생하기 때문에 방출되는 빛은 시간적으로 완전히 불규칙한 천이에 의해서 **불간섭성**(incoherent)인 불균일(random)한 전자파이다.
- 방향과 입상은 불규칙하고 에너지차와 일치하는 **전자파**를 방출한다.
- 예를들면 보통의 형광체에서 나오는 빛, 즉 형광등, 백열등, 텅스텐 등에서 나오는 모든 광원들을 말한다.

■ **유도방출** 에너지 준위의 차가 있는 원자궤도에서 원자나 분자들의 천

이는 자연발생적인 것뿐만 아니라, 외부의 자극이나 어떤 주파수를 갖고 있는 전자파의 자극에 의해서도 발생된다. 즉, 높은 에너지 준위에 존재하던 원자가 외부의 자극이나, 또 다른 에너지를 받아서 강력한 상호작용을 하면서 동시에 낮은 에너지 준위로 천이하는 현상을 **유도방출**(誘導放出, stimulated emission)이라 한다. 레이저의 경우가 바로 이 유도방출에 해당한다.

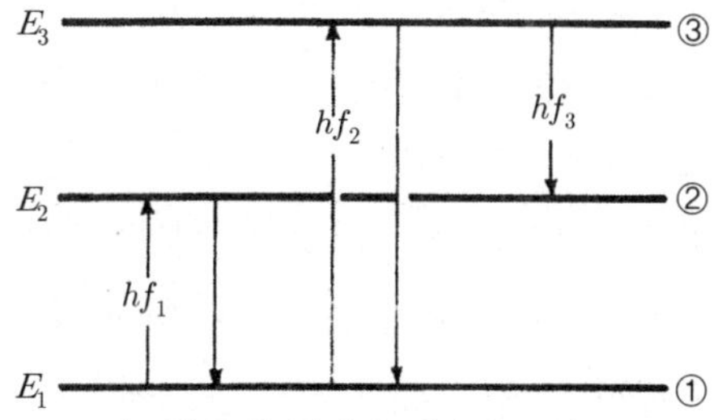

[그림 5-1] 원자의 에너지 준위도

[그림 5-1]에 유도방출이 원리를 설명하기 위한 원자의 에너지 준위를 표시하였다.

에너지 준위 E_1에 존재하는 입자가 자연방출을 하기 전에 hf_1만큼의 외부 에너지를 받게 되면, 이 입자는 외부로부터 받은 에너지에 의해서 유도되어 여기가 시작된다.

Bohr 이론에서도 언급한 바와같이 높은 에너지 준위에 존재하던 입자가 낮은 준위로 천이하면 빛(또는 전자파)을 **방출**하고, 반대로 낮은 에너지 준위에 존재하던 입자가 높은 에너지 준위로 천이하면 빛을 **흡수**한다. 이 현상이 **유도방출**의 **원리**이다.

■ **반전분포** 높은 에너지 준위에 있는 원자의 수가 낮은 에너지 준위에 있는 원자의 수보다 많이 있는 경우를 반전분포(反轉分布, population inversion)되었다고 한다.

일반적으로 높은 에너지 준위에 있는 원자는 자연방출에 의존하므로 반전분포를 형성하기가 어렵다. 그러므로, 레이저에서는 높은 에너지 준위에 있는 원자가 일부분의 에너지를 자연방출하면서 높은 에너지 준위와 낮은 에너지 준위 사이에 존재하는 중간 에너지 준위인 준안정상태의 준위(metastable state energy level)에 모여 반전분포를 형성했다가 적당한 외부의 자극이나 에너지에 의해서 유도방출을 한다.

즉, 레이저는 준안정상태의 준위로부터 낮은 에너지 준위로 떨어질 때 그 에너지차에 해당하는 빛이 방출되는 원리를 이용한 것이다. 따라서, 레이저에서는 일정한 파장의 빛만 방출하게 된다. 또한, 유도방출을 위하여 외부에서는 에너지를 공급하여 **반전분포**를 만드는 것을 **펌핑**(pumping)이라 한다.

[그림 5-2]에 유도방출의 과정을 표시하였다. [그림 5-2](a)에서 유도방출현상에 의하여 외부 에너지를 흡수하면 기저준위 ①로부터 높은 에너지 준위 ②로 여기되어 올라간다. ②로 여기되어 올라간 입자는 ②의 준위에 머무르는 시간이 매우 짧아서 자연방출에 의해서 준안정전위 ③으로 떨어진다.

이 준안정준위 ③에서 충분한 수의 원자가 반전분포를 형성하면, 유도방출에 의해서 [그림 5-2](a)에서는 기저준위 ①쪽으로, [그림 5-2](b)에서는 에너지 준위 ④를 거쳐서 기저준위 ①로 떨어진다. 특히, [그림 5-2](b)인 4준위계에서는 준위 ④의 원자수가 준위 ①의 원자수보다 훨씬 적으므로 반전분포의 형성이 쉽다.

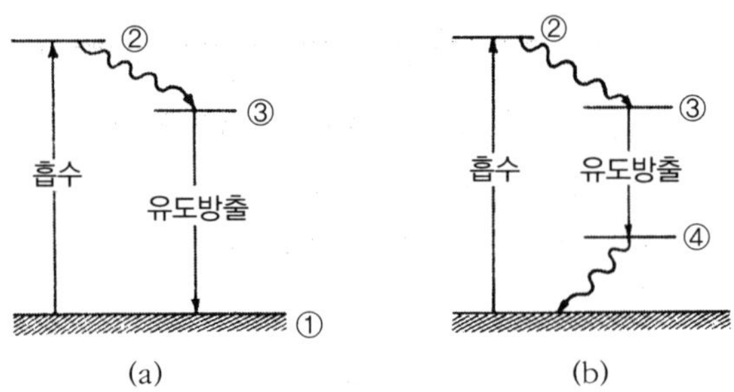

[그림 5-2] 레이저의 유도방출 과정

■ **광발진** 이와 같이 반전분포현상을 형성해 광발진기, 광증폭기를 만들 수 있다. 상세한 이론적인 배경은 여기서는 생략하기로 하고, 광발진기의 원리만 설명하기로 한다. 유도방출에 의하여 빛을 증폭하는 작용을 레이저라고 이미 설명하였다. 우선, 반전분포현상을 이용하여 **광증폭기**를 만든 후에 **궤환**을 걸어주면 광발진기가 된다.

광증폭기에 궤환을 걸어주는 일반적인 방법은 [그림 5-3]과 같은 광발진기의 형태로 표시한 바와같이 서로 평행한 두 장의 광학적 공동(光學的空

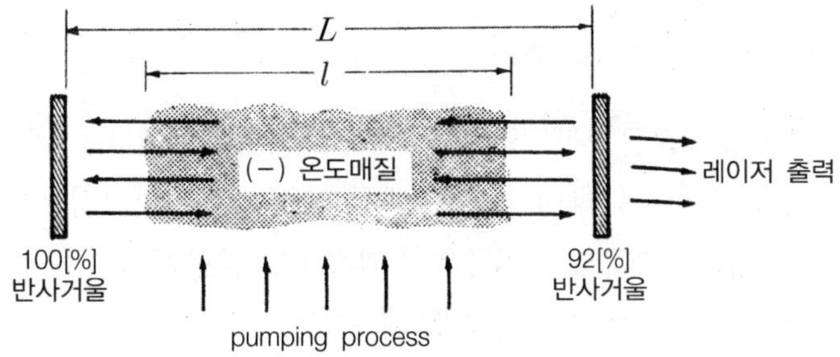

[그림 5-3] 광발진기의 원리

洞)인 반사거울 사이에 레이저 증폭기를 설치하는 것이다. [그림 5-3]에서 두 반사거울 사이에, 즉 광학적 공동 사이에 부온도매질(負溫度媒質)을 설치했는데, 여기에 빛이 수없이 왕복하면서 증폭되어 증폭된 양이 반사거울에서의 손실보다 크게 되면 발진을 일으킨다.

이 경우 한 쪽의 반사거울은 100[%]의 반사율로, 반대쪽에는 약 92[%]의 반사율 정도로 빛을 약하게 통과시키면 발진된 빛의 일부가 밖으로 나와서 레이저광을 얻을 수 있다.

여기서, 최초에 방출되는 빛은 사방으로 나가지만 레이저의 진행방향과 수직으로 설치되어 있는 반사거울 사이를 무수히 왕복하면서 수직축 방향의 빛만 증폭하게 된다. 이와 같이 레이저광은 발생과정부터 축방향의 빛만 방출하므로, 흩어지지 않고 한 줄기로 멀리까지 진행할 수 있는 직진성이 있다.

(2) 레이저광의 주요 특성

인류가 고대로부터 사용하던 물건을 태워서 얻은 광이나 현대의 전구의 광, 고온물체로부터의 광, 과학이 만들어 낸 형광등이나 네온사인, TV브라운관의 광 그리고 형광(루미네센스)에 의한 광 등도 파장과 광량의 차이는 있어도 태양광과 다를 것이 없다. 모든 광은 어떤 에너지를 갖고 있는 원자나 분자가 자연적으로 내는 광으로 태양의 **자연광**과 같은 성질을 갖고 있다. 이같은 광을 물리학에서는 자연광(natural light)이라 한다.

한편, **레이저광**은 인류가 처음으로 원자나 분자가 광을 내는 과정에 있어서 외부에서 제어하고, 자연적으로는 존재하지 않았던 광을 만들어 낸 것으로 자연광에 비해 두드러진 특성을 갖고 있다. 다음에는 이러한 레이저광의 특성을 예를 들어가며 설명한다.

- **레이저광은 스펙트럼폭이 0에 가까운 선스펙트럼을 갖는 단색광뿐이다** [그림 5-4]에 나타낸 것같이 레이저광은 다른 파장성분을 일체 포함하지 않은 순수한 광파로 프리즘을 통과하여도 분산이 일어나지 않는 광이다. 그러면 자연광 중에서 레이저광선과 같은 순수한 단색광을 뽑아낼 수 있을까에 대해서 생각해 보자. 자연광은 무수한 파장성분을 포함하고 있기 때문에 그 안에서 필요한 단일성분만 뽑아내면 레이저광과 같은 광이 얻어질 것이다.

[그림 5-4]에 나타낸 것같이 단일 파장성분만 통과시키는 필터 또는 폭이 0에 가까운 슬릿을 분광기에 장착시키면 단색광을 뽑아낼 수 있게 된다. 그러나 실제로 문제가 되는 것은 단일 파장성분만 통과시키는 필터는 만들기 어렵고, 이 같은 필터가 있어서 무수한 파장성분을 갖는 광속 중에서 단 한 파장성분만을 갖는 광선을 뽑아내어도 그 단색광은 에너지가 1/∞에 가까워 실용적이지 못하다는 것이다.

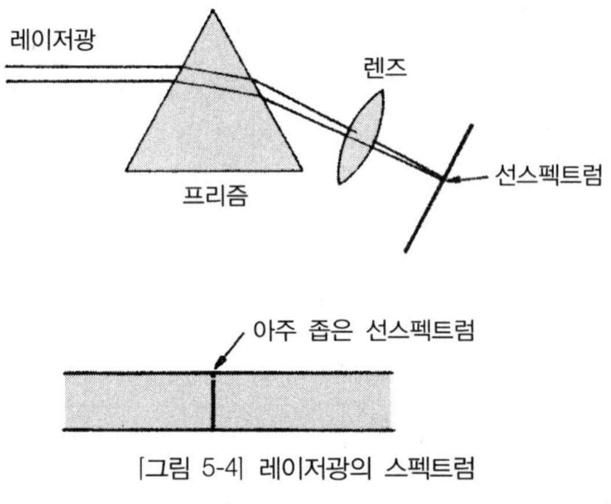

[그림 5-4] 레이저광의 스펙트럼

[그림 5-5](b)와 같이 프리즘을 사용하였을 경우에도 슬릿폭을 0에 가깝게 하면 단색광을 얻을 수 있으나, 슬릿을 통과한 단색광은 역시 에너지가 1/∞로 되어 실제 사용할 수 없게 된다.

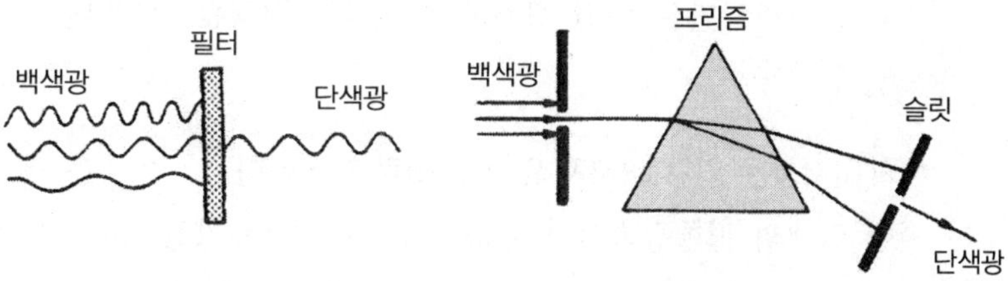

(a) 필터에 의한 단색광 (b) 분광기에 의한 단색광

[그림 5-5] 단색광 만드는 법

■ **레이저광은 평행광선이다. 다시말해 무한원점의 점광원에서 방사된 광에 해당된다** 이것은 레이저광을 렌즈로 집광시키면 기하광학적으로는 한 점에 모인다는 의미가 된다. [그림 5-6]에 태양광과 레이저광을 렌즈로 집광시켰을 때의 상태를 나타내었다. 태양광의 경우는 렌즈의 초점위치에서 조금 먼 곳에 태양의 실상이 나타나고, 반대로 초점위치에서 렌즈측의 광속 안에 좁게 집속된 부분이 생기지만 완전히 한 점에 집속되지 않음을 알 수 있다.

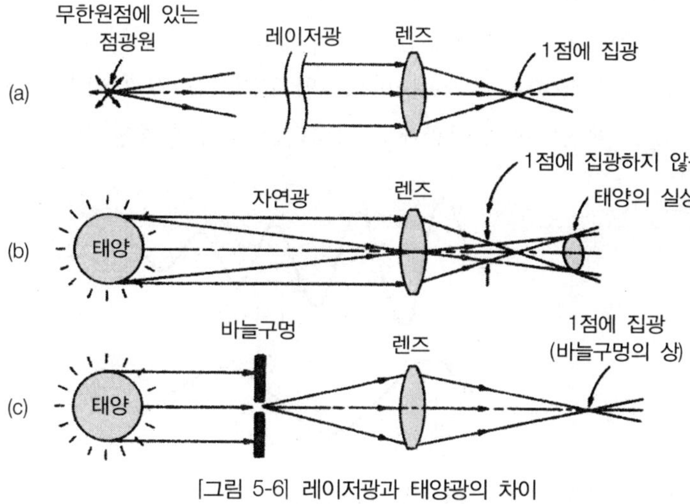

[그림 5-6] 레이저광과 태양광의 차이

여기서 태양으로부터의 광속을 한 점에 모으기 위해서 태양을 무한원점까지 멀리하던가, 또는 태양의 바로 앞에 작은 바늘구멍을 놓아 그 바늘구멍을 통과한 광만을 이용하면 렌즈의 초점위치에 초점을 형성시킬 수 있다. 그러나 어느 방법으로든 레이저광과 같은 이상적인 평행광선을 얻는다 해도 광이 대단히 약하게 되어 사용할 수 없다. 이것은 레이저광 이외에

인공적으로 만든 어떤 광원도 실용적인 평행관으로 만들 수 없다는 것이 된다.

■ **레이저광은 거의 퍼지지 않는 상태로 직진한다** 이것은 레이저광이 순수한 단색의 평행광속이기 때문이다. 예를들어 파장 1[μm]의 레이저광을 직경 50[cm]의 평행관선으로 하여 지구에서 달로 보냈을 때 달표면에서는 직경이 약 1[km] 정도로 퍼진다. 이 퍼짐은 레이저광도 파동이기 때문에 생기는 회절현상에 의한 것이다.

그러나 조명등이나 회중전등 등의 광을 반사경이나 렌즈계를 이용하여 레이저광속과 같이 좁은 평행광선으로 만들려고 해도 대단히 넓게 퍼져 달표면까지의 조사는 불가능하다.

■ **레이저광은 순수하게 정현파적으로 진동하는 광파이다** 광도 음파도 파이기 때문에 음파를 예로들면, 레이저광은 소리굽쇠에서의 순수한 음파나 정현파 오디오발진기에서의 음파에 비유할 수 있다. 다시말해 연속하는 정현파에 위상을 갖춘 광파이다.

한편, 자연광은 혼란한 가운데 각종 음이 혼합된 잡음이나 잡음발생기에서의 음과 같은 것으로, 파로서의 규칙성도 없고 이것에 포함된 주파수성분도 복잡하여 위상관계도 엉터리인 음파에 해당된다.

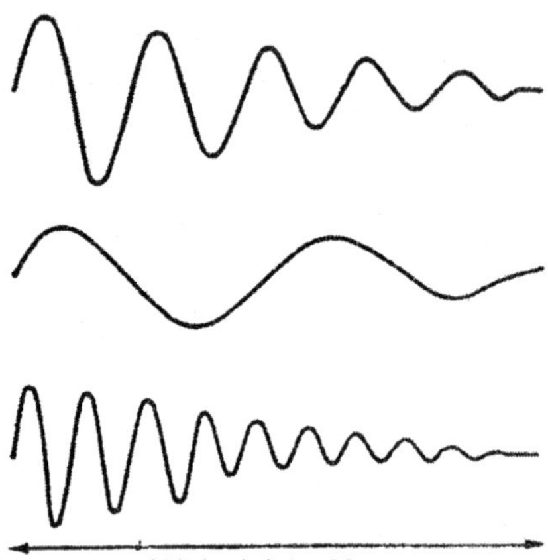

[그림 5-7] 파 열

광은 어떤 광이라도 에너지를 갖는 무수한 원자나 분자가 각기 광파를 방출하여 안정되려고 할 때 나타나는 것이다. 예를들어, 팽팽한 기타줄을 손가락으로 잡아당겼을 때 줄이 갖고 있던 에너지는 손가락을 갑자기 놓으면 줄이 감쇠진동하면서 음파를 내며 그 에너지를 빼앗기는 것과 유사하다. 그러므로 한 개의 원자나 분자에서의 전자파도 [그림 5-7]에 나타내는 것같이 감쇠진동하며, 그 지속시간은 $10^{-9} \sim 10^{-10}$s 정도로 짧다. 광의 속도가 3×10^8[m/s]이므로 광파가 계속되는 길이는 3~30[cm] 정도이고, 그 하나의 광파를 파열이라 한다. 자연광은 이같은 파열이 원자에서 무수히 연속적으로 방사되고, 각각의 파열은 완전히 독립되어 위상관계도 진동수도 일정하지 못한 광파이다. 이에 반해 레이저광은 [그림 5-7]에 앞에서 나타낸 것같이 위상도 주파수도 갖추어진 연속적인 광파이다.

(a) 레이저광(순수한 정현파)

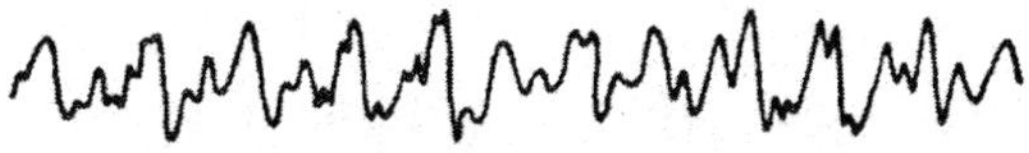

(b) 자연광(복잡한 잡음파)

[그림 5-8] 레이저광과 자연광파의 차이

설명한 대로 레이저광과 자연광의 특성차는 개념적으로 봐도 현저히 틀리고, 더욱이 이들 특성에 의해 레이저광은 극히 간섭하기 쉬운 특성을 갖게 된다. 이같이 간섭하기 쉬운 성질을 코히런스(coherence)라고 한다. 그러므로 레이저광은 코히런트광(可干涉光)이라 하며, 자연광은 **인코히런트광**(非干涉光)이라 한다.

코히런스나 코히런트광이라고 하는 말은 레이저광의 대명사같이 사용되고 있기 때문에 새로운 단원을 만들어 설명한다.

(3) 코히런트광과 인코히런트광

먼저 파의 간섭현상에 대해서 알아보자. 조용한 수면의 다른 두 곳에 돌멩이

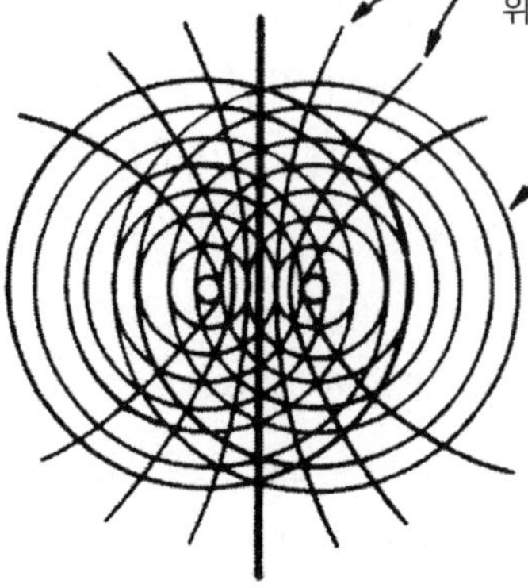

[그림 5-9] 파의 간섭현상

두 개를 함께 던져 넣으면 돌멩이가 떨어진 곳을 중심으로 파가 퍼져나가 파의 배와 배, 마디와 마디가 겹쳐지는 곳에서는 파의 진폭이 한층 크게 되고, 이 때문에 [그림 5-9]에 나타낸 것과 같은 본래의 파와는 다른 파가 생긴다. 이같은 현상을 파의 간섭이라 한다.

광의 간섭에 대해서도 같은 형태로 생각할 수 있다. 광이 전자파의 일종이지만 태양광이나 전등의 광은 그 광을 중첩시켜 간섭현상을 관찰하려 하여도 관찰할 수 없다. 이것은 자연광이 규칙적인 파가 아니고 파열의 집합체이기 때문이다. 10^{-8}s 정도의 짧은 시간에 파가 겹쳐져 강하게 되든 약하게 되든 시공간적으로 평균화되어 장시간에 걸친 간섭무늬는 관찰할 수 없다. 비눗방울에서 볼 수 있는 것같은 특정한 파장에서만 간섭하여 멋있는 무지개색을 볼 수 있는 것도 간섭의 일종으로 특별히 방법과 조건만 성립되면 간섭현상을 볼 수 있다.

그러나 이같이 간섭현상이 확인되어도 자연광을 코히런트광이라고는 하지 않는다. 실제로는 코히런트광이 아닌 것을 인코히런트광이라고 하는 극단적인 것은 아니고 광에 따라 코히런스의 정도가 있다. 다음에는 코히런스의 정도에 대하여 분류하여 보자.

- **시간적 코히런스** 어떤 광이 단색광으로 장시간 정현파를 만들고 있다고 하자. 여기서 광속 중의 어느 한 점에 있어서 [그림 5-10]에 나타낸 것 같이 다른 시각 t_1과 t_2(t_2-t_1의 시간차를 생각해도 좋다)에 있어서 광의 위상관계가 동위상이든 역위상이든 혹은 90°의 위상차를 갖는 일정한 관

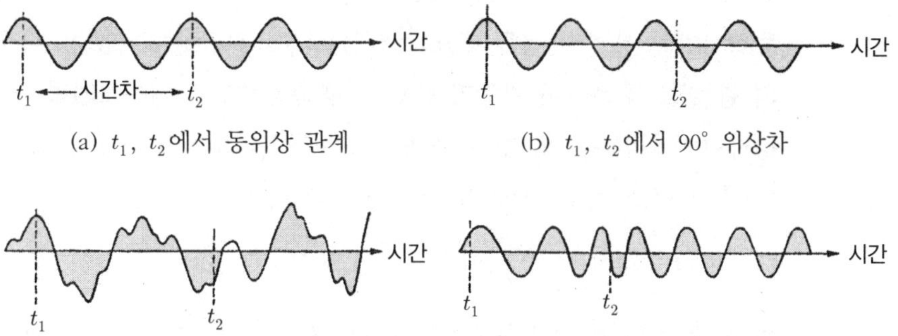

(a) t_1, t_2에서 동위상 관계　　(b) t_1, t_2에서 90° 위상차

(c) t_1, t_2에서 위상 관계 없음(잡음)　　(b) t_1, t_2에서 위상이 변함

(a), (b) → 시간적 코히런트광　　(c), (d) → 인코히런트광

[그림 5-10] 시간적 코히런스

계가 있다면 이 광속은 시간적 코히런스가 있다고 하는 것이다. 다시말해 서로 다른 시각에서 상관관계가 있는 광을 시간적 코히런트광이라 하고, 상의 관련도가 클수록 시간적 코히런스도가 큰 광이라 한다. 시간적 코히런스를 설명하거나 정도를 측정할 때 마이켈슨(Michelson) 간섭계가 사용된다.

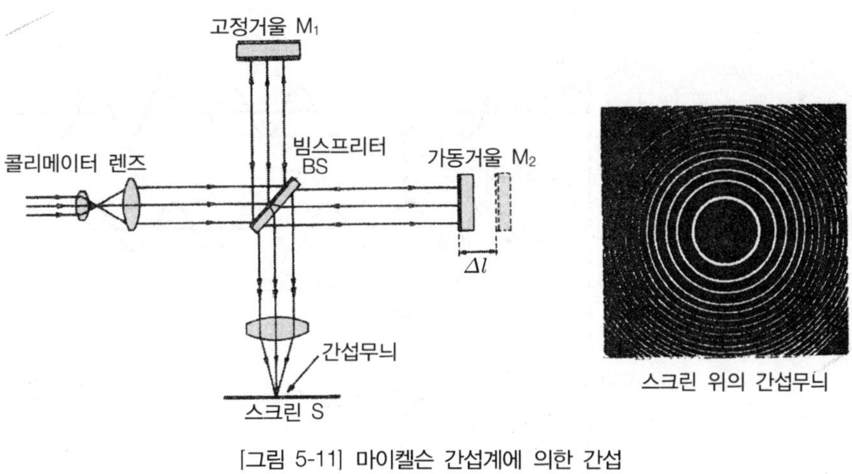

[그림 5-11] 마이켈슨 간섭계에 의한 간섭

마이켈슨 간섭계는 [그림 5-11]에 표시한 것같이 광원으로부터 광속은 빔스프리터 BS에 의해 두 개로 나뉘어 HM에서 반사된 하나의 광속은 거울 M_1에서 반사되고 다시 HM을 투과하여 스크린 S에 도달한다. 처음에 HM을 투과한 다른 광속은 거울 M_2에서 반사되고 다시 HM에서 반사되어

S에 도달한다. 이같이 다른 경로를 통과한 두 개의 광속을 S 위에서 다시 중첩시키면 상호 간섭을 일으켜 간섭무늬를 관찰할 수 있다. 이 간섭무늬의 한 점을 주목하며 가동거울 M_2를 광축방향으로 이동시키면 간섭무늬의 명암이 변화한다. 이 때 두 광속의 광로장차([그림 5-11]에서 Δl의 2배 길이)를 $2\Delta l$로 하고, 광속의 파장을 λ라 하면

$$2\Delta l = q\lambda \tag{5-2}$$

의 관계가 되었을 때 동위성이 되어 밝게 된다. 여기서 q는 양의 정수이다. 또

$$2\Delta l = \frac{(q-1)\lambda}{2} \tag{5-3}$$

의 경우에는 역위상이 되어 어둡게 된다.

이 실험에서 광속이 무한히 계속되는 정현파라면 거울 M_2를 더 멀리 이동시켜 $2\Delta l$을 크게 하여도 스크린 S에서는 간섭무늬가 관측될 것이다. 이것은 두 광속의 출발시각이 틀려서 시간차가 있다 해도 간섭이 가능하다는 것을 보여주고, 이와 같이 간섭 가능한 광을 코히런트한 광이라고 한다.

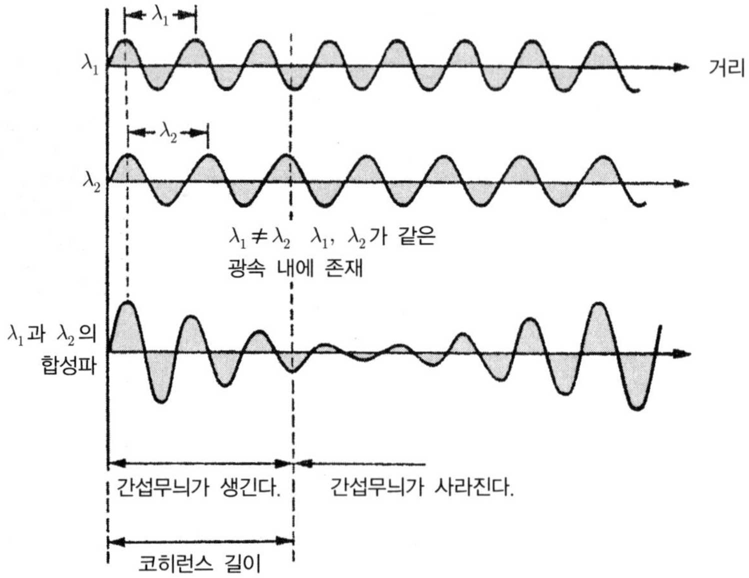

[그림 5-12] 코히런스 길이

이에 반해 광속의 파열이 짧고, 광로차 $2\Delta l$이 보다 짧은 경우에는 두 개의 파열이 스크린 S위에 도달하는 시간차가 생겨 겹쳐지지 않는다. 그렇기 때문에 확실한 간섭무늬를 관측할 수 없다.

또, 파열이 충분히 긴 광속이라도 [그림 5-12]에 표시된 것같이 파장이 극히 조금 다른 주파수성분을 포함하고 있다면 파가 장시간 진행함에 따라 λ_1과 λ_2의 위상이 반대로 되어 진폭에 변화가 생긴다. 이것을 맥놀이(beat)라 한다. 이 때문에 $2\Delta l$을 맥놀이파장보다 크게 하면 λ_1에 의해 생긴 간섭무늬와 λ_2에 의해 생긴 간섭무늬의 명암이 정확히 반전되어 겹쳐지게 되므로 간섭무늬는 나타나지 않는다.

이상 설명한 것같이 마이켈슨 간섭을 이용하여 두 개로 나뉜 광속의 광로차를 늘려가면 간섭무늬가 나타나지 않게 된다. 이것으로부터 간섭현상을 얻을 수 있는 광로차는 그 광원의 간섭거리 또는 코히런스 길이라 한다. 또 코히런스 길이가 길수록 시간적 코히런스가 좋다고 하고, 코히런스 길이 L_c([그림 5-11]에서 Δl의 2배와 같다.)는 코히런스시간 t_c와

$$L_c(=2\Delta l)=t_c c \tag{5-4}$$

의 관계가 있다. 여기서 c는 광속이다. 코히런스시간 t_c는 스펙트럼 주파수폭의 역수 $1/\Delta\nu$에서 쉽게 구할 수 있다.

레이저광의 코히런스길이는 예를들어, He-Ne레이저에서 이상적인 경우(TEM_{∞} 모드)에는 1[km]까지도 된다. 자연광에서는 스펙트럼폭이 좁은 나트륨램프의 선스펙트럼에서 d선을 사용해도 코히런스 길이는 수[mm]정도밖에 되지 않으며 보통의 백색광에서는 관측되지 않는다.

■ **공간적 코히런스** 광속이 퍼지지 않고 직진하고 [그림 5-13]에 나타낸 것같이 광속의 파면을 렌즈로 집광시킨 경우도 확산시킨 경우도 각 파면은 질서를 갖게 되는데 이를 공간적 코히런스가 좋다고 한다. 이는 광속 파면의 위상이 광속 전체에 걸쳐 정돈되어 있는 것으로 발광면이나 광속 안의 공간에서 다른 두 점이 위치적으로 위상관계가 있다고 하는 것이 된다. 다시말해 공간에서 두 점의 위상에 어느 정도 관련이 있는가로 공간적 코히런스의 정도를 표시하게 된다. 공간적 코히런스에 대해 설명하고, 그 정도를 관찰하는데 영의 실험이 잘 이용된다. 영의 실험은 파동설을 설명하기

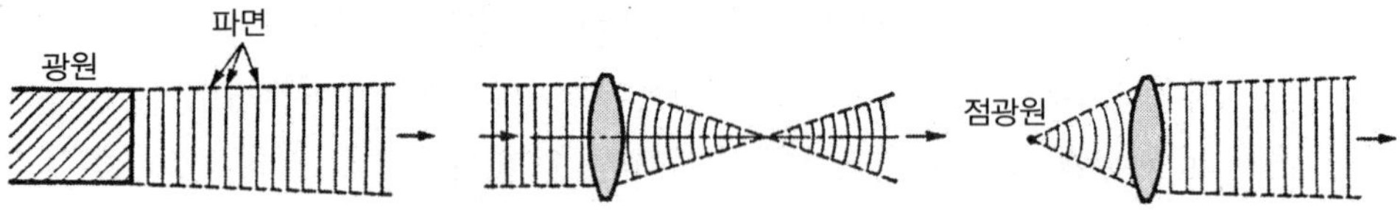

(a) 파면은 평행하게 진행하고 있다. (b) 집광성이 좋다. (c) 점광원에서 나가는 파면

[그림 5-13] 공간적 코히런스

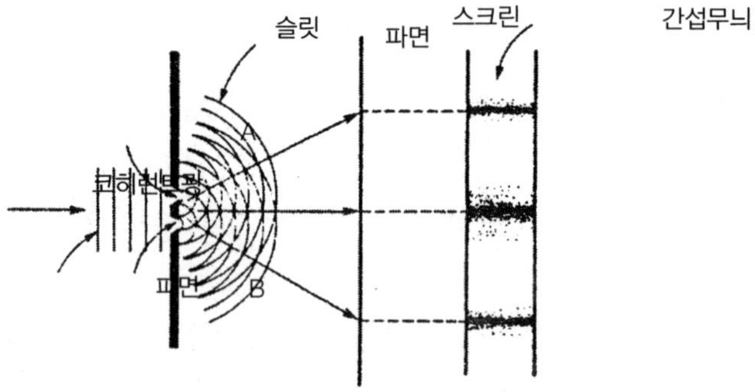

[그림 5-14] 영의 실험

위한 간섭실험으로 영이 처음 행한 것이다.

[그림 5-14]에 표시한 것 같이 파면을 따라 두 개의 슬릿 A, B를 만들고 조금 떨어진 곳에 스크린을 놓으면, 슬릿 A를 통해 들어가는 회절광과 슬릿 B를 통해 들어가는 회절광의 위상이 같을 때 스크린 위에는 선명한 간섭무늬가 나타난다. 이 현상에 의해 두 개의 다른 점 A와 B에 있어서는 공간적인 위상의 상관관계를 설명할 수 있다. 먼저, 백열전구의 백색광에서 간섭무늬를 얻기 위한 조건을 살펴보자.

[그림 5-15]에 나타낸 것같이 백열전구의 광을 슬릿 1의 S_0를 지나가게 한다. 이 때 S_0의 폭을 ΔS, S_0에서 나온 광의 퍼지는 각도를 2α, 파장을 λ라 가정하면

$$\Delta S \sin\alpha = \frac{\lambda}{2} \tag{5-5}$$

의 관계가 성립되고, 슬릿 간격 ΔS의 양단에서 나오는 두 개의 광파의 위상이 슬릿 2의 A, B에서 정확히 역위상으로 되어 스크린에서는 명암이 반대로 된 간섭무늬가 겹쳐지게 되어 간섭무늬는 관측되지 않는다. 따라서 명확한 간섭무늬를 얻으려면

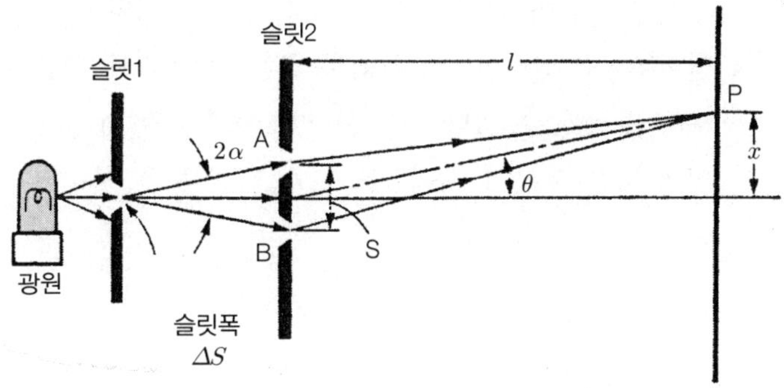

[그림 5-15] 자연광의 간섭조건

$$\varDelta S \ \sin\alpha \ll \frac{\lambda}{2} \tag{5-6}$$

의 관계가 되어야만 한다.

이같이 스크린에서 명확한 간섭무늬를 관측할 수 있는 것은 슬릿 2의 A, B에 위상이 일치된 파면의 광이 입사한 경우이다. 전구의 광은 슬릿 A, B로 통과시켜도 간섭무늬가 전혀 관측되지 않는다. 그러나 전구의 광에서도 식 (5-5)를 만족시키는 $\varDelta S$가 작은 슬릿 S_0 또는 바늘구멍을 통과한 광은 광원의 한 점에서 나온 **점광원**으로 간주할 수 있다. 이같은 점광원에서의 광은 구면파로서 공간적으로 코히런트한 광이기 때문에 간섭무늬를 만들 수 있다. 그러나 S_o를 통과한 광은 광원에서 나온 광의 극히 일부에 지나지 않기 때문에 **실용적인 코히런트광**은 아니다.

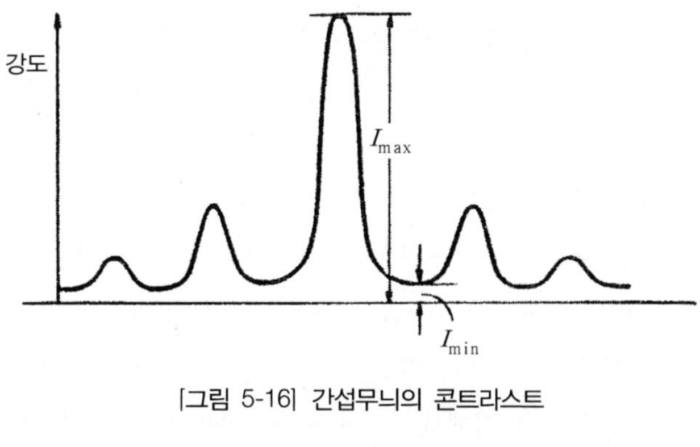

[그림 5-16] 간섭무늬의 콘트라스트

이상과 같이 영의 실험을 이용하여 두 개의 슬릿에서의 광을 중첩시켜 간섭무늬를 만들고, 이 간섭무늬의 콘트라스트에서 공간적 코히런스의 정도를 판정할 수 있다. 이 콘트라스트를 k라 하고, [그림 5-16]에서 간섭무늬의 밝은 부분의 최대강도를 I_{max}, 어두운 부분의 최저강도를 I_{min}이라 할 때

$$k = \frac{I_{max} - I_{min}}{I_{max} + I_{min}} \tag{5-7}$$

로 표시되어 $k = 1$이면 이상적인 공간적 코히런트광이고, $k = 0$로 간섭무늬가 나타나지 않으면 **인코히런스광**이다. 물론 레이저광은 $k \fallingdotseq 1$이다.

(4) 레이저광의 특징

레이저광의 최대 특징은 **단색성**이 극히 좋은 것이고, 이것에 의해 다른 특성이 필연적으로 나타난다고 생각할 수 있다. 레이저에는 가시광을 발생하는 것도 있지만, 눈에 보이지 않는 **적외선**이나 **자외선**을 발생하는 것도 있다. 가시광의 파장은 0.38～0.77[μm]이지만, 레이저의 발진파장은 수[nm]의 X-선 영역에서 수[mm] 이상의 밀리미터파까지 알려져 있다. 실용적인 레이저의 파장은 대략 0.2~500[μm] 정도이다. 레이저는 종류도 많고, 그 크기도 1[mm] 이하의 반도체레이저에서 수백[m]가 되는 핵융합실험용 레이저시스템까지 다양하지만 기본적인 성질은 거의 동일하다.

- **단색성** 일반적인 방전관이나 스펙트럼 램프의 발광에서 단일 스펙트럼선을 취한 것을 단색광이라 하지만, 분해능이 좋은 분광기로 조사해 보면 스펙트럼선에 폭이 있음을 알 수 있다. 그러나 각종 레이저광의 파장은 각기 일정하고, 아무리 좋은 분광기로 조사해도 폭을 모를 정도로 좁다. 더욱이 파장이 거의 같은 두 개의 레이저광을 한 개의 검출기에 평행하게 입사시키면 두 레이저광의 발진주파수 차에 의한 맥놀이를 관측할 수 있다.
  여기서 맥놀이주파수의 변동으로부터 레이저 주파수의 변동을 알 수 있다. 많은 레이저의 발진스펙트럼의 폭은 1[MHz]에서 1[GHz]의 범위에 있지만, 안정된 기체레이저에서는 1[Hz] 이하인 경우도 있다. 가시광 레이저의 스펙트럼폭이 1[GHz]일지라도 그 폭은 발진주파수의 200만분의 1로 파

장폭으로 하면 0.01[Å]이 된다. 안정된 레이저에서 스펙트럼폭이 1[Hz]일 때에 발진주파수의 순도는 10^{-15} 정도가 된다.

일반적인 광원에서 광파가 불규칙적으로 나오는 것과는 다르게 레이저광의 진동은 거의 순수한 정현파로 길게 계속된다. 이것은 한 개의 레이저광을 두 개로 나누어 긴 광로차를 만든 뒤에 중첩시켜도 잘 간섭한다고 하는 실험에 의해 확인된다. 이론적으로 레이저 발진주파수의 변동폭은 자연방출에 의해 정해지고, 레이저매질에서 유도방출된 광파워를 P라 하면 주파수 ν의 변동폭은

$$\delta\nu = \frac{2\pi h\nu(\Delta\nu)^2}{P} \tag{5-8}$$

로 주어진다. 여기서 $h = 6.626 \times 10^{-34}$[J · S] 플랑크 상수, $\Delta\nu$는 레이저 공진기의 공진반진폭을 나타낸다.

실제의 레이저에서는 여러 원인에 의해 공진기의 공진주파수가 변하고, 레이저 매질의 여기조건 등도 변하기 때문에 발진주파수는 변하게 된다. 여기서 레이저 주파수를 안정화시키기 위해서는 레이저 공진기를 견고하게 만들고 외부의 진동이나 온도변화를 피하고, 기압이나 전자장의 변동 등에도 주의해야 한다.

■ **지향성** 가시광 레이저의 출력을 보면 곧 알 수 있듯이 레이저광은 가는 빔으로 되어 있고, 반사나 굴절시키지 않는 한 거의 일직선으로 진행한다. 그러나 레이저광이라도 완전한 평행광속이 아니라 파동광학이나 전자광학에서 알려져 있는 회절 때문에 멀리 갈수록 조금씩 넓어진다. 지향성을 나타내는 발산각(divergence angle) θ_d는 레이저빔의 직경을 D_1 파장을 λ라 하면

$$\theta_D \fallingdotseq \frac{\lambda}{D} \tag{5-9}$$

의 관계가 있다. 레이저 광속 단면 내의 강도분포와 멀리 떨어진 각 분포 사이에는 파동의 회절이론으로 잘 알려진 것같이 푸리에(Fourier) 변환의 관계가 있다. 식 (5-9)는 비교적 단순한 당도분포를 하고 있을 때 지향성을 표현할 수 있는 각의 대략적인 크기를 나타내는 식이다.

예를들어 파장이 0.6328[μm]인 He-Ne레이저의 빔직경 D가 1[mm]일 때 θ_d는 대략 6.33×10^{-4}[rad]이 되어 10[m] 떨어져도 겨우 6.33[mm] 100[m]라도 6.33[cm]정도 밖에 넓어지지 않는다는 것이다.

레이저광의 지향성이 좋은 것은 레이저빔의 단면 내에서 각 부분의 광의 위상이 잘 일치하기 때문이다. 광 이외에서도 일반적으로 파의 위상이 일치하는 것을 코히런스라 한다. 여기서 레이저의 특징을 한 마디로 표현하면 레이저는 코히런트한 광을 만든다고 할 수 있다. 레이저광은 **공간적**으로 코히런트한 것뿐만 아니라 **시간적**으로도 코히런트하여 거의 완전한 **단색광**(monochromatic)이다.

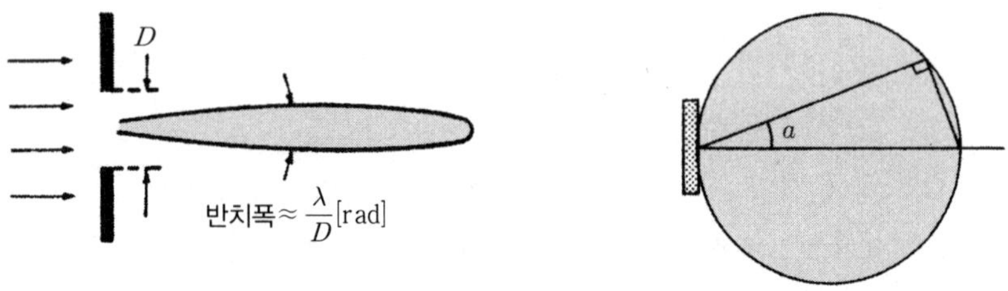

(a) 코히런트 광원의 지향성 (지빔만 나타냄)

(b) 인코히런트 광원의 지향성 (광원의 크기에 무관계)

[그림 5-17] 코히런트 광원과 인코히런트 광원의 지향성

[그림 5-17]에 각 광원의 방사지향성 분포를 개념적으로 나타낸다. 그림 5-17(a)에서 직경 D인 개구를 갖는 코히런트한 광이 전파할 때 주빔의 반치폭은 식 (5-9)에 의한 발산각과 거의 같은 크기를 갖게 된다. 당연한 것이지만 빔의 직경이 클수록 높은 평행도를 얻을 수 있다.

위의 예에서 100[km]떨어진 지점에서의 빔직경은 63.33[m]에 이르게 된다. 이 **레이저광**을 배율 100배의 확대경으로 직경 100[mm]의 빔으로 만들어 주면 θ_d는 6.33×10^{-6}[rad]이 되어 100[km] 지점에서의 빔직경은 63.3[cm]정도에 머무르게 된다. 인코히런트한 광원에서는 각 점에서 나오는 광이 간섭하지 않기 때문에 사정은 전혀 다르게 된다. [그림 5-17](b)에서 개구면에 수직한 축에서의 각도를 α라 하면

$$\text{지향성} \propto \cos\alpha \tag{5-10}$$

의 관계가 있다. 이것을 람버트(Lambert)의 법칙이라 하고, 이는 α의 방향

에서 본 발광면의 면적변화를 나타내고 있다. 코히런트광의 경우와는 달리 지향성은 광원의 크기 D 및 파장 λ와는 무관하다. **인코히런트한 광원**의 전체방사광 출력을 P, 그 중에 꼭지각 $2a$로 형성되는 원추에 방사되는 출력을 P_o라 하면 식 (5-10)으로부터

$$\frac{P_o}{P} = \sin^2 a \tag{5-11}$$

의 관계가 유도된다. 예를 **발광다이오드**와 다모드 **광파이버의 결합**에서 파이버의 입사각이 제한되어 있기 때문에 식 (5-11)에 따라 **결합효율**도 제한된다.

지금까지 기술한 레이저광의 중요한 특성을 간단하게 정리해 보면

- **단색성**이 좋다 : 이론적으로는 주파수 스펙트럼폭이 수[Hz]로 극히 좁은 순수한 광이다. 덧붙여서 자연광에 포함된 선스펙트럼폭은 수천[Hz]이다.
- **지향성**이 좋다 : 거의 퍼지지 않고 직진하는 평행광속이다.
- **집광성**이 좋다 : 이론적으로는 레이저광의 파장정도의 직경까지 집광이 가능하다.
- **에너지 밀도**가 높다 : 집광성이 좋기 때문에 작은 면적에 많은 에너지를 집중시킬 수 있다.
- **간섭성**이 좋다 : 시 · 공간적으로 코히런스가 좋다.
- **광에너지**를 단시간에 집중시킬 수 있다 : 펄스폭 정도의 짧은 시간에 에너지를 집중시킬 수 있다.

등을 들 수 있는데, 이것들은 전부가 자연광에서는 얻을 수 없는 특성들로 레이저 응용을 고려할 때 어느 특성을 이용할까 또는 이용하고 있는가 그리고 레이저 자체를 이해하는데도 중요한 핵심 포인트가 된다.

(5) 고체 레이저와 기체 레이저

물질의 양자상태 사이의 천이현상을 이용하여 빛과 같은 형태의 집중된 에너지를 만드는 소자를 레이저라고 이미 설명하였다. 레이저와 같은 원리로 증

폭과 발진을 하는 메이저(MASER : microwave amplification by stimulated emission of radiation)가 있는데, 이것은 방사선의 유도방출에 의한 마이크로파 증폭에 레이저는 광주파수의 전자파 발진에 응용하는 것이다.

메이저는 고체 내의 원자가 방출하는 마이크로파 영역의 전자파를 사용하는 것으로, 1954년 Colombia 대학의 Charles. H. Townes에 의해서 약 23.87[GHz]의 주파수를 내는 암모니아의 분자빔을 쓴 기체 레이저가 최초의 메이저이다.

현재는 수소원자를 이용한 1.42[GHz]의 단색이며, 안정도가 10^{-13}정도인 안정된 메이저가 있다. 또한, 1956년 Bloembeger에 의해 개발된 마이크로파 고체 메이저도 있고 재료로는 루비가 이용된다. 그리고 레이저는 주파수 범위가 메이저보다 짧은 적외선 영역에서부터 가시광선 자외선 영역까지를 말한다.

레이저를 구분하면 고체 레이저, 기체 레이저, 반도체 레이저로 대별할 수가 있다. 여기에서는 반도체 레이저를 중심으로 고찰하고 고체 레이저와 기체 레이저는 개념만 다루기로 한다. 참고적으로 〈표 5-1〉에 사용되는 재료를 중심으로 레이저를 분류하였다.

〈표 5-1〉 레이저의 분류

종 류	항 목
고체 레이저	Glass laser Nd YAG(Yttrium Aluminium Garnet) laser
기체 레이저	ArF laser KrF laser XeCl laser HeNe laser Arion laser CO_2 laser
반도체 레이저	Ga · As Ga · Al · As In · Ga · As In · Sb
액체 레이저	dye laser

1) 고체 레이저

고체 레이저용의 재료는 펌핑 작용이 쉬워야 하고 스펙트럼이 좁은 형광을 지녀야 한다. 고체 레이저의 물질에는 유리계, 중석계(重石系), 형석계(螢石系) 등이 있으나 Ruby가 가장 많이 쓰인다.

1960년 T. H. Maiman은 마이크로파 영역에서 메이저 재료로써 사용되던 루비를 이용하여 **레이저 발진**에 성공하였다. 이 루비 레이저는 열적으로나 기계적으로 안정되었으며, 상온에서도 발진이 가능하고 출력이 커서 현재까지 가장 우수하게 평가받는 **고체 레이저**이다.

루비 결정은 알루미나(Al_2O_3)에 0.05[%] 정도의 산화크롬(Cr_2O_3)을 첨가한 인공보석으로, 즉 Al^{3+} 이온의 일부가 3가인 Cr^{3+}에 치환되어 레이저 동작을 일으키게 한 것이다. 원주형태인 루비의 지름은 0.635[cm], 길이는 5.08[cm] 정도로 하고, 루비 결정부분을 잘 연마하여 은도금을 하여 레이저 원리에서 설명한 바와 같이 한쪽은 100[%]의 완전반사가 또 다른 쪽은 일부분 반사인 92[%]만 반사가 되도록 한다.

[그림 5-18]에 루비 레이저를 이용한 발진기를 보였다.

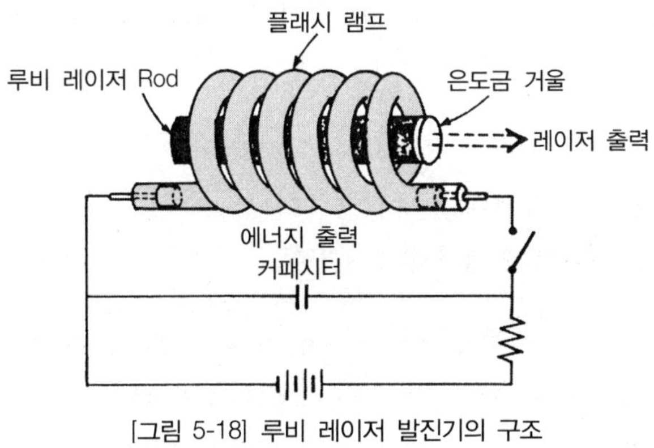

[그림 5-18] 루비 레이저 발진기의 구조

전원을 동작시켜서 크세논(Xe) 섬광램프에서 5600[Å]인 황색 또는 녹색광을 조사하는 펌핑 작용을 하면 **황색광**이나 **녹색광**을 흡수한 크롬 이온들이 기저상태에서 여기상태로 올라간다. 이 상태는 10^{-8}[s] 정도의 수명으로 매우 짧으므로 크롬 이온들은 가장 높은 불안정한 에너지 준위인 E_3에서 자연방출하면서 10^{-3}[s] 정도로 비교적 수명이 긴 준안정준위로 떨어진다.

이 준안정준위에서 충분한 수가 모여서 반전분포가 형성되면 유도방출에 의해 **기저상태**로 떨어지게 되고, 그 차에 해당하는 에너지를 약 6943[Å] 빛으로 발산각도는 1~5[mrad]로 방출된다.

고체 레이저는 발진 모드가 많으므로 **단색광**을 얻기가 어렵다는 결점이 있다. 그러나 [GW] 정도의 큰 출력을 얻을 수 있는 펄스 발진이나 홀로그래피(holography) 등에서 가시광선을 필요로 할 때 쓰인다.

또한, 간섭성(干涉性, coherence)의 길이를 1[m] 이상 얻을 수 있으며, 높은 3준위계 레이저의 효율이 요구되는 기계가공 등 많은 에너지가 필요한 분야에는 적게 이용되지만, 가시광선에서 높은 첨두출력이 필요한 분야에서는 이 루비 레이저가 중요하게 이용되고 있다.

2) 기체 레이저

기체 레이저는 가스 레이저라고도 하는데 출력특성이 다양하여 고체 레이저에 비해 많이 이용된다. 기체 레이저는 1960년 Bell연구소의 Ali Javan에 의해 He-Ne의 혼합기체 레이저로 개발되었으며, 중요한 기체 레이저로는 He-Ne, Ar, CO_2 레이저를 들 수 있고, 재료로서는 He, N, Ne, O_2, Xe 등이 쓰이고 있다.

기체 레이저에서 이용하는 천이원리에는 다음의 3가지 있다. 이들은 모두 레이저의 원리에 의한 것이다.

- 중성원자(中性原子)에서의 전자천이
- 이온 속에서의 전자천이
- 분자기체 속에서의 진동천이

He-Ne 기체 레이저를 예로 들어서 설명하기로 한다.

석영으로 된 유리관에 특수기체를 넣어 양쪽 끝부분에 전극을 붙여 방전을 시키면 고주파 전자장에 의해서 원자의 펌핑 작용이 생기고, 또한 이 원자들은 글로우 방전으로 인하여 준안정준위에 올라간다. 이 과정이 계속해서 일어나므로 레이저 출력광의 간섭성은 더욱 좋아지게 된다. 이 경우 고주파 전원은 29[MHz], 50[W]의 출력을 갖는 반송파발진기를 이용한다.

[그림 5-19]에 He-Ne 기체 레이저의 구조를 보였다.

석영관의 양쪽 끝을 반사거울이나 축과 브루스터각(brewster angle)을 갖는 거울로 봉하고, He과 Ne을 5 : 1~8 : 1 정도의 비율로 넣어 방전시킨다(이때 전압력은 1[mmHg]).

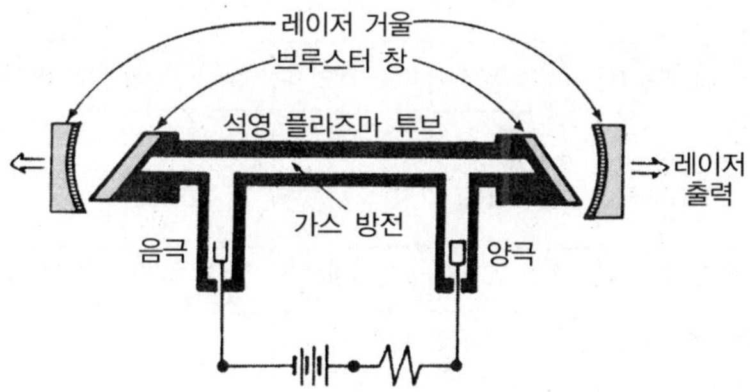

[그림 5-19] He-Ne 기체 레이저

양쪽의 반사거울은 유전체의 다층막으로 증착하여 반사율이 높도록 하였고 한쪽 거울은 100[%] 반사율로, 또다른 한쪽 거울은 일부의 빛만 통과시키도록 되어 있다. 방전에 의해 가속된 전자가 He 원자에 충돌하면 기저상태의 He은 **여기준위**로 올라간다.

가속전자에 의해 여기준위로 올라간 He 원자가 Ne 원자와 충돌하면 Ne 원자는 에너지를 얻어서 가장 높은 에너지 준위군의 일부가 된다. 가장 높은 에너지 준위에 충분한 수의 원자가 모이면 아래의 에너지 준위로 떨어지게 되는데, 이때에 0.6328[μm]의 적색광과 3.381[μm], 1.154[μm], 1.084[μm]의 적외선이 방출된다. 그리고, Ne 원자는 다시 자연방출하면서 또다른 준위를 거쳐서 **기저 상태**로 떨어진다.

혼합 가스인 He-Ne 기체 레이저는 4준위계에 해당되며, 0.6328[μm]에서 수십[mW]의 안정된 연속파를 얻을 수 있다. 또한, 단색성이 높고 발산각은 1[mrad] 정도이며, 간섭성의 길이도 수십[cm] 이상이나 된다.

따라서, 발진 스펙트럼이 자외선영역에서 적외선영역까지이고, video disc에 수록이 되어 있는 영상신호처리, 비접촉용 인쇄기 등에 광범위하게 이용되고 있다.

참고로, 대표적인 레이저의 특성과 응용에 대해서 〈표 5-2〉에 나타내었다.

〈표 5-2〉 대표적인 레이저 특성과 응용

종류 / 파장[μm] / 특성 / 응용	He-Ne 레이저	Ar 레이저	CO_2 레이저	ruby 레이저	유리 레이저	YAG 레이저	반도체 레이저
파장[μm]	0.6328(적) 1.15(적외)	0.4880(청) 0.5145(녹)	10.6(적외)	0.6943(적)	1.06(적외)	1.06(적외)	0.7∼1.6 (적외)
특성	안정된 연속출력, 소출력, 장수명, 가시출력, 소전력동작, 취급이 간단, 연속출력이 0.1∼100[mW]	안정된 연속출력, 비교적 대출력, 간섭성이 높음. 연속출력 10[mW]∼1[W], 가시영역 및 자외선 영역	높은 에너지효율, 대출력, 펄스 발진가능, 연속출력 1∼15[kW], 펄스 1[mW]	강력한 출력펄스, Q-스위치 가능, 높은 단색성	강력한 출력펄스, Q-스위치	연속 또는 펄스, Q-스위치 가능, 소형	높은 에너지효율, 소형, 직접고속변조
계측 대기오염 감시	조준기, 분광분석 길이 정밀측정, 유속측정, 평면도측정	raman 분광, 유속계	유속계 대기오염감시	거리측정 비선형광학계측		레이다	대기오염 감시
가공 레이저 핵융합		IC mask 가공, 레이저 제판, disc 원반제작	절단, 구멍뚫기, 용접, 열처리, 세라믹가공, 핵융합	구멍뚫기 plasma 계측	구멍뚫기 용접 핵융합	scribing trimming mask수정, 용접, 구멍뚫기, marking	
의학용	안저검사 혈액검사	coagulator 피부치료 안과용	레이저 메스	coagulator holography 진단		레이저 메스	
광통신	공중전파통신	수중통신					광섬유통신
정보처리	holography FAX, OCR, 레이저 인쇄기, POS, video disc, 광 memory, display	holography 광 memory 인쇄기 display		holography			OCR 인쇄기 광 memory video disc

(6) 반도체 레이저

PN 접합에 순방향 바이어스를 인가하면 전도대(傳導帶)에 있는 전자와 가전자대(價電子帶)에 있는 정공의 재결합이 일어난다. 이 재결합으로 인하여 *P*형 측에서 감소한 에너지만큼 레이저광이 발생된다. 이와같은 **반도체 레이저**(semiconductor laser)는 1962년 Nathan, Quist, Hall에 의하여 구현되었다.

반도체 레이저는 현미경을 통해서만 볼 수 있는 아주 작은 GaAs, InP 등의 결정으로 제조된 것으로 보통 광출력은 5~10[mW] 정도이고, 출력은 형광등 크기인 He-Ne 레이저의 적색 광출력과 비슷하다. 또한, 다른 레이저에 비해서 반영구적인 10만~100만 시간 정도의 긴 수명과 광출력의 변조방식이 간단하다. 이와 같이 반도체 레이저는 긴수명, 소형, 경량, 광변조장치의 간편화 등이 큰 장점으로 알려져 있다.

■ **반도체 레이저의 원리** 반도체의 원자 속에 있는 전자는 고립적인 에너지 준위를 갖는 것이 아니고, 에너지갭을 갖고 있는 에너지대로서 존재한다. 이 때문에 높은 에너지 준위에 있는 전자의 에너지를 가해서 낮은 에너지 준위에 있는 가전자대로 천이시키면 **전도대**와 **가전자대** 사이의 에너지갭에 해당하는 에너지를 **광전자의 형태**로 방출하여 레이저의 개념에 적용할 수 있다.

그러나, 이 경우에는 간섭성의 빛이 되지 않으나 주입 캐리어를 크게 증대시키면, 즉 순방향 바이어스를 크게 하면 반전분포를 거쳐서 에너지대에서 전자의 천이가 예민해지는 좁은 **간섭성**(coherent)의 **단색광 레이저광**을 얻을 수 있다. 반도체 레이저는 GaAs, GaAsP로 된 PN 접합의 2단소자로 되어 있는데, 역방향으로는 이용을 하지 않고 주로 전류가 잘 흐르는 순방향 특성을 이용한다.

이러한 원리에 의해 방출된 빛은 파장의 폭이 넓어서 단색광은 나쁘지만 캐리어의 여기방법이 간단하고 효율이 높은 장점이 있다. 또한, 반도체 재료의 조성비를 변화시키면 가시광선에서부터 수[μm]의 적외선 영역까지 발진이 가능하게 된다.

따라서, video disc, audio disc, scanner, 자동차의 감시제어용장치, 광섬유통신용의 광원으로 이용된다. 1970년에 AlGaAs 반도체 레이저의 실온 CW 발진이론이 발표된 이래 반도체 레이저는 광섬유통신의 발광원으로 이용되었다. 1970년 당시의 광섬유손실은 20[dB/km]이었으나, 현재는 0.2[dB/km]까지 감소시켰다. 또한, 광섬유의 최저손실파장이 1.2~1.7[μm] 정도로 장파장화(長波長化)됨에 따라 0.7~0.9[μm]에서 발진되는 AlGaAs 레이저와 최저손실파장에서 발진이 가능한 InGaAsP/InP 반도체 레이저도 개발되었다.

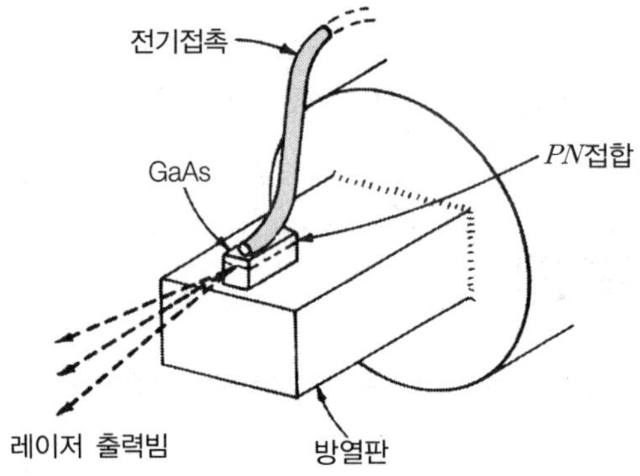

[그림 5-20] 반도체 레이저

■ **반도체 접합 레이저의 에너지대** [그림 5-7]에 GaAs 접합 레이저의 에너지대 구조를 나타내었다. [그림 5-21](b)와 같이 PN 접합을 만들고 순방향 바이어스를 인가해서 캐리어를 주입시키면 **전도대**에는 다량의 전자가, **충만대**에는 정공이 발생하여 (−)온도특성이 생긴다.

GaAs 결정의 에너지대 구조를 예로 들어 설명한다.

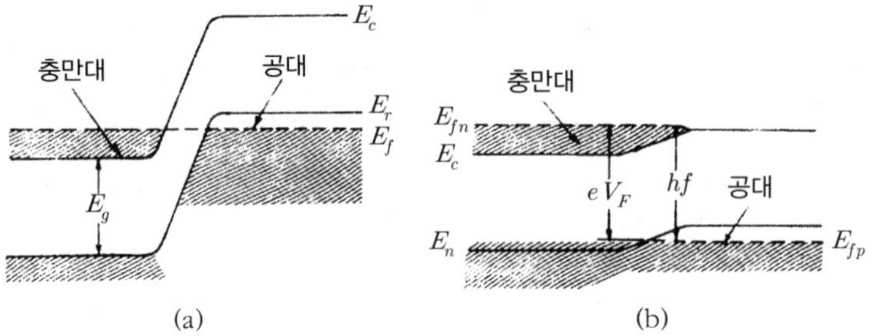

[그림 5-21] GaAs 접합 레이저의 에너지대

[그림 5-22]에서 전도대에 있는 전자가 주파수 f인 빛을 방출하면서 충만대(充滿帶, filled band)로 천이하는 확률은 전도대나 가전자대의 에너지대에서 파수(波數) κ를 가질 때, 즉 직접재결합이 될 때에 최대가 된다. 그런데, Ge이나 Si인 경우에는 전자가 충만대의 윗부분은 $\kappa=0$인 점에 있지만 전도대의 아랫부분은 $\kappa\neq0$인 점에 위치한다.

따라서, 전자가 충만대로 천이할 때에는 파수 κ의 차에 상당하는 운동량을 **결정격자**의 에너지 준위에 주어 **직접재결합**을 하도록 해야 한다.

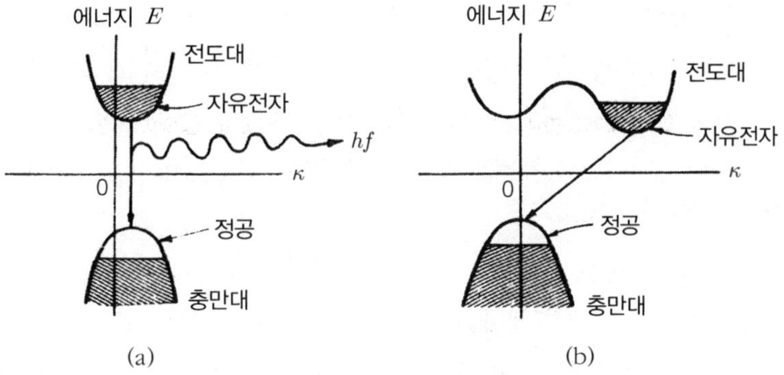

[그림 5-22] 충만대와 전도대 사이의 전자천이

이와 같이 Si나 Ge 반도체는 재결합에 의한 형광이 매우 작고, 또 **직접재결합**을 하는 확률도 작으므로 GaAs, GaAsP 등을 이용한 접합 레이저를 이용한다.

GaAs 결정은 [그림 5-22](b)와 같이 충만대의 윗부분과 전도대의 아랫부분이 모두 $\kappa=0$인 점에 위치한다. 따라서, 격자진동이 필요없이 직접 재결합을 하게 되어 최대의 빛을 방출할 수 있다. 이들 재료로는 InP, GaAsP, InSb, InAs, GaSb 등이 있다. 상세한 접합이론은 다음 절에서 설명하기로 한다.

5-2 레이저 다이오드

루비 레이저의 동작원리는 PN접합으로부터 캐리어의 재결합으로 인한 자발적 방출을 만들어낼 수 있다는 생각을 갖게 하였으며, 앞 절에서 설명한 바와 같이 최초의 반도체 레이저 다이오드는 1962년 미국 GE(General Electric)의 Hall에 의해서 개발되었다.

Hall이 제시한 반도체 레이저의 구조는 동일한 반도체의 P형과 N형의 물질을 결합시킨 **동종접합**(Homo Junction)의 PN 접합다이오드 구조이다. 이 구조는 전자와 정공이 확산되면서 재결합이 정확하게 정의되지 않은 PN접합 영역 부근에서 일어났기 때문에 그 효율이 매우 낮았다.

따라서, 레이저 발진에 성공은 하였지만 저온에서 펄스로만 동작이 가능했다. 즉, **캐리어**(carrier)의 공간적인 구속문제가 해결되지 못했던 것이다. 이러한 문제를 해결하기 위하여 Alferov, Panish 등은 이종접합(hetero junction) 구조를 반도체 레이저 다이오드에 도입하게 된다. **이종접합구조**의 개념이 최초로 제안된 것은 1963년이지만 상온에서 레이저 연속 발진은 1970년에서야 이루어졌다. 즉, GaAs 계열의 반도체 결정의 정밀 성장기술 발전과 맥을 같이 하였다고 볼 수 있다.

1968년에는 AlGaAs/GaAs 구조에서 상온 펄스 동작이 개발되었고, 1970년에 상온 연속동작이 개발되었다. 이러한 **반도체 레이저**는 체적이 매우 작은 특징이 있고 제조단가가 저렴하고 대량생산이 용이하며, 수 [mA]의 전류만 흘리면 레이저가 발생되는 이점이 있으므로 CD, DVD 재생장치, 광통신 바코드 스캐너, 레이저 프린터뿐만 아니라 의료용, 산업용, 군사용 등 매우 광범위하게 응용되고 있다.

재료는 GaAs나 GaAIAS 또는 GaAIAsP 등이 개발되어 있으며, 발진파장은 매질의 종류에 따라 다르나 GaAs인 경우 840[nm]의 적외선이다. 크기가 매우 작기 때문에 회절효과가 두드러져 지향성 이 다른 레이저에 비해 좋지 않은 결점이 있다. 보통 빔의 확산각도가 다른 레이저의 경우보다 훨씬 큰 5~10°이다.

(1) 레이저 다이오드의 접합원리

지금까지 개발된 반도체 레이저 중에 제일 작은 것으로는 보통 1[nm] 이하의 크기이다. P형 반도체와 N형 반도체의 접합으로 되어 있으며 PN 접합의 양쪽 끝은 평행한 평면이다. 만약 면이 평면이 아니거나 평행하지 않으면 반도체 레이저가 될 수 없다. 가운데 있는 재료가 양쪽 바깥재료보다 굴절률이 매우 크기 때문에 가운데 있는 재료에서 발생한 레이저 빛은 대부분 빠져나가지 못하고 일부 빠져나간 빛도 바깥 반도체의 밴드 갭이 크므로 흡수되지 않는다. 공진기의 거울이 따로 없는 대신 양쪽 면을 평행하게 가공하여 거울 역할을 하게 하고, 보통 반사율은 30[%] 정도이며 양쪽으로 레이저가 나오게 된다. 반도체 제조기술의 발달로 이러한 조건은 쉽게 만족된다.

- **열평형상태의 PN접합** 열평형상태에서는 페르미 준위가 일정해야만 된다. [그림 5-23]은 열평형상태에서의 에너지밴드를 나타낸 것이다.

  N형 영역에는 **자유전자**(free electron)가 고밀도로 존재하고 P형 반도

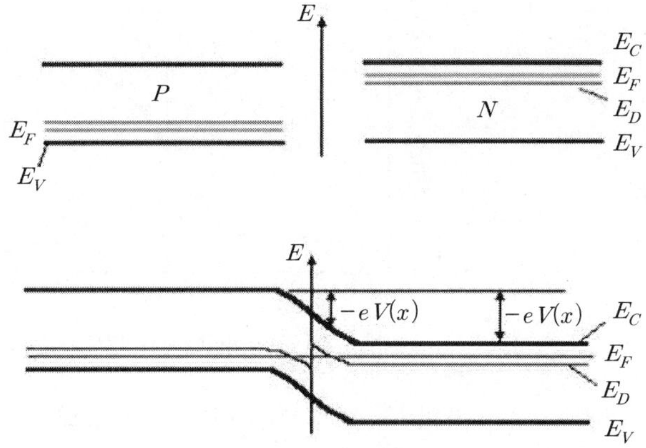

[그림 5-23] PN 접합의 열평형상태에서 에너지밴드

체는 **정공**이 고밀도로 존재한다.

농도균배를 위해 각각 다른 영역으로 확산하여 침투하며, 그 분량만큼 N형 및 P형 영역 가장자리 부분에서는 전자 및 정공의 밀도가 부분적으로 얇게 된다.

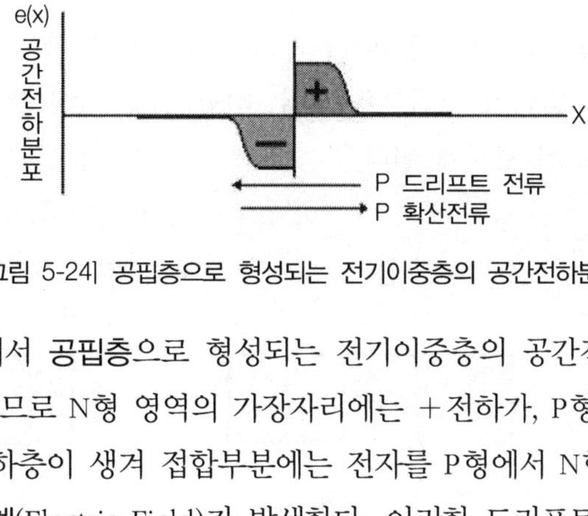

[그림 5-24] 공핍층으로 형성되는 전기이중층의 공간전하분포

[그림 5-24]에서 **공핍층**으로 형성되는 전기이중층의 공간전하분포를 나타내었다. 그러므로 N형 영역의 가장자리에는 +전하가, P형 영역에는 부전하의 공간전하층이 생겨 접합부분에는 전자를 P형에서 N형으로 밀어서 되돌리려는 **전계**(Electric Field)가 발생한다. 이러한 드리프트 전계에 의한 힘과 확산하려는 힘이 같아진 균형상태가 안정한 **열평형상태**이다. 이때 캐리어는 이동하지 않는다.

[그림 5-25]에서 열평형상태에서의 전자와 정공의 밀도분포를 나타내었다. 접합의 천이(transition), 공핍층 영역에서는 페르미 준위가 밴드 단(band edge)에서 크게 떨어지므로 전도대(conduction band)의 전자, 가전자대

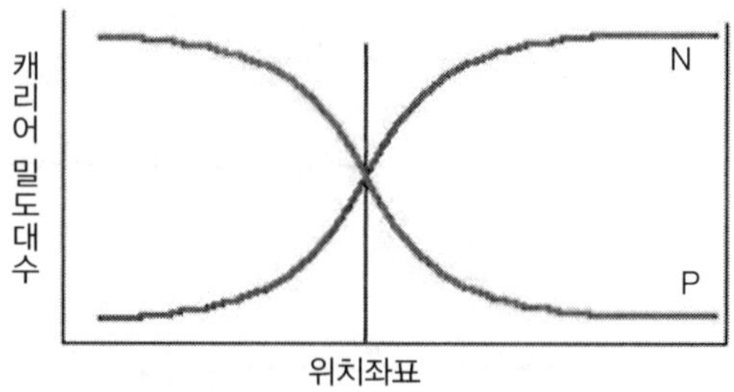

[그림 5-25] 열평형상태에서 전자와 정공의 밀도분포

(valence band)의 정공이 모두 밀도가 낮게 되어 있다. 이 영역은 공간전하 영역으로 **공핍층** 또는 천이영역이라고도 한다.

다이오드 외부에 바이어스 전압을 인가하면 전위차는 대부분 공핍층에 걸린다. **순방향 바이어스**의 전압을 인가하면 전류가 흐르게 되는데, 이것은 공핍층 양쪽에서 여분의 정공과 전자가 계속 주입되어 공핍층 내에서 전자와 정공이 재결합하여 소멸하는 과정이 계속해서 발생한다. 이것이 **반도체 레이저**에서 캐리어를 **여기**(勵起)시키는 방법이다.

반도체 레이저는 일반적으로 두 개의 다른 반도체가 접합되어 만들어진 이중 **헤테로 접합**(hetero junction : 이종접합) 레이저가 많이 사용되고 있다. 바이어스 전압을 걸어 주면 [그림 5-26]에서와 같이 가운데로 전자와 정공이 모이게 된다.

[그림 5-26]에서 이중 접합구조로서 바이어스가 있을 때와 없을 때의 에너지 준위와 주입된 전자와 정공의 분포 및 **광분포**를 나타내었다.

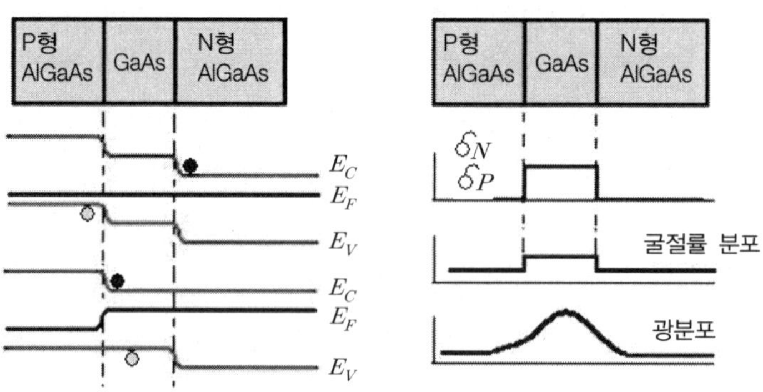

[그림 5-26] 이중 접합구조로서 바이어스가 있을 때와 없을 때의
에너지 준위와 주입된 전자와 정공의 분포 및 광분포

■ **헤테로 접합** 실제의 발광소자는 대부분이 밴드 갭이 다른 2종류의 화합물 반도체의 적층 구조를 이용하고 있다. 발진파장이 0.85[μm]의 GaAs 레이저의 경우 두께 0.1[μm] 정도의 GaAs 박막 결정의 상하에 AlGaAs 박막 결정이 배치된 **이중 헤테로 접합의 구조**가 이용된다.

광통신용으로 사용되는 파장 1.3[μm] 또는 1.5[μm]의 인듐 · 갈륨 · 비소 레이저의 경우 InGaAsP층의 양측에 InP층이 배치되어 있다. 이와 같이 좁은 밴드 갭의 발광층을 넓은 밴드 갭의 클래드층에서 샌드위치상으로 낀 이중 **헤테로 접합구조**라고 불리는 것이 기본이 된다.

헤테로 접합의 부분이 도핑에 의해 PN 접합으로 되어 있으며, 여기에 순방향 전압을 가함으로써 소수 캐리어를 활성영역으로 주입하는 것이다.

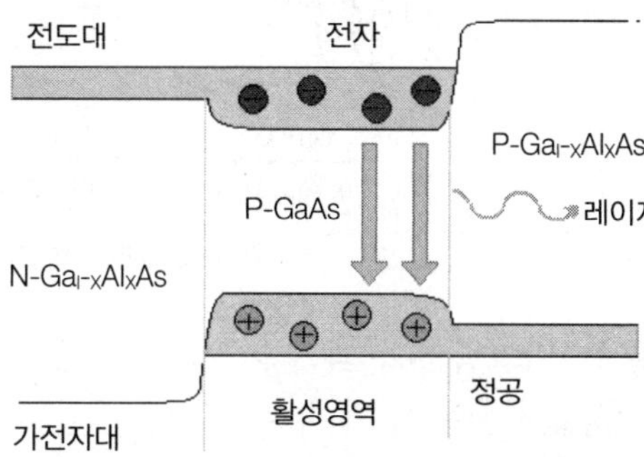

[그림 5-27] 이중 헤테로 접합의 순방향 바이어스

[그림 5-27]과 같이 주입된 전자는 활성영역에 만들어지는 패인 상태의 포텐셜의 골에 고인다. 마찬가지로 정공도 활성영역에 고밀도로 고이므로 전자와 정공이 부딪혀서 발광체 결합이 생기는 확률이 증가한다.

(2) 레이저 다이오드의 구조

반도체 레이저는 이중 헤테로 구조(Double Hetero structure : DH)라는 층의 구조를 가지고 상온에서 쉽게 연속 발진된다. 이와 같은 반도체 레이저를 **레이저 다이오드**(laser diode)라 한다.

[그림 5-28]에 AlGaAs와 InGaAsP 레이저를 보였다. 여기서 AlGaAs 레이저는 0.8[μm], 0.7[μm]대의 레이저광을, InGaAsP 레이저는 1[μm]대의 레이저광을 방출한다.

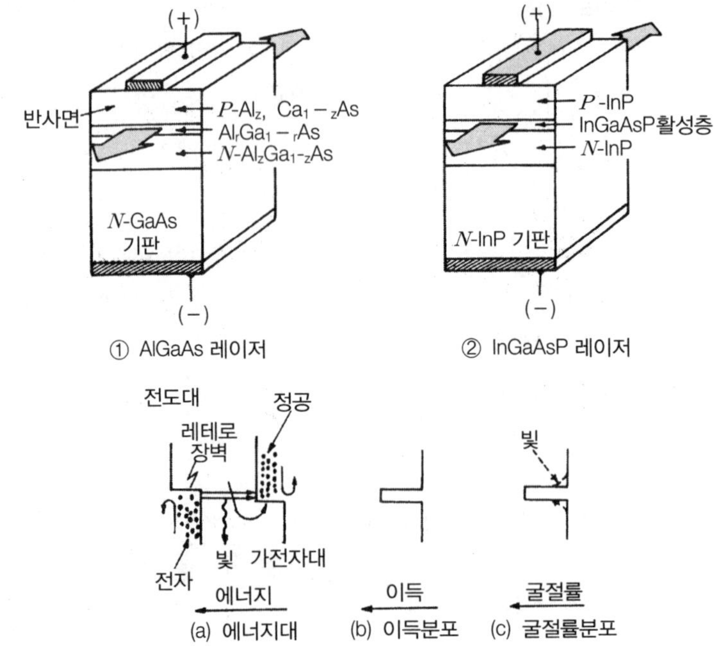

[그림 5-28] 이중 헤테로 접합의 반도체 레이저

■ **활성층**　[그림 5-28]과 같이 AlGaAs 레이저에는 활성층이라고 하는 두께 0.1[μm]의 P형 또는 N형 $Al_yGa_{1-y}As$(y=0~0.2)가 두께 2~3[μm]의 N-$Al_xGa_{1-x}As$ 및 P-$Al_xGa_{1-x}As$(x=0.3~0.4) 클래드(clad)층의 사이에 위치한다. 이러한 층들은 GaAs 및 InP의 기판 위에서 주로 LPE(Liquid Phase Epitaxy) 방식에 의하여 제조된다.

또한, InGaAsP 레이저에서는 두께가 약 0.1[μm]의 N형 또는 P형 InGaAsP 활성층이 N-InP, P-InP의 클래드층 사이에 삽입되어 있다. 보통 다른 종류의 결정접합을 **헤테로 접합**이라 하고, [그림 5-28]의 구조에서는 활성층의 양측에 헤테로 접합이 2개가 있으므로 이중 헤테로 구조라 한다.

이 이중 헤테로 구조를 이용한 반도체 레이저는 에너지갭이 적고, 얇은 활성층이 에너지갭이 큰 클래드층으로 쌓여 있다. 이 때문에 활성층 내의 전자, 정공의 밀도는 크게 증가되므로 **집광현상**이 가능하다고 볼 수 있다. 레이저 발진이나 증폭원리는 다음과 같이 설명될 수 있다.

빛의 증폭이득은 주입된 캐리어 농도(전자, 정공)에 비례하므로 활성층이 얇을수록 소전류로 큰 이득을 얻을 수 있다. 또한, 활성층을 쌓고 있는 클래드층의 에너지갭이 활성층의 에너지갭보다 크므로, 활성층의 굴절률이 클래드층보다 크기 때문에 캐리어를 집속 또는 빛을 집광하는 작용을 하므로 빛은 활성층 내에서 증폭된다.

■ **레이저광의 발산과 방열판의 설치** 레이저가 발진하는 활성영역(active region)에서는 온도상승과 더불어 빛의 이득은 저하한다. 빛의 이득이 저하되는 것을 방지하기 위하여 방열판(傍熱板, heat sink)을 레이저 결정에 붙인다.

[그림 5-29]에 반도체 레이저광의 발산을 나타내었다. 에너지대가 클래드층에 비해서 얇은 활성층에서 공중으로 방사되는 레이저광은 빛의 회전현상에 의해서 활성층에 수직방향으로 ±20°정도까지 퍼진다.

이와 같이 방사되는 빛이 방열판 표면에서 산란되는 것을 막기 위하여 레이저 결정의 반사면과 방열판의 끝부분이 일치되도록 부착한다. 레이저광은 양반사면에서 동일한 광출력을 방사하는데 [그림 5-29]의 앞면의 주된 빔(main beam)은 통신분야에 사용되고, 반대쪽의 빔은 광출력 모니터용으로 사용된다.

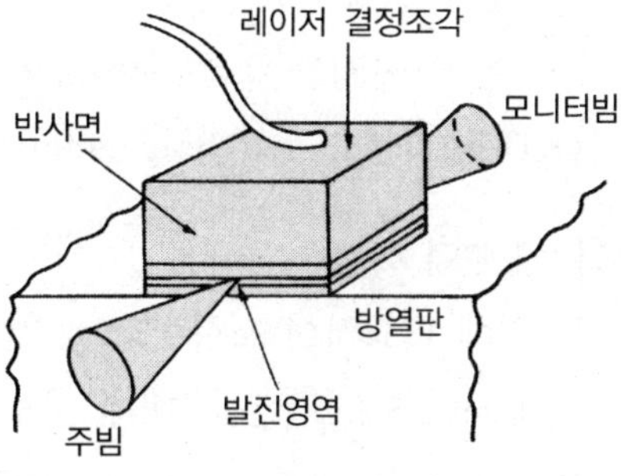

[그림 5-29] 반도체 레이저광의 발산

〈표 5-3〉 대표적인 반도체 레이저 특성

결정재료	파장[μm]	동작모드	광출력[W]	임계전류[A]	용 도
GaAs	~0.84	펄스	1~3000	0.5~100	야시(夜視)장치, 군사용 거리측정
AlGaAs	0.78	CW	3[mW]	~30[mA]	광정보처리
AlGaAs(RCA)	0.8~0.9	CW	3~10[mW]	30~150[mA]	광통신, 레이저 프린터, 거리측정
InGaAsP	1.3	CW	5	~150[mA]	광통신, 기체검출
PbSnSe	8.5~30	CW	5	~150[mA]	광통신, 기체검출

(3) 레이저 다이오드의 분류와 동작특성

이중 헤테로 접합에 의해서 전류가 흐르는 방향에 빛을 가두어 실행하고 있다. 또한 이 방향과 수직인 방향에도 빛을 가두고 안전한 횡모드를 얻을 필요가 있다. 반도체 레이저의 구조에는 매립 헤테로 구조(BH)와 CSP(Channeled Substrate Planar) 구조가 있다.

활성층이 헤테로 접합으로 사방이 둘러싸인 형태로 되어 빛의 가둠을 실현하는 방식은 BH 구조라고 하고, 기판에 홈을 설치, 홈부분과 그 양측에서는 등가굴절을 달리함으로써 빛의 가둠을 실현하는 방식을 CSP 구조라 한다.

■ **반사기구에 의한 분류**

- 페브리-페롯형의 반도체 레이저 다이오드 : 통상의 레이저는 반사경을 칩의 양단면에 형성한 벽개면을 사용하고 있다. 이 벽개면이 빛의 공진기이다.
- 반사경을 칩 안에 만들어 붙여서 동작시키는 반도체 레이저 다이오드 : 이 레이저는 빛의 반사를 레이저 내에 형성한 회절격자에 의한 회절현상에 의해서 실행하고 있다. 회절격자 부분에 전류를 주입하여 이득을 갖게 한 레이저를 DFB(Distributed Feed Back), 이득을 갖지 않는 레이저를 DBR(Distributed Brag Reflector) 레이저라고 한다.

■ **레이저 다이오드의 특성**

- 다른 레이저에 비교하여 소형이고 경량이다. 1[mW] 출력의 He-Ne Laser 크기는 30[nm]×250[nm]인데, 비해 반도체 레이저는 수십 [mW] 출력의 소자라도 0.3[nm]×0.4[nm]×0.5[nm] 정도이다.
- 출력광의 스펙트럼폭이 좁아서 집광할 수 있다.
- 임계값 전류 이상의 전류를 흘리면 레이저가 발진하여 광출력 증가된다.
- 출력은 수 [mW] 정도이지만 수십 [W] 정도에 이르는 대출력 레이저도 있다.
- 변조가 쉽고 전류를 변화시키면 발광하는 빛의 상태(강도, 주파수 등)가 변화한다(통신용 LD는 10[GHz] 정도까지 변조된다).
- 고휘도 : 단위면적, 단위입체각에서의 발광파워가 크다.

- 저소비전력 : 발진파장이 온도에 따라 변화한다. 전체로는 0.3[nm/℃](GaAs)~0.5[nm/℃](GaInAsP/InP)
- 파장의 선택범위가 0.33~28[μm]로 넓다.

〈표 5-4〉 최대정격(NDHV310APC)

Item	Symbol	Absolute Maximum Ratings	Unit
Optical Output Power	Po	65	mW
LD Reverse Voltage	Vr(LD)	5	V
PD Reverse Voltage	Vr(PD)	20	V
Storage Temperature	Tstg	−35~85	℃
Operating Case Temperature	Tc	−10~60	℃

〈표 5-5〉 전기 광학특성(NDHV310APC)

<table>
<tr><th colspan="2">Item</th><th>Condition</th><th>Symbol</th><th>Min</th><th>Typ.</th><th>Max</th><th>Unit</th></tr>
<tr><td colspan="2">Optical Output Power</td><td>CW</td><td>Po</td><td>–</td><td>–</td><td>60</td><td>mW</td></tr>
<tr><td colspan="2">Peak Wavelength</td><td>Po=60[mW]</td><td>λ_p</td><td>400</td><td>408</td><td>415</td><td>nW</td></tr>
<tr><td colspan="2">Threshold Current</td><td>CW</td><td>Ith</td><td>–</td><td>40</td><td>50</td><td>mA</td></tr>
<tr><td colspan="2">Operating Current</td><td>Po=60[mW]</td><td>Iop</td><td>–</td><td>85</td><td>110</td><td>mA</td></tr>
<tr><td colspan="2">Slope Efficiency</td><td>CW</td><td>η</td><td>0.8</td><td>1.3</td><td>1.7</td><td>W/A</td></tr>
<tr><td colspan="2">Operating Voltage</td><td>Po=60[mW]</td><td>Vop</td><td>–</td><td>4.6</td><td>5.5</td><td>V</td></tr>
<tr><td colspan="2" rowspan="2">FWHM Beam Divergence</td><td rowspan="2">Po=60[mW]</td><td>$\theta//$</td><td>5</td><td>8</td><td>13</td><td>deg.</td></tr>
<tr><td>$\theta\perp$</td><td>18</td><td>22</td><td>28</td><td>deg.</td></tr>
<tr><td rowspan="3">Emission point Accuracy</td><td rowspan="2">Angle</td><td rowspan="2">Po=60[mW]</td><td>$\Delta\theta//$</td><td>–</td><td>–</td><td>±2.5</td><td>deg.</td></tr>
<tr><td>$\theta\perp$</td><td>–</td><td>–</td><td>±3.0</td><td>deg.</td></tr>
<tr><td>Position</td><td>–</td><td>ΔX, Y, Z</td><td>–</td><td>–</td><td>±80</td><td>μm</td></tr>
<tr><td colspan="2">Monitor Current</td><td>Po=60[mW]</td><td>Im</td><td>0.1</td><td>0.3</td><td>0.5</td><td>mA</td></tr>
</table>

■ **전류 광출력특성** [그림 5-30]은 레이저 다이오드의 주입 전류와 광출력 특성의 관계를 나타내고 있다.

1.3[μm] 대 BH 레이저의 전류 광출력은 온도에 의해서 크게 변화하고 있다. BH 구조의 레이저에서는 70[℃]에서도 10[mW]정도까지 비교적 직선성 좋은 전류 광출력특성이 얻어지고 있다. 또 threshold 전류도 20[℃]에서 20[mA]로 낮고, 70[℃]에서도 15~20[mA]만큼 상승한다.

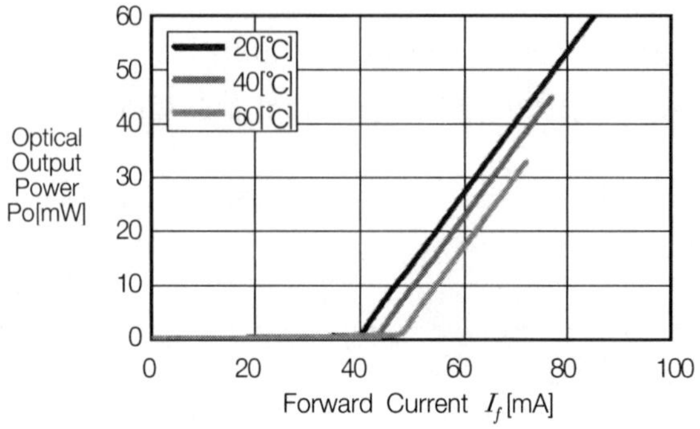

[그림 5-30] 레이저 다이오드의 주입 전류와 광출력 특성

■ **스펙트럼과 파필드 패턴** [그림 5-31]은 1.3[nm] 대 BH 레이저 다이오드의 발진 스펙트럼을 나타낸 것으로 1.30[nm] 중심으로 3~6개의 발진 스펙트럼이 관측된다. 이 스펙트럼 간격은 별개로서 형성되는 공진기의 공진조건에서 정해져 있다. **단파장대** 레이저의 발진 스펙트럼은 발진 임계점(threshold) 부근에서는 모두 **모드 발진**을 하지만 광출력이 증대하면 단일 모드 발진에 근접하게 된다.

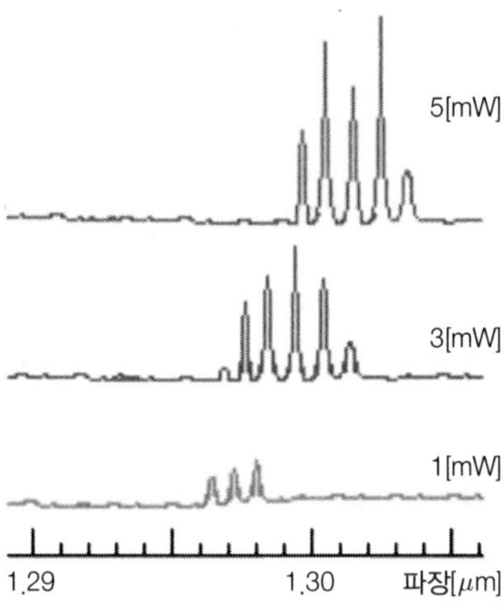

[그림 5-31] 1.3[nm] 대 BH 레이저의 발진 스펙트럼

반도체 레이저의 발진 스펙트럼은 전류나 온도에 따라서 변화한다. 일반적으로 온도나 전류를 증가시키면 발진 스펙트럼은 단파장대에서 0.25[nm/℃], 장파 장대에서는 0.4[nm/℃] 이동한다.

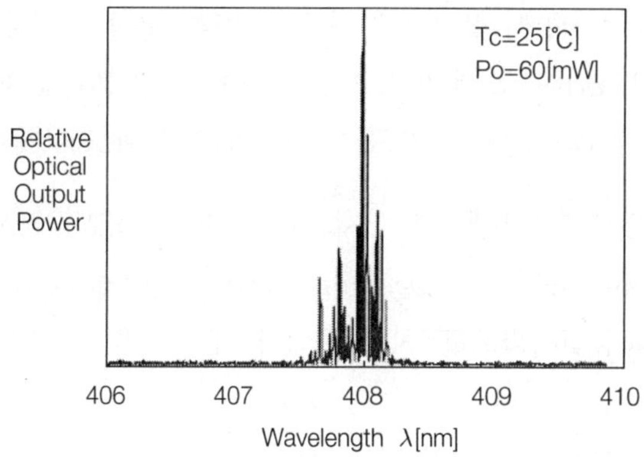

[그림 5-32] 레이저 다이오드의 스펙트럼

이것은 밴드 갭이 온도변화에 따라 변하기 때문이다. 그러나 DFB 레이저나 DBR 레이저에서는 반사기구에 회절을 이용하고 있으므로 반사율에 파장의존성이 생겨 안정한 단일 모드 발진을 한다. 그러므로 100[℃] 이상의 온도범위에 거쳐서 Mode Hopping(파장이 하나에서 다른 하나로 옮겨지는 현상−발진 스펙트럼의 불연속 변화−)이 일어나지 않고 굴절률의 온도변화에 의해서 발진파장은 연속적인 변화를 나타낸다(~0.1[nm/℃]).

■ **파필드 패턴** 레이저에서 방출된 빛의 각도분포를 파필드 패턴(FFP : Far Field Pattern)이라고 한다. [그림 5-33]은 반도체 레이저의 수평과 수직의 패턴을 나타낸 것이다.

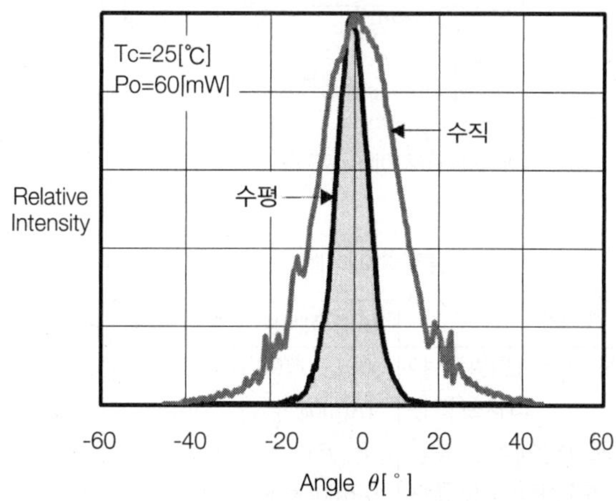

[그림 5-33] 반도체 레이저의 파필드 패턴

일반적으로 FFP는 형성층에 대하여 수평방향과 수직방향에서는 다르게 나타나지만, BH 구조 레이저는 거의 같아서 원형의 방사 패턴을 갖기 때문에 광파이버와 결합하기가 쉽다. 〈표 5-6〉에 반도체 재료에 따른 레이저 다이오드의 발광파장을 나타내었다.

〈표 5-6〉 반도체 재료에 따른 레이저 다이오드의 종류와 발광파장

반도체 재료	레이저 파장[μm]	비 고
InAs	3.2	
InGaAs	1.8, 2.1	
InSb	5.1	
PbTe	6.4	
PbSe	8.3, 22.0	압력효과에 의함
InP	0.9	
InAsP	1.6	
PbSnSe	31.2	
PbSnTe	31.2	
PbGeTe	2.5~8.3	조성에 따라 가변

제6장

수광소자

6-1 광전효과와 광검출기
6-2 포토다이오드
6-3 포토트랜지스터
6-4 광복합소자
6-5 태양전지

정보의 검출, 전송, 기록 등 처리시 광전소자는 빛과 전기 사이의 매체로써 매우 중요한 부분을 차지하고 있다. 이 장에서는 opto-electronics 분야에서 가장 많이 활용되고 있는 수광소자 중심으로 학습한다.

수광소자(受光素子, light receiving element)란 광신호 및 빛에너지를 전기신호 및 전기에너지로 전환시키는 기능을 가진 소자이며, 일반적으로 빛의 세기를 검출하는 검출기를 광검출기 또는 **수광소자**라고 한다. 수광소자는 **광전자 방출효과**를 이용하는 광전자증배관 및 반도체의 양자효과를 이용하는 반도체 수광소자 등이 있다.

반도체에 의한 수광소자는 입사광자에 의해 발생하는 반송파(搬送波)의 움직임을 이용하는 것으로 소형화·경량화의 이점이 있다. 〈표 6-1〉은 수광소자의 동작특성에 따라 내부 광전효과형, 외부 광전효과형, 열전대형으로 요약 구분한 것이다.

〈표 6-1〉 동작특성에 따른 수광소자의 분류

구 분	수광소자		재 료
내부 광전효과	광도전형	광도전 셀	Cd, PbS, PbSe, CdSe, HgCdTe
		촬상관	적외선 비디콘, X-선 비디콘, 가시영역 비디콘
	접합형	포토다이오드 PIN 포토다이오드 포토트랜지스터	Si, Ge, InSb, InP, GaAs, GaP, Ga(As, P), (Ga, Al)As
		반도체 위치검출소자(PSD) 이미지 센서(CCD)	Si
	복합형	포토센서	LED-포토다이오드
		옵토아이솔레이터	LED-포토트랜지스터
외부 광전효과	광전관, 광전자증배관		Sb-Cs, Na-k-Sb-Cs Ag-O-Cs
열전변환효과	도전형	서미스터	Nio, $BaTiO_3$, Ni, Au, Ge
	기전력형	열전대	Bisb, PbTe, InAs, InP

6-1 광전자와 광검출기

광전효과에는 **광도전효과**, **광기전력효과**, **광전자방출 효과** 등이 있으며, 광도전효과는 반도체나 금속에 빛을 입사하면 물질의 도전율이 변화하는 현상으로 반도체에서는 저항이 작아진다.

광기전력효과는 두 종류의 반도체가 접합된 접합면 또는 반도체와 금속의 접촉면에 빛을 입사하면 기전력이 발생하는 현상으로 이때 발생한 기전력을 광기전력이라고 한다. 또한 광전자 방출효과는 일정한 에너지를 갖고 입사 광자가 금속표면에 충돌하였을 때 금속내의 전자가 일함수보다 큰 에너지를 흡수하게 되면 금속 밖으로 방출하는 현상으로 아인슈타인의 광전효과라 한다.

(1) 광전자방출

금속에 파장이 짧은 빛을 비추면 전자가 튀어나오는 현상을 광전효과라 하고, 금속표면에서 튀어나온 전자를 광전자라고 한다.

전자는 금속 내에서 자유로운 운동을 하고 있지만 금속 외부로 스스로 방출되지는 못한다.

따라서 금속표면에서 전자가 방출되려면 전자는 외부 에너지를 받아야 하는데, 이 때 필요한 에너지를 일함수(work function)라고 한다. 일함수는 금속의 종류에 따라 다른 값을 가지고 있다.

$$\frac{1}{2}mv^2 = h\nu - w \tag{6-1}$$

이 식에서 $\frac{1}{2}mv^2$ 는 방출된 전자의 운동에너지, $h\nu$ 는 입사광자의 에너지, w 는 금속의 포텐셜 장벽을 넘어서는데 한 일함수이다.

광전관은 [그림 6-1]과 같이 진공관 속에는 음극 K와 양극 P가 들어 있고, 이 두 극은 가변 저항기에 연결되어 있어 접점이 이동하면 두 극 사이의 전위차가 변한다.

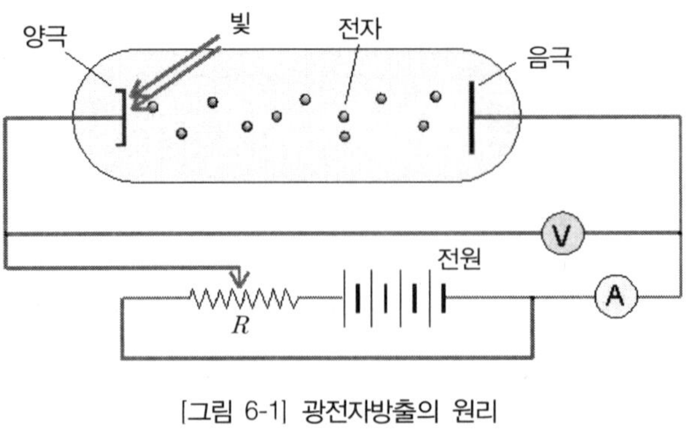

[그림 6-1] 광전자방출의 원리

음극에 빛을 쪼여 주면 전자가 방출되어 양극으로 끌려와 회로에 전류가 흐르게 된다. 이 때 전류계를 연결하면 전자의 전하량은 알고 있으므로 음극에서 방출된 전자의 수를 알 수 있게 된다.

(2) 광전관

■ **광전관** 광전관(photoelectric tube)은 물체가 빛을 쬐었을 때 빛에너지를 흡수하여 전기적인 변화를 일으키는 현상을 이용한 진공관을 말한다. 간단히 구조를 살펴보면 [그림 6-2]와 같이 빛을 받아 광전자를 방출하는 음극과 광전자를 모아 전류를 만드는 양극으로 나뉘어 있다.

(a) 광전관의 외형

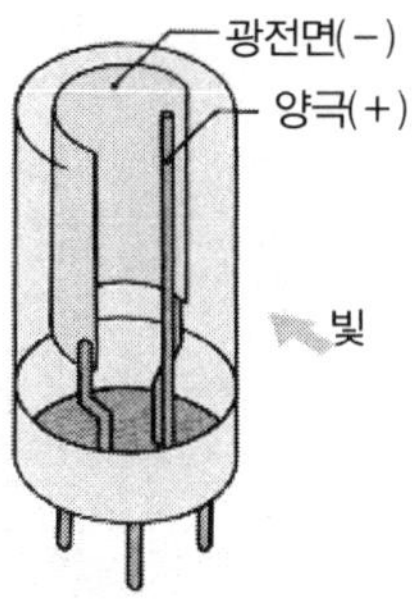

(b) 광전관의 구조

[그림 6-2] 광전관의 외형과 구조

광전면은 은 · 세슘 · 안티몬 등의 복합 또는 합금 박막으로, 광전관의 내부 금속판 또는 유리구 내면에 만들어진다. 양극 전압을 일정값(50~100[V])으로 유지하면 **입사광속**에 비례하는 광전류가 흐른다.

■ **광전자증배관(PM 튜브 : Photomultiplier Tube)** 알칼리 금속을 함유한 광음극(Photocathode)에 빛이 입사하여 광전자를 발생시킨다. 이때 사용된 광음극의 물질 종류에 따라 파장에 따른 감도특성이 달라지므로 측정하고자 하는 빛의 파장영역에 따라서 광음극의 종류를 선택하여야 한다. [그림 6-3]은 광음극의 종류에 따른 파장 감도특성을 보여준다. 한 개의 광자에 대하여 **광전자**가 얼마만큼 발생되느냐를 **양자효율**(quantum efficiency)이라고 한다.

파장 감도특성에서 η_q라는 선이 그 효율을 나타낸다. 발생된 광전자가 가속전압이 걸려있어서 양극쪽으로 움직이게 되는데 중간에 **다이노드**

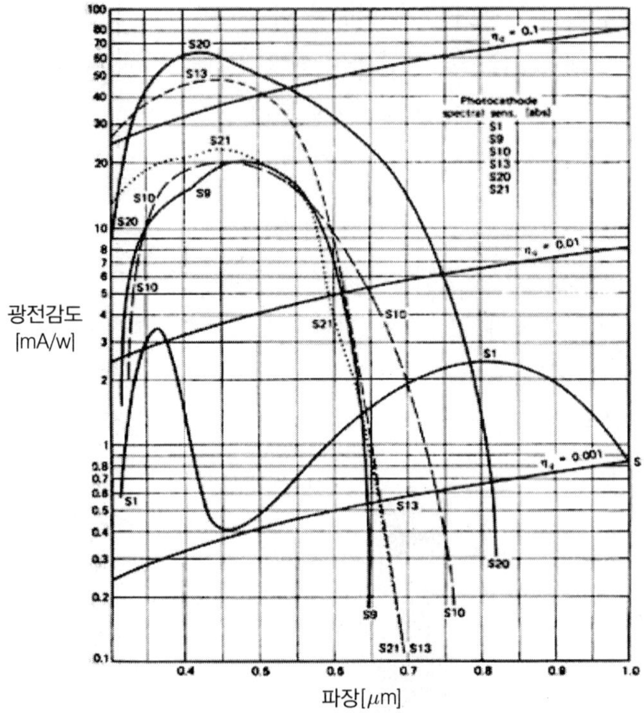

[그림 6-3] 광전음극의 종류별 파장 감도특성

(dynode)라는 증폭판이 있다. 이 증폭판에 광전자가 맞게 되면 더 많은 전자가 발생이 되어 증폭이 되는 것이다.

다이노드의 개수와 가속전압에 따라 증폭률이 달라지는데 보통 10^6배가 된다. 이렇게 크게 증폭이 되므로 PM 튜브를 사용하여 광자의 수를 셀 수 있다.

[그림 6-4](a)는 측면(side-on) 타입의 튜브를 윗면에서 본 것이고, (b)는 정면(head-on) 타입의 PM 튜브를 옆면에서 본 그림이다.

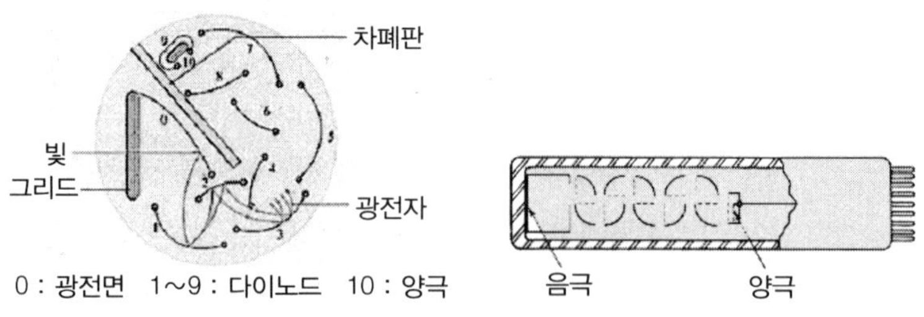

(a) side-on형 (b) head-on형

[그림 6-4] 광전자증배관의 구조도

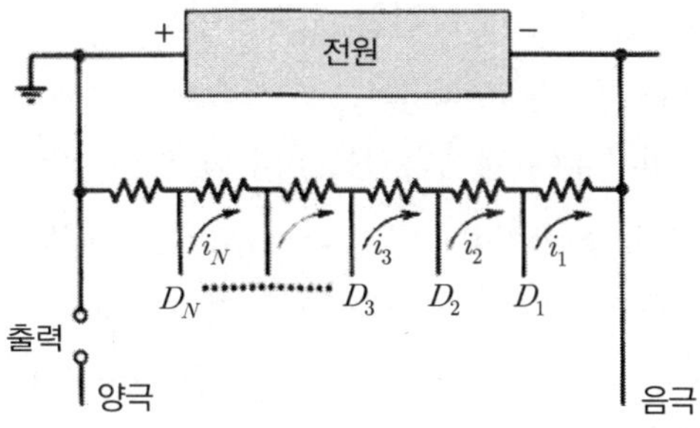

[그림 6-5] 다이오드 등가회로

각 다이오드에는 균등한 가속전압을 걸어주어야 하는데 그 회로도를 [그림 6-5]에 나타내었다.

보통 각 다이오드에 100[V] 정도를 걸어준다. 증폭률이 크기 때문에 강한 빛이 들어오면 빛의 세기에 비례하지 않는 포화현상이 일어난다. 심한 경우에는 광음극이 손상을 입을 수 있으므로 주의를 하여야 한다(예를 들어 레이저를 직접 조사한다든지 하면 손상을 입게 된다). 또한 항상 암실 상태에 있어야 한다.

빛이 들어오지 않더라도 전류가 조금씩 흐르게 되는데 이를 **암전류**(dark current)라고 한다. 이러한 암전류가 크면 신호 대 잡음비(S/N)가 작아서 신호를 포착하기 힘들다. 암전류를 줄여주려면 온도를 낮추어 **열효과**(thermal effect)를 줄여주면 된다. 또한 PM 튜브가 개방된 상태에 있었으면 암실에서 여러 시간 동안 전압을 걸어주어 광음극판이나 다이오드에 박혀있는 전자들을 떼어내 주어야 한다.

광전자증배관은 1[kV] 정도의 고전압을 필요로 하고 또한 강한 광입력에 의해 광전면이 소손되거나 기계적 진동에 약하다는 등의 결점이 있다.

6-2 포토다이오드

두 종류의 반도체의 접합면 및 금속과 반도체의 접촉면에 빛을 입사하면 기전력이 발생한다. 이 효과를 **광기전력효과**라고 하며, 이것을 이용한 수광소자를 광기전력형 수광소자라고 한다. 광기전력형의 소자는 광전도형에 비해 고응답 속도를 얻을 수 있다. 대표적인 것은 *N*형 실리콘 웨이퍼 위에 확산법에 의해

얇은 P형층을 만든 PN접합 포토다이오드이다.

포토다이오드(photodiode)는 수광소자 중에서 가장 간단한 소자로서 반도체의 PN 접합부분에 광에너지를 비추면 광강도의 변화에 비례하는 전류로 변환하는 **광전변환소자**이다. 또한, 그 특성이 자체에 기전력을 갖고 있는 센서소자이므로 다른 외부 전원이 필요하지 않다. 즉 외부 전원이 없어도 간단한 광검출회로를 구성할 수 있다. 그러나 포토다이오드의 출력전류가 매우 작기 때문에 포토다이오드에 Op-Amp 또는 포토트랜지스터를 결합하는 방식으로 출력전류를 증가시킨다.

포토다이오드의 일반특성을 요약설명하면

- 포토다이오드는 반도체 PN 접합부에 광검출기능을 부가한 광기전력 다이오드이다.
- 입사광에 대한 광전류출력의 직선성이 양호하다.
- 수광영역은 접합구조에 따라 다르지만 700~900[nm]에서 최대효율의 광감도를 나타내며 파장영역은 100~900[nm]로 광대역범위를 갖는다.
- 접합용량이 작아서 고속응답 및 저잡음특성을 갖는다.
- 신뢰성이 양호하며 수명이 길다.
- 온도특성이 양호하다.

■ **포토다이오드의 동작원리 및 구조** 광검출소자에 의해 광을 검출하는 기본원리는 광원에서 입사된 빛을 발하게 되는 전/광 이론의 역행으로 광/전변환하게 된다.

빛을 검출할 때 PN 접합을 이용할 수도 있다. 이것은 PN 접합의 역바이어스에 의한 전류가 빛에 대해서 민감하기 때문이다. PN 다이오드의 역방향전류는 소수 캐리어의 농도에 비해서 매우 작으며, 소수 캐리어는 열이나 빛에 대해서 매우 민감하므로 광감도가 좋은 광검출기를 얻는 데는 다이오드의 역바이어스 특성을 이용한다.

[그림 6-6]은 포토다이오드의 구조이며, 플라스틱 용기 속에 PN다이오드를 넣어서 만든 것이다.

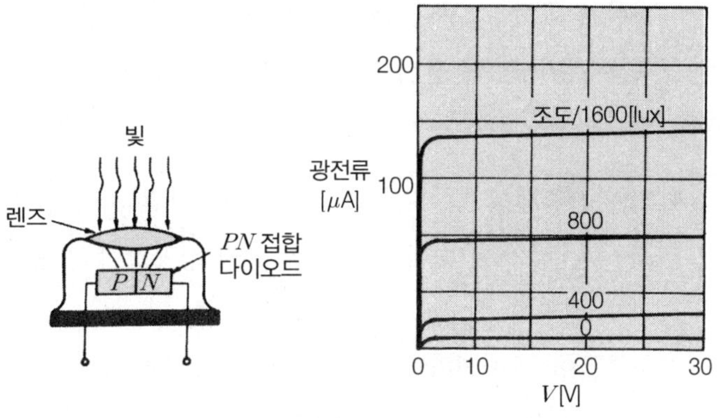

(a) 구조 (b) 특성

[그림 6-6] 포토다이오드

역바이어스된 *PN* 다이오드에 빛을 조사하면 출력전류가 광속(光束)에 따라 선형적으로 증가한다. 이 성질을 이용해서 이 다이오드에 수십[V]의 역전압을 인가하면 다이오드의 크기에 관계없이 전류는 거의 일정하다.

간단하게 설명하면,

- 여기서 빛을 차단시켰을 때 흐르는 전류인 암전류는 역포화전류의 열 생성된 소수 캐리어 농도에 의해서 흐르게 된다.
- 이 다이오드에 빛을 조사하면 전자-정공쌍(EHP)의 수가 더 증가하므로 빛에너지를 소수 캐리어의 주입원으로 볼 수 있으며, 이렇게 주입된 소수 캐리어가 *PN*접합을 넘어서 전류를 흐르게 한다.

(1) 포토다이오드의 특성

광검출기의 성능, 효율성 등의 결정하는 중요한 변수로 광검출기의 응답도, 이득, 용량, 암전류 및 응답속도와 전압 · 전류특성을 들 수 있다.

- **응답도(Responsivity)** 광검출기에서 가장 중요한 변수로서 광검출의 성능을 나타내는 지수이다. 즉 반응도 R은 광전변환이득을 나타내며, 입사된 광파워에 비례하여 입사되는 광자의 세기(입사되는 광에너지)에 대한 출력 광전류(광자의 흡수로 생성되는 전류)로 나타낸다.
- **응답속도** 검출기의 출력전류가 피크치에 대해 10~90[%]까지, 즉 입력

전류가 유효 성분이 되는 데까지 거리는 시간(T_r)으로 검출기의 민감성과 관련이 있다. 광검출기의 −3[dB] 변조대역폭은 다음 수식으로 구할 수 있다.

■ **전압-전류특성** PN 접합에서 역포화전류 I_0는 소수 캐리어 농도에 비례한다. 따라서 빛이 조사되면 전자-정공쌍이 발생하므로 이 정공과 전자의 확산거리 L_p, L_n 내에 N형쪽에서 생성된 정공과 P형쪽에서 생성된 전자들이 공간전하영역에 끌려와서 광전류(photo current)를 일으키기 때문에 광생성된 전자, 정공전류식은 다음과 같다.

$$I_p = q\,A\,L_p\,G \tag{6-2}$$

$$I_n = q\,A\,L_n\,G \tag{6-3}$$

여기서 A는 단면적, G는 입사광에 비례해서 광생성된 단위체적당의 전자-정공의 생성률이다. 따라서 이 포토다이오드에 흐르는 전체 전류는 다음과 같다.

$$I = I_0(e^{qV/kT} - 1) - qAL_nG + qAL_pG \tag{6-4}$$

여기서 첫째항은 역바이어스에 의한 PN 다이오드의 암전류이고, 둘째항은 광생성에 의한 광전류이다. 식 (6-4)에서 회로를 단락시키고, 광전류를 I_L이라 하면 다음과 같이 고쳐 쓸 수 있다.

$$I = I_0(1 - e^{qV/kT}) + I_L \tag{6-5}$$

포토다이오드는 CdS 광도전체나 포토트랜지스터에 비해 광감도는 떨어지기는 하지만 수 백[kHz] 정도의 높은 광신호주파수의 광신호에 응답할 수 있으며 접합용량은 10[pF] 정도, 동저항은 50[mΩ], Ohm저항은 100[Ω] 정도된다.

또한, 역바이어스된 전류는 **소수 캐리어의 확산**에 좌우되므로 PN 접합에서 멀리 떨어진 점에서 빛이 조사되면 주입된 소수 캐리어는 접합으로 확산되기 전에 **재결합**(recombination)할 수 있으므로, **광전류**는 접합으로부터 광조사점 사이의 거리의 함수로 나타낼 수 있다. P형측과 N형측에서 소수 캐리어의 확산거리 차이 때문에 약간 비대칭 특성을 갖는다.

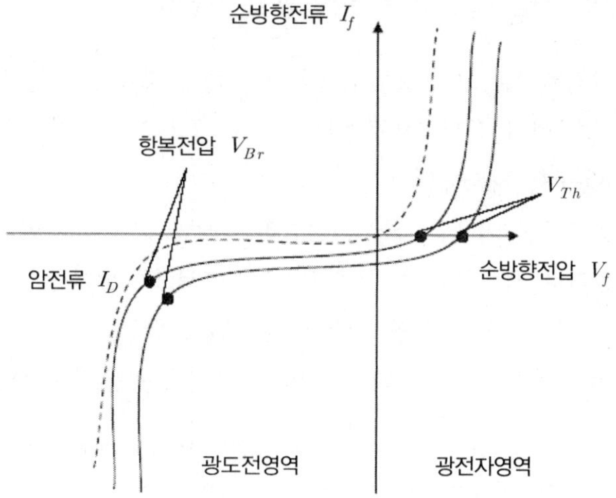

[그림 6-7] $I-V$ 특성곡선

포토다이오드에 인가되는 바이어스 전압과 출력되는 전류와의 관계를 나타내는 특성곡선으로, 포토다이오드는 역바이어스의 광전도영역(모드)에서 동작하게 되며 이 영역에서 **출력전류**(I)는 **입력 광전압**(V)과 비례한다. 특히 각 소자의 특성에 따라 바이어스 전압이 달라지게 된다.

[그림 6-7]에서 포토다이오드의 $I-V$ 특성을 나타내었다.

기본적으로 포토다이오드들은 광전도영역 내에서 동작하게 되나, 애벌런치 포토다이오드(APD)는 항복전압(V_{Br}) 부근에 바이어스를 인가하여 동작하게 되며, **광전자영역**에서는 특성곡선상 역바이어스를 인가하지 않았을 때도 입사된 광에 의해 순방향전류를 출력하고 있음이 보이게 된다. 이는 **태양전지**의 원리가 된다.

■ **암전류** 포토다이오드의 $I-V$특성곡선 상에서 광의 입력이 없을 때도 일정한 크기의 미세한 전류가 흐르게 되는데 이를 암전류(dark current)라 하며 수광소자에서 주된 잡음의 요인이 된다.

암전류는 열적으로 생성된 자유캐리어에 의해 발생하고 역방향에서만 발생하므로 **열적 역방향 누설전류**(thermal reverse leakage current)라 하며, 실온(대략 25℃)에서 10℃ 상승시 2배 정도의 크기까지 발생하기도 한다. 검출된 신호가 암전류보다 작게 되면 검출된 신호를 방해하기 때문에 포토다이오드를 이용한 수신기 설계시 고려하여야 한다.

(2) 포토다이오드의 종류와 응용분야

광검출기는 그 응용범위만큼이나 많은 종류가 있으며, 이용하고자 하는 응용범위에 따라 선택적으로 이용된다. 〈표 6-2〉에서 포토다이오드의 종류별 특징과 용도를 나타내었다.

반도체를 이용한 **내부 광전효과**로 광을 검출하는 반도체 다이오드와 **외부 광전효과**로 금속표면의 광전자방출을 이용한 광전관, 광전자증배관(PMT) 등이 있다. 외부 광전효과를 이용한 광전관과 광전자증배관들은 광섬유를 시험할 때 많이 이용되지만 그 특성이 약하여 실제 광통신에 사용되기는 어렵다.

〈표 6-2〉 포토다이오드의 종류와 응용분야

종 류	특 성	응용분야
PN 포토다이오드	• 자외선부터 적외선까지 광범위한 파장감도 • 입사량에 대한 선형성 양호 • 응답특성이 PIN 포토다이오드에 비해 화재방지센서가 나쁨	조도계, 카메라 노출계, 오토스토로보의 광센서, 분광광도계
PIN 포토다이오드	• 고속 응답성 • 온도특성이 PN 포토다이오드에 비해 단거리광통신이 나쁨	광통신, 광리모콘, 레이저디스크, 팩시밀리
APD (애벌런치형 포토다이오드)	• 고감도 증폭기능 • 고주파 영역에서 S/N비 양호 • 고속응답	광파이버에 의한 (단 · 중거리용)광통신
PSD (위치센서형 포토다이오드)	• 광 spot 위치검출용 • 입사광조절	메카트로닉스, 광학계
쇼트키 접합형 포토다이오드	단파장에 고감도특성 양호	He-Ne 레이저 분석장치

1) PIN 포토다이오드

*PN*접합 포토다이오드가 광을 받아 광전류를 변환하는 데까지는 **전자-정공 쌍**이라는 과정을 거쳐야 하므로 응답시간의 지연으로 고속 시스템에 적용하기는 어렵다. 또한 포토다이오드의 특성상 넓은 공간전하영역으로 더 많은 광자

를 받아들여 빠른 응답시간을 가질 수 있는데, *PN* 접합 포토다이오드는 공간전하영역의 길이가 바이어스 크기에 제한을 받으므로 전력소모가 크다. 이런 점에서 PIN 포토다이오드(PIN Photo Diode : PIN PD)는 구조상 *PN* 접합 포토다이오드에 비하여 더 우수한 특성을 가진다.

■ **특징** PIN **포토다이오드**의 특징을 살펴보면 *PN* 접합 다이오드는 *P*영역과 *N*영역 사이에 진성 영역(intrinsic region)을 샌드위치 구조로 도핑시켜 역바이어스를 인가하기 전에 미리 공핍층영역을 가진 것과 같이 제작된 소자이다. 그러므로 큰 역바이어스 전류가 필요 없이 충분한 **공간전하영역**의 크기를 갖게 된다.

[그림 6-8]에 PIN 포토다이오드의 구조와 기호를 나타내었다. *PN* 포토다이오드의 광전변환 모드에서는 약 20~40[V] 이상의 역바이어스 전압을 필요로 하지만, 이와 반면에 PIN 포토다이오드는 광전도 모드에서 8~10[V]의 역바이어스로 동작할 수 있는 저전압 동작특성과 고속의 응답성을 갖는다.

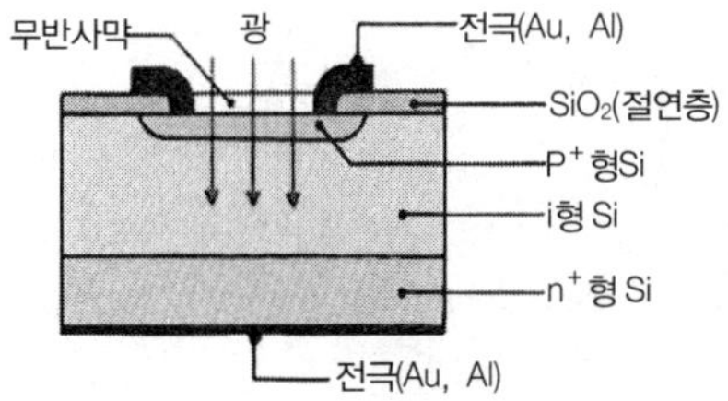

(a) 구 조

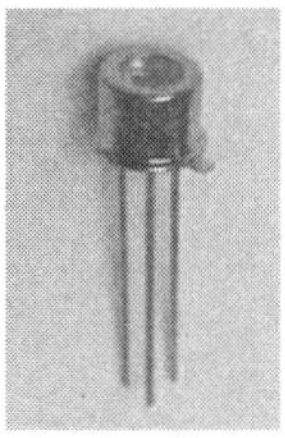

(b) 외 형

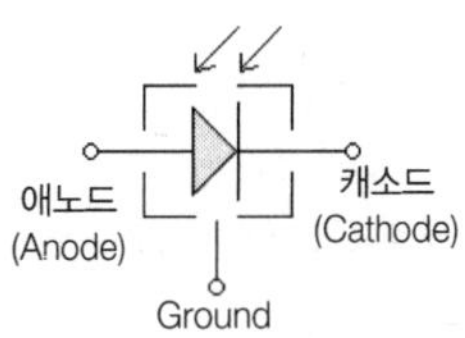

(c) 기 호

[그림 6-8] PIN 포토다이오드의 구조와 기호

■ *V*−*I* **특성** PIN 포토다이오드의 특성은 출력전류가 광전압에 비례하여 나타난다. 암전류값은 1[nA]에서 수백 [nA] 이상이다. Si 포토다이오드보다 InGaAs 포토다이오드의 암전류가 크며, Ge 포토다이오드가 가장 큰 **암전류값**을 갖는다.

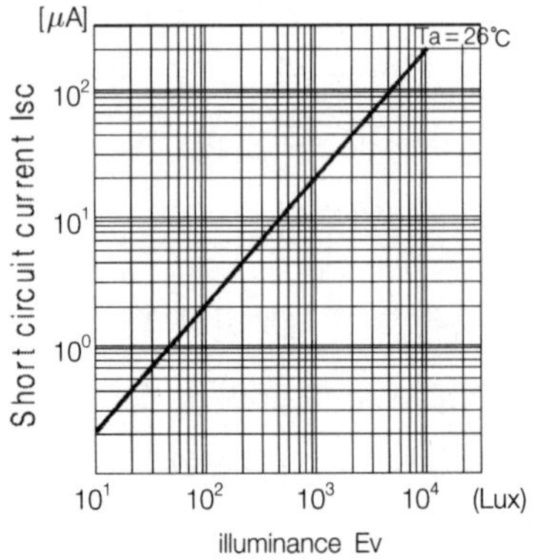

[그림 6-9] 전류-전압특성

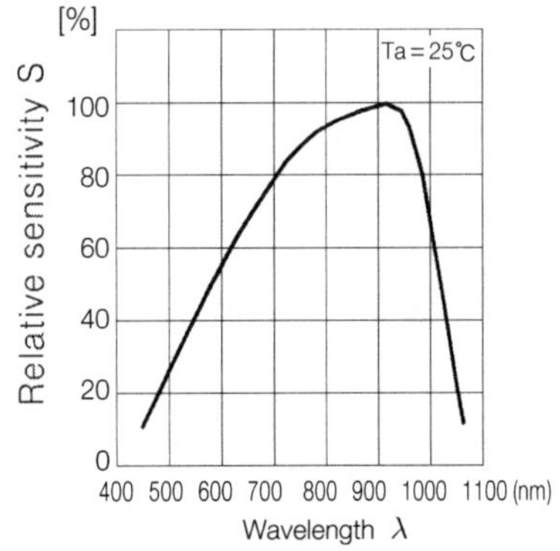

[그림 6-10] 파장대별 감도특성

[그림 6-9]는 PIN 포토다이오드의 $V-I$ 특성을, [그림 6-10]은 파장대별 감도특성을 나타내었다. 또 [그림 6-11]은 PIN 포토다이오드의 지향특성을 나타낸 것이다.

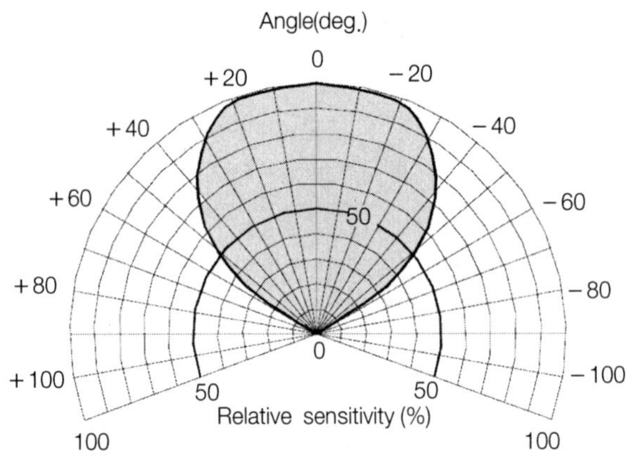

[그림 6-11] PIN 포토다이오드의 지향특성

■ **응답도** PIN 포토다이오드는 빠른 응답속도(상승시간)을 가지며 약 0.5[ns]로 100[ps] 이하의 상승시간을 가진다. 현재 광통신 시스템에서의 광전소자로 가장 널리 이용되고 있는 PIN 포토다이오드의 사용재료인 InGaAs는 1.0~1.6[μm]에서 높은 응답도(Responsivity : R)를 갖는다. PIN 포토다이오드는 응답속도가 빨라 초고속 광통신용 수광소자 및 고속 광센서로 이용되고 있다.

2) 애벌런치형 포토다이오드

애벌런치형 포토다이오드(Avalanche Photo Diode : APD)는 반도체 수광소자 중에서 가장 감도가 높고 주파수특성도 우수하다. APD는 *PN* 접합 또는 PIN 접합에 역바이어스를 충분히 인가해서 공간전하영역, 즉 공핍층을 넓혀 그 층에서 전자-정공쌍(EHP)을 발생시킨다. 공핍층의 고전계에 의해서 캐리어가 가속되며 원자판에 충돌에 의해 새로운 전자-정공쌍이 발생하고 이 현상이 눈사태처럼 일어나 전류증배가 행해진다. [그림 6-12]는 InGaAsP APD의 구조이다.

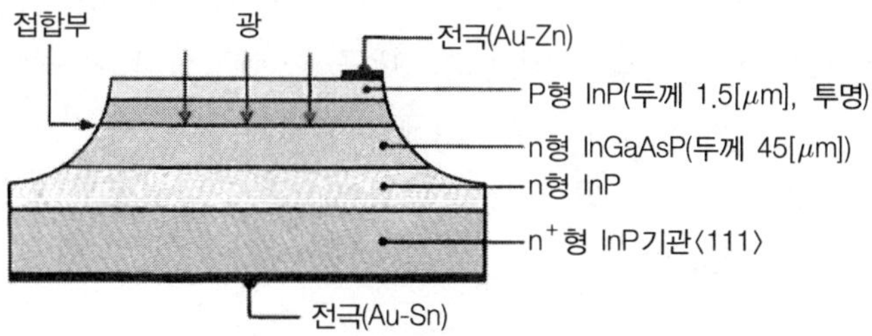

[그림 6-12] 애벌런치형 포토다이오드의 구조

APD는 광전자증배관보다 동작전압이 낮고 트랜지스터 회로와도 잘 결합되어 사용하기 쉽다. 또한 강한 빛에도 열화되고 않고, 100[GHz] 이상의 이득을 얻을 수 있는 Si APD가 보급되고 있다. APD는 응답속도가 매우 빨라 초고속 장거리 광통신용 수광소자로서 고감도 광센서로 사용된다.

6-3 포토트랜지스터

(1) 포토트랜지스터의 특성

PN 접합부에 빛을 쪼이면 빛 에너지에 의하여 생긴 전자와 정공이 외부회로로 출력된다. 입사광에 의해 전자와 정공이 생기면 역전류가 증가하며, 입사광에 대응하는 출력전류가 얻어지는데 이것을 **광전류**라 한다.

포토트랜지스터(Photo Transistor : PT)는 *PN* 접합의 **2극 소자**인 것과 NPN 접합의 **3극 소자**인 것이 있는데, 최근의 포토트랜지스터는 증폭작용이 있는 *NPN* 접합이 주로 사용되고 있다. 또 포토트랜지스터에는 실리콘과 게르마늄이 있으나, 감도, 온도특성 등을 고려해서 실리콘 포토트랜지스터가 많이 쓰인다.

빛의 유무를 감지하여 광강도를 전류로 변환하는 고감도 NPN형 트랜지스터 소자로써 트랜지스터의 베이스에 포토다이오드를 역방향으로 접속한 것으로 회로 구성이 비교적 간단하고 출력전류도 크기 때문에 저주파의 광센서 회로에 이용되고 있다. 포토트랜지스터의 기본특성을 요약 설명하면

- 광전류 증폭률이 크다.
- 포토트랜지스터의 수광감도는 보통 500~600[nm]가 사용범위이지만 파장이 약 800[nm] 부근에서 가장 좋은 효율성을 갖는다.
- PD에 비해 광출력전류가 크고 전기적 잡음이 적으며 송수신시 S/N비가 좋다.
- 암전류가 적고 소형이며, 내구성 · 안정성 등이 좋아서 신뢰성이 높다.
- 광스위치 단거리 통신기에 이용된다.
- BJT와 포토다알링턴(photo-darlington) 회로에서 온도상승시 온도보상회로가 필요없다.

(2) 포토트랜지스터의 구조

포토트랜지스터(photo transistor)는 PN접합의 조사되는 입사광에 의한 광전류를 이용한 것이다. 종류에는 PN접합을 이용한 것, NPN 또는 PNP 접합을 이용한 두 가지 종류가 있다. 보통의 트랜지스터와 다를 것이 없으나, [그림 6-13]에 나타낸 것과 같이 베이스 리드가 없으며, 이미터와 컬렉터의 두 단자로 되어 있는 것이 특징이다.

NPN형 실리콘 포토트랜지스터의 구조를 보였다. 보통의 트랜지스터인 경우에는 베이스 전극이 필요하지만, 포토트랜지스터인 경우에는 빛이 베이스 전류를 대신하기 때문에 전극이 없는 것이 많다.

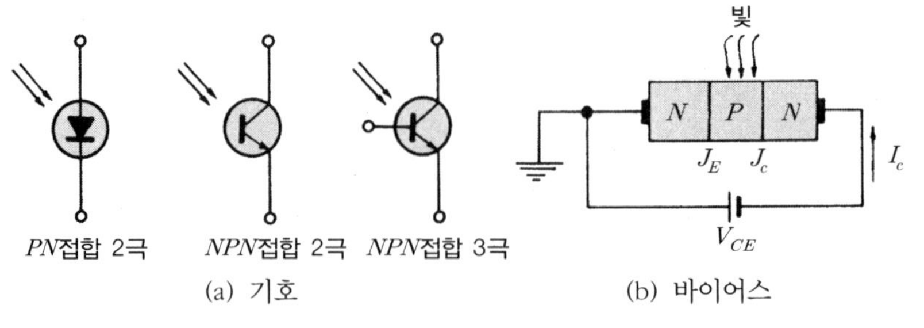

[그림 6-13] 포토 트랜지스터

(3) 포토트랜지스터의 동작과 응용

단일의 PN 접합에 의한 2극 소자에서는 포토다이오드라고 하는 것이 옳은 것 같으나 입사광의 작용을 고려하여 포토트랜지스터라고 한다.

트랜지스터의 EB 접합부에 빛을 비추면 베이스에 여분으로 광생성된 다수 캐리어가 베이스로 축적되어 마치 이미터에 순방향전압을 인가한 것과 같은 동작을 한다.

다시 설명하면 EB접합에 빛을 조사하고 $E-C$에 전압을 인가하면 컬렉터 접합에 빛에너지가 집중하게 되어 EB접합 J_E 는 순바이어스 동작(베이스 개방 상태에서)을 하고 CB 접합 J_C 는 역바이어스로 된다. 포토다이오드의 역바이어스 특성과 같다. 트랜지스터가 활성영역에서 동작하므로 먼저 빛의 여진이 없으면 소수 캐리어인 전자는 베이스에서 컬렉터로, 또 정공은 컬렉터에서 베이스로 흘러 들어가서 역포화전류 I_{Co}를 형성하게 된다. 이 경우 $I_B=0$이므로 컬렉터 전류 IC는 다음과 같다.

$$\left.\begin{aligned} I_C &= (1+\beta)I_{Co} + I_B \\ I_C &\fallingdotseq (1+\beta)I_{Co} \end{aligned}\right\} \tag{6-6}$$

이 상태에서 더 많은 양의 빛이 조사되면 빛에너지에 의해서 소수 캐리어는 더욱 증가되고 역포화전류 I_{Co}와 합해서 흐르게 된다. 빛에 의해서 생성된 역포화전류를 I_L이라 할 때 컬렉터 전류는 다음과 같이 나타낼 수 있다.

$$I_C = (1+\beta)(I_{Co} + I_L) \tag{6-7}$$

가 된다. 이 식 (6-7)이 갖는 의미는 빛에 의하여 증가된 전류는 트랜지스터의 증폭작용으로 인해서 $(1+\beta)$배가 된다는 것이다.

[그림 6-14]에 포토트랜지스터의 특성 및 파장감도의 특성을 나타내었다.

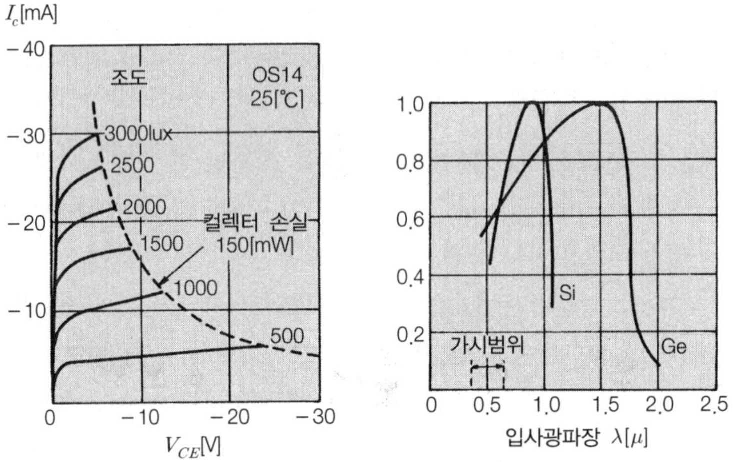

(a) 포토트랜지스터의 특성 (b) 포토트랜지스터의 파장감도특성

[그림 6-14] 포토트랜지스터의 특성 및 파장감도의 특성

■ **응용부분** 포토트랜지스터는 외형 자체를 아주 소형화할 수 있으며, 아주 좁은 장소에 여러 개를 놓을 때에 편리하고, 펀치카드의 판독, 천공테이프 등에 특히 적합하다.

[그림 6-14]와 같이 파장감도의 특성이 가시광선영역보다도 적외선영역으로 퍼져 있기 때문에 적외선경보기, 적외선검출기, 적외선통신 등에 이용된다. 단일 PN 접합에 2극 포토다이오드에서는 입사광 500[lux]에 대해서 출력전류 30[μA] 정도의 감도를 갖지만 PNP 또는 NPN 구조로 된 포토트랜지스터에서는 증폭작용이 가해지기 때문에 500[lux]에 대해 2~4[mA] 정도의 출력전류를 얻는다. 이것들은 모두 외형이 소형이고, 수광면적도 작기 때문에 직접 계전기를 동작시킬 정도로 큰 출력전류를 얻기는 힘들다.

그러나 다알링턴(darlington) 접속으로 2~3단 직결로 트랜지스터의 칩(chip)을 이용하면 수십[mA]의 출력전류를 얻을 수 있으므로 외부에서 증폭기를 연결하지 않아도 직접적으로 계전기를 접속할 수 있다. 응용한 예를 들어보면 자동차 헤드라이트 전환장치, 가로등 자동점멸장치, 자동개폐장치, 위험방지장치 등에 쓰인다.

(4) 포토트랜지스터의 구동회로

포토트랜지스터를 효과적으로 사용하기 위한 기본회로를 [그림 6-15]에 나타내었다.

① [그림 6-15](a)는 이미터 출력회로로서 포토트랜지스터의 이미터측에 부하저항을 접속해서 이미터에서 그 출력을 얻는 방식이다. 이 회로의 특징은 출력신호가 입사광과 같은 위상이라는 것과 다음 단에 NPN형 트랜지스터를 접속하기 쉽다는 것과 펄스광 검출에 알맞다는 장점이 있으며, 단점으로는 **출력신호**가 작다는 점이다.

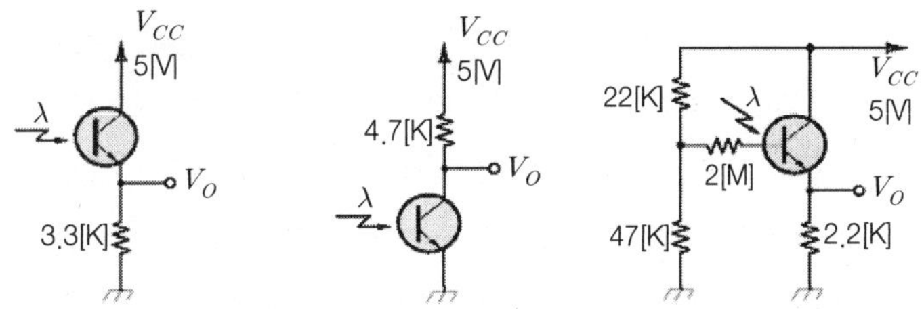

(a) 이미터 출력회로 (b) 컬렉터 출력회로 (c) 온도보상회로

[그림 6-15] 포토트랜지스터의 구동회로

② [그림 6-15](b)는 컬렉터 출력회로로서 포토트랜지스터의 컬렉터측에 부항저항을 접속해서 컬렉터에서 그 출력을 얻는 방식이다. 이 회로의 특징은 출력신호를 $V_{CE(\mathrm{SAT})}$까지 그 출력전압을 이용할 수 있고, 펄스광 검출에 알맞다는 장점이 있으며, 출력신호가 입사광과 역위상으로 되기 때문에 그에 대한 충분한 검토가 요구된다.

③ [그림 6-15](c)는 암전류(역포화전류) 보상형 회로라고도 하는데 이것은 베이스 단자가 붙어 있는 포토트랜지스터에 많이 이용되고 있는 온도보상회로이다. 이 회로는 온도보상법의 여러 가지 방법 중 브리더 방식의 회로로서 직류 동작점의 열적 안정성이 양호하고, 아날로그광의 측광에 적합하며, 베이스 전류에 의해 **역포화 전류**를 감소할 수 있는 장점이 있다.

■ **포토트랜지스터의 응용회로**

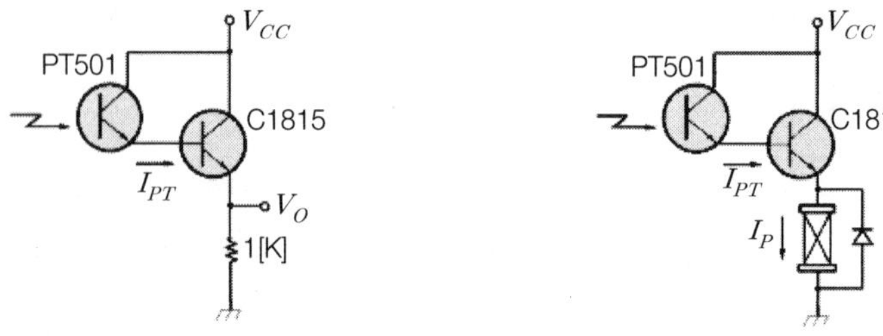

(a) 이미터 출력 포토달링턴 회로 (b) 소형 릴레이를 직접 구동회로

[그림 6-16] 트랜지스터와의 조합회로

[그림 6-16](a)는 이미터 출력형식의 **포토달링턴** 회로이다. 여기에서는 포토 트랜지스터의 이미터에 또 다른 NPN형 트랜지스터를 접속하여 그 이미터에 부하저항을 접속하고 전체를 이미터 플로워 형식의 회로이다. 이 회로의 특징은 매우 큰 광전류를 얻을 수 있기 때문에 [그림 6-16](b)와 같이 10[mA] 정도의 소형 릴레이를 직접 구동할 수 있는 장점이 있다.

6-4 광복합소자

광복합소자는 **발광소자**와 **수광소자**를 조합하여 활용목적에 따라 광학적으로 용기에 장착한 소자로 기능에 따라 **포토커플러**와 **포토센서**로 나뉘고, 투과형과 반사형이 있다.

(1) 포토커플러

포토커플러(photo coupler)는 포토아이솔레이터(photo isolator)라고도 하며, [그림 6-17]과 같이 발광부인 LED와 수광부인 포토트랜지스터가 대칭으로 배치한 일체화된 구조로서 광로가 패키지 내에서 노출되지 않도록 만든 광소자로서 가전기기, 자동차 제어계측, 사무기기 자동생산기기 등 산업용 기기에 광범위하게 이용되고 있다. 포토커플러의 기본적 특성을 요약 설명하면,

- 입출력측이 전기적으로 절연되어 있으며, 절연저항은 10^{11}~10^{13}[Ω] 정도로 매우 높고, 결합용량은 0.5~2[pF] 정도의 작은 값을 갖는다.

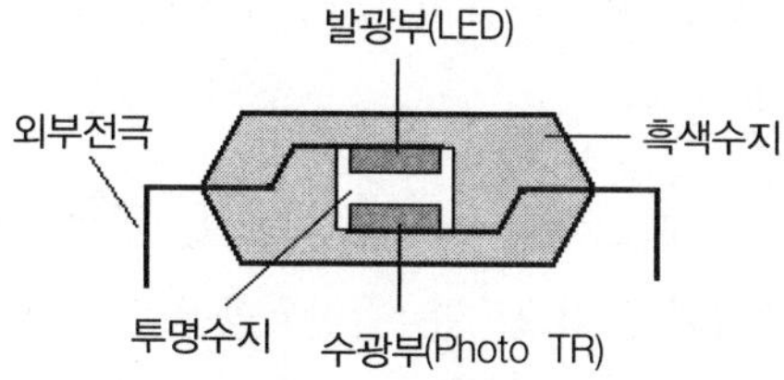

[그림 6-17] 포토커플러의 구조

- 신호의 전달방향은 한방향이며, 응답속도가 매우 빠르다.
- 수명이 길고 신뢰성이 높다.
- 다른 반도체 소자와 구동전원을 함께 쓸 수 있다.
- 구조가 간단하고 낮은 비용으로 대량 생산할 수 있다.

■ 포토커플러의 특성

- **절연내압(V_{iso})** : DIP Type의 경우 전위가 다른 회로간의 신호전달, 노이즈 차단 등에 사용하는 일이 많기 때문에 내부 · 외부전위 내 노이즈 성능이 대단히 중요하다. 이러한 이유로 입출력 간 절연내압은 포토커플러의 중요한 특성이다. 일단, 절연파괴가 일어나면 소자의 파괴, 나아가 시스템 전체에 오동작을 일으킨다. 높은 전위차가 발생할 때는 그 전위차에 충분히 여유를 주어 내압이 큰 포토커플러를 선택할 필요가 있다.
- **변환효율** : 변환효율(Current Transfer Ratio : CTR)은 입력(순전류 : I_F)에 대한 출력(컬렉터 전류 : I_C)의 비율로 다음 식으로 표현된다.

$$\mathrm{CTR} = \frac{I_C}{I_F} \times 100[\%] \tag{6-8}$$

CTR은 I_F조건에 의존하지만 그 분포는 일반적으로 트랜지스터 출력으로 50~300[%]로 되어 있다. 고변환효율이 요구되는 경우는 포토달링턴 출력의 포토커플러가 있지만, 이 경우 응답속도가 늦어진다. 포토커플러는 연속해서 장시간 사용하면 발광출력이 저하할 경우가 있으므로 설계 후 CTR은 30[%] 이상의 여유를 줄 필요가 있다.

CTR은 출력전류와 LED에 입력되는 순방향전류의 비교값으로서 일반적으로 단일 포토트랜지스터형 포토커플러의 경우, CTR은 약 50~600[%]이고, 광다이오드 포토커플러는 10[%] 이상이다. 증폭특성이 큰 달링턴형은 1000[%] 이상이다.

■ **응답특성** 포토커플러의 응답속도는 주로 출력측의 소자에 따라 결정된다. 포토달링턴 출력으로는 변환효율은 크지만 반면 응답속도가 늦어진다. 한편 PIN 포토다이오드로 수광하면 응답속도는 빨라지지만 변환효율은 떨어진다. 또 응답시간은 입력순전류(IF)와 부하저항(RL)에 따라 변화한다. 특히 R_L에 대한 의존성이 높기 때문에 회로설계 시에는 유의해야 할 사항이다.

$$t_{\text{off}} \propto C_{cb} \times h_{fe} \times R_L \tag{6-9}$$

여기서 C_{cb}는 컬렉터와 베이스의 전기용량, h_{fe}는 트랜지스터의 전류증폭률, R_L은 부하저항이다. [그림 6-18]에서 포토커플러의 응답특성을 나타내었다.

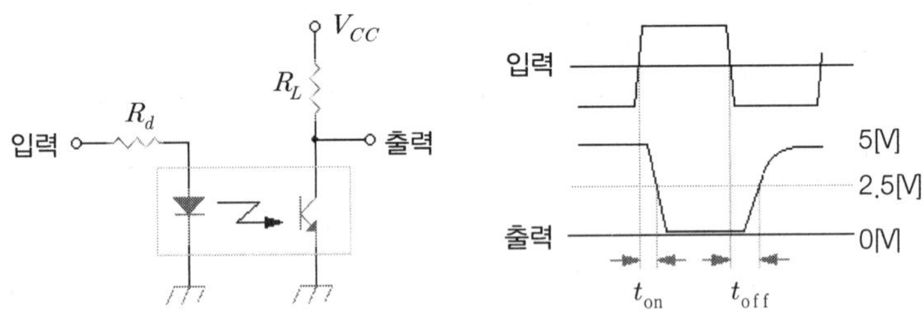

[그림 6-18] 포토커플러의 응답특성

off시간을 개선하기 위해 이미터와 베이스 간에 저항 200[kΩ]을 연결시켜야 하는데 이 회로를 [그림 6-20]에 나타냈다. 이 저항은 방전회로를 제공하여 t_{off}를 20[μs]까지 단축시키는데 베이스의 광전류를 감소하게 하고, CTR이 상대적으로 떨어지므로 사용시 필히 고려해야 할 사항이다.

- 베이스를 사용하지 않을 때는 이미터와 컬렉터만 있는 포토트랜지스터를 사용해도 무방하다.
- R_{be}를 부가한 후의 광전류를 나타낸 것으로 CTR로 하여금 변화를 일으키게 한다.

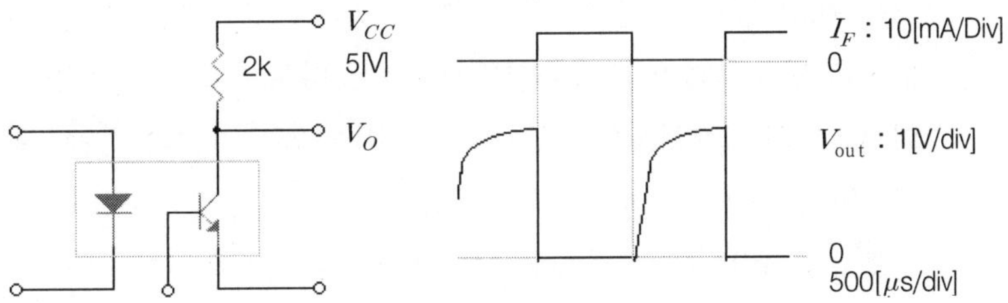

[그림 6-19] 포토커플러의 출력특성(t_{off} : 40[μs])

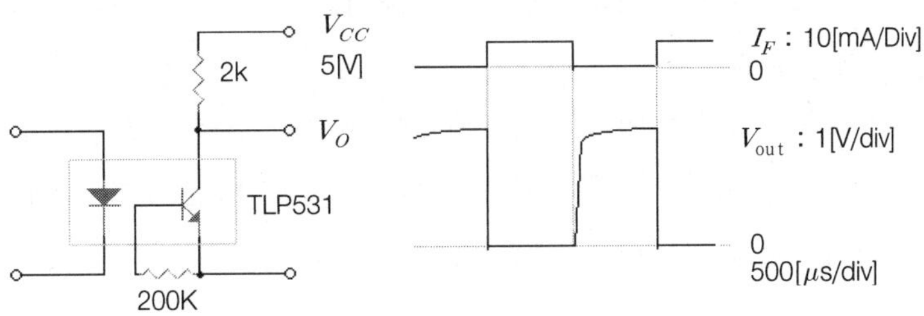

[그림 6-20] off시간을 개선한 포토커플러의 출력특성(t_{off} : 20[μs])

〈표 6-3〉 각종 포토커플러의 특성

분류	구 조	수광소자	전류전환률	응답	비 고
1	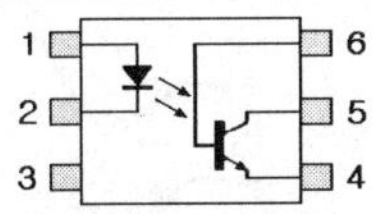	포토트랜지스터	50～600[%]	중속	
	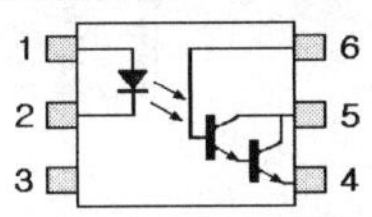	달링턴 포토트랜지스터	500～5000[%]	저속	$V_{ce(SAT)}$ 大 암전류 大
2	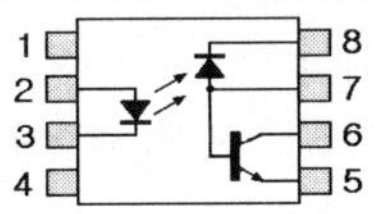	포토다이오드	10~50[%]	고속	
3	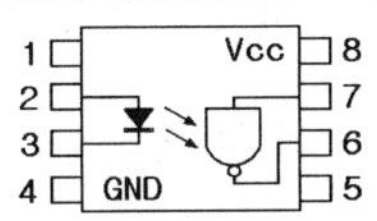	포토 IC	600[%]	고속	

(2) 포토인터럽터

발광소자(Emitter : IRED, LED)와 수광소자(Detector : Photo Transistor, Photo IC)를 하나의 패키지에 조립하여 발광소자의 광을 이용하여 물체의 유무 또는 위치 등을 수광소자에 의해 ON, OFF 스위치 역할을 하는 **결합소자**로써 수명은 반영구적이고 검출정도가 높다. 따라서 포토인터럽터는 주로 회전체의 회전속도의 제어, 계수, 경보장치, 전기장치와 기계의 결합 시스템 등에 이용되며 **포토센서**(photo sensor)라고도 한다.

포토인터럽터는 비접촉으로 물체의 유무 및 위치를 감지할 수 있고 다른 스위치와 비교해 큰 특징을 가지고 있다. 그렇기 때문에 포토인터럽터는 2종류로 대별할 수 있다. 그 하나는 **발광소자**와 **수광소자**를 일정한 간격을 두어 설치하여 그 사이의 공간을 통과하는 물체의 유무와 위치를 감지하는 **투과형 포토인터럽터**이다.

다른 하나는 **반사형 포토센서**라 불리는 것으로 발광소자와 수광소자를 평면상 또는 어떤 각도를 두어 발광소자로부터 나온 빛을 물체에 반사시켜 그 **반사광**을 **수광소자**에서 검출한다.

1) 포토인터럽터의 구조

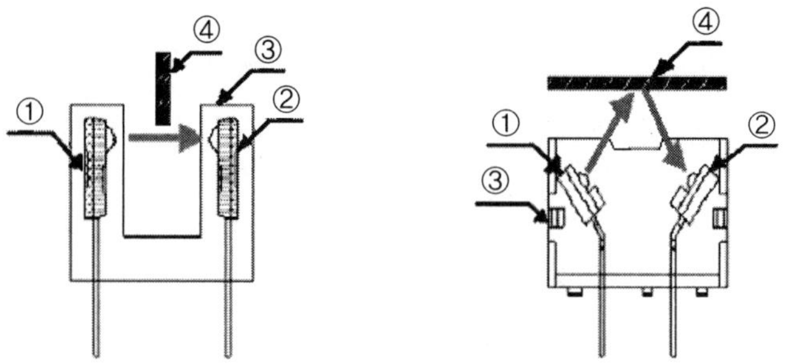

① 발광소자(emitter) ② 수광소자(detector)
③ 외형(package) ④ 검출물체(object)

(a) 투과형 포토인터럽터 (b) 반사형 포토인터럽터

[그림 6-21] 포토인터럽터의 구조

포토인터럽터의 구조는 [그림 6-21]과 같고, [그림 6-22]와 같이 크게 2종류로 구분하며, 발광소자와 수광소자를 일정한 간격을 두고 마주보게 하여 하나의 패키지 안에 고정시켜 그 사이의 물체의 유무와 위치를 감지하는 **투과형 포토인터럽터**와 발광소자와 수광소자를 평면상 또는 어떤 각도를 두어 동일한 방향으로 배치하여 하나의 패키지 안에 고정시켜 발광소자로부터 나온 광을 물체에

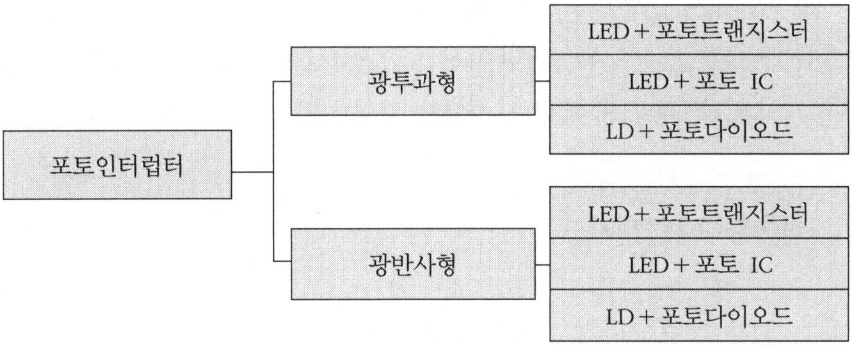

[그림 6-22] 포토인터럽터 분류

반사시켜 그 반사광을 수광소자에서 검출하는 **반사형 포토인터럽터**가 있다.

- **투과형 포토인터럽터** 발광측에 GaAs 적외 발광다이오드를 사용하고, 수광측에 실리콘 포토트랜지스터를 사용한다. 검출정도를 높이기 위해 케이스의 수광, 발광의 창에 슬릿를 두었다. 슬릿, 검출 캡 및 홀더 구조는 사용목적에 따라 다르게 정해지는데 사용환경에 대응해 연기, 먼지 등이 많은 곳에서는 우수한 검출정도를 확보하기 위해 독자적인 프리즘 슬릿 구조를 갖는 방진 타입이 있다.

- **반사형 포토인터럽터** 발광측에 GaAs 적외 발광다이오드를, 수광측에 실리콘 포토트랜지스터를 사용한다. 가시광 커트필터를 채용해 외란 광의 영향을 받지 않도록 하였다.

2) 포토인터럽터 기본특성

- 입 · 출력 사이는 전기적으로 절연되어 있기 때문에 전원전압, 바이어스 전위 등은 서로 관계가 없다.
- 빛에 의한 단일 지향성이므로 출력에서 입력으로 정보전달이 되지 않는다.
- 입 · 출력 임피던스를 독립적으로 설정할 수가 있다.
- 임피던스가 크게 다른 인터페이스 회로간의 신호전달에도 매우 좋다.
- 응답속도(0.1～20[nm])가 빠르며 소형경량이다.
- 검출거리가 길다(반사형 : 0.5[mm], 투과형 : 0~1[km] 정도).
- 검출정밀도가 높다(광전스위치 : 0.1[mm], 이미지센서 : 수[μm]).

- 자기 및 진동의 영향을 받지 않는다.
- 단점으로는 렌즈면의 물이나 기름기도 검출하며, 10만[lx] 이상이나 특수한 조건에서 외란 광에 주의할 필요가 있다.

6-5 태양전지

(1) 태양전지의 원리와 구조

수광용 반도체의 빛이 조사되면 빛에너지에 의하여 전자-정공쌍(EHP)이 발생하고, 전계에 의해서 전자는 N형쪽으로 정공은 P형쪽으로 이동하는데 이 원리를 이용하여 태양전지가 1960년에 벨연구소에서 개발되었다.

태양전지(cells)는 **광에너지를 전기에너지**로 변환하는 일종의 수광소자이며, 그 구조는 실리콘 반도체 PN 접합에 광검지 기능을 부가한 포토다이오드이다. 단, 태양전지는 그 성질상 출력에너지를 우선으로 하기 때문에 포토다이오드와는 차이점이 많다.

- **구조** Se 대신에 Si의 P형, N형 반도체를 이용하면 광전변환효율이 양호하고 전기에너지가 큰 전원으로 이용할 수 있다. 이 태양전지는 광전지의 일종으로 태양의 빛이나 강도가 높은 빛에 의하여 광기전력을 전원으로 이용하는 전지이다.

  [그림 6-23]과 같이 N형 Si판의 표면에 불순물로써 붕소를 확산해서 만든 Si의 PN 접합이 사용된다. Si판의 두께는 약 0.5[mm] 정도이고, 붕소(B)가 침투된 확산층은 P형층이 된다. 따라서, 두께가 아주 얇은 P형 확산층에 빛이 조사되면 대전된 (+), (−)전극 사이에서 기전력이 발생한다.

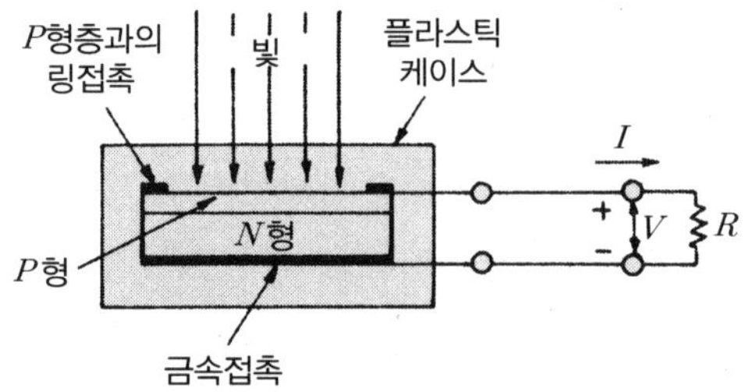

[그림 6-23] Si 태양전지의 구조

[그림 6-23]에서와 같이 태양전지는 단결정인 Si 결정이 주된 재료이지만 비정형 아몰퍼스 태양전지도 많이 사용된다. 태양전지의 표면은 이산화규소(SiO_2) 등과 같은 투명반사방지막을 입혀 입사광의 반사를 방지하는 방법으로 입사광의 손실을 막도록 되어 있다. PN 접합의 두께는 0.5~1[μm] 정도로 매우 얇으며 이는 **광전변환효율**을 높이기 위한 것이다.

- 수광면으로 입사된 빛은 Si 속으로 들어와 그 에너지로써 전자-정공쌍을 만들어낸다. 이어 빛에 의해 만들어진 전자와 정공은 Si속을 움직여 전위의 기울기가 존재하는 PN 접합부에 도달하게 되며, 전계에 의해 전자는 P쪽으로, 정공은 N쪽으로 붙는다. 결국 N형이 (−)로, P형이 (+)로 대전되면서 전압이 생성된다.
- 태양전지는 빛이 강할수록 높은 전압을 발생시키며, 빛의 파장(주파수)에 따라 반응하는 정도가 다르며, 태양전지의 스펙트럼 현상에서 설명하기로 한다.
- 태양전지는 정전류 발생원에 다이오드 정류기가 병렬로 접속되어 있는 형태의 등가회로로 표현할 수 있다.

■ **동작특성** [그림 6-24]에 Si 광전지의 특성을 나타내었다. 보통 소자 1개의 출력전압(개방전압)은 0.4~0.5[V] 정도이며, 단락전류는 10[cm^2]당 25[mA] 정도이고, 취할 수 있는 전력은 10[mW] 정도이다. 따라서, 실제 응용시에는 소자 여러 개를 직병렬로 접속해서 적당한 전압, 전류를 얻는다.

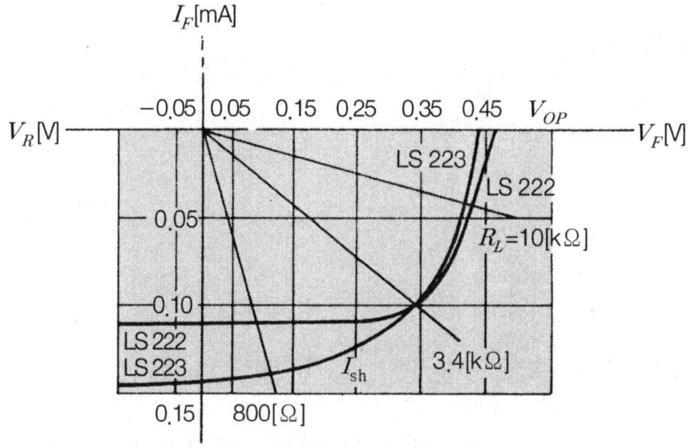

(Texas instruments Inc.)의 특성

[그림 6-24] Si 태양전지 LS222, LS223

[그림 6-23]에서 부하저항 R를 접속하고 세기가 500[fe]인 빛을 조사할 때 R에 흐르는 전류, 전압을 측정하면 다음과 같은 특성이 얻어진다.

- $R=800[\Omega]$일 때 $V=0.12[V]$, $I=0.14[mA]$이므로 부하에 공급된 전력

  $P_{800}=VI=0.12\times0.14=0.0168[mW]$

  가 된다. $R=0$일 때의 출력전류 I_{sh}를 단락출력전류, $R=\infty$일 때의 출력전압 V_{OP}를 개방출력전압이라 한다. 여기서 I_{sh}와 V_{OP}는 **광전지**의 기본적인 성능을 나타내는 기본적인 파라미터이다.
- **공급전력**을 최대로 하기 위해서 $R=3.4[k\Omega]$으로 선택해서 전력을 구하면

  $P_{3.4k}=0.35\times0.1=35[\mu W]$

  가 된다. 태양전지는 일광이 조사되고 있을 때만 전원으로 작동하므로 반드시 적당한 2차전지와 여러 개를 조합해서 큰 출력을 얻어서 사용해야 한다.

  예를들면 무인등대용의 전원으로 200[W] 이상의 출력이 실용화되고 있다. 이밖에도 태양전지는 무인중계소, 인공위성에 싣는 무선기기의 전원으로 이용되고 있다. 참고적으로 Si 태양전지의 이론적인 $I-V$ 특성식은 다음과 같다.

  $$I=I_{sh}-I_0\left(e^{qV/kT}-1\right) \tag{6-10}$$

  여기서 I_{sh}는 단락출력전류, I_0는 PN 전압의 역포화전류이다. 이 식에서 $I=0$으로 놓으면 개방출력전압 V_{OP}를 구할 수 있다.

  $$V_{OP}=\frac{kT}{q}l\left(\frac{I_{sh}}{I_0}+1\right) \tag{6-11}$$

(2) 태양전지의 재료에 따른 분류와 특성

태양전지는 내구성, 분광감도특성 · 신뢰성 등 태양광 발전용 소자로서 우수한 에너지원이지만 발전에너지가 일조시간, 조사강도에 크게 좌우되는 단점이

있다. 이 때문에 여러 가지 전기제품에 배터리 등과 함께 사용하면 안정한 전기공급을 받을 수 있다.

1) 결정질 실리콘 태양전지

결정질 실리콘 태양전지(crystalline silicon cells)는 크게 단결정 형태와 다결정 형태의 재료로 구분되며 기본적으로 PN 동종접합으로 태양전지에 사용된다.

단결정은 순도가 높고 결정결함밀도가 낮은 고품위의 재료로서 반영구적 수명으로 신뢰성이 높고 분광감도는 800~900[μm]로 긴 파장으로 적색 감도가 매우 양호하다. 또한 광전변환효율은 16[%] 이상으로 높지만 가격이 비싼 것이 단점이다. 다결정 재료는 상대적으로 저급한 재료를 저렴한 공정으로 처리하여 상용화가 가능한 정도의 효율의 전지를 낮은 비용으로 생산하려는 의도로 사용된다.

단결정 실리콘을 사용한 전지는 집광장치를 사용하지 않은 경우 광전변환효율이 약 24[%] 정도이며 집광장치를 사용한 전지는 28[%] 이상으로 발표되었다. 다결정 실리콘 전지는 약 18[%] 효율이 발표되었는데, 효율의 도달한계치는 단결정이 35[%], 다결정이 19[%] 정도인 것으로 알려져 있다.

2) 비정질 실리콘 태양전지

Thin-Film Silicon cell이라고도 하는 비정질(유리) 실리콘 태양전지(amorphous silicon cells)는 가장 상업적으로 성공한 최초의 박막 형태의 태양전지이다. 그러나 이 태양전지는 예상되어 왔던 만큼의 효율은 현재 보이지 않고 있다. 그 이유는 빛을 받을 때 비정질 실리콘이 상당히 성능이 저하되기 때문이다.

빛을 조사할 때 발생하는 성능저하는 약 20[%] 정도로 제한될 수 있다. 따라서 재료의 가공기술과 태양전지의 디자인을 얼마나 발전시키는가가 비정질 실리콘의 효율을 안정화시키는 관건이 된다.

다중접합(여러 층으로 붙임)을 이용하는 방식과 빛을 잡아두는 방식은 안정된 효율의 태양전지를 제작하게 할 수 있다. 현재 이런 방법으로 비정질 실리콘 태양전지의 효율은 약 12[%] 이상 그리고 모듈(개개의 태양전지가 모여 커다란 패널처럼 만든 것)로서는 10[%] 이상의 **고효율**을 기록하고 있다.

(3) 태양전지의 종류

1) $CuInSe_2$ 태양전지

다결정 박막 $CuInSe_2$(CIS) 전지는 PN 이종접합 구조를 기본으로 하며 약 1[eV]의 밴드 갭을 가지고 있고 보통 0.5[V] 이하의 개방전압를 나타낸다.

몰리브덴(Mo)으로 코팅된 유리기판 위에 P형 반도체인 CIS층을 증착하고 그 위에 N형 CdS를 주로 화학적 용액 성장법으로 입히고, 투명전극층인 ZnO (징크 옥사이드)를 스퍼터링법으로 증착한 후 **금속전극**을 입힌다. 이미 11[%]의 효율이 기록된 바 있으며 실험실에서는 17[%]를 상회하는 효율이 재현성 있게 기록되고 있다.

최근의 경향은 개방전압을 증가시키기 위하여 갈륨 등의 원소를 합금시켜 물성 및 전지효율에 대한 영향을 조사하는 것이다.

2) GaAs 태양전지

태양전지 재료 중에서 가장 높은 효율을 달성하였고 현재 인공위성 등에 이용되며 우주용으로 상용화에 성공한 재료이다. GaAs는 최적의 밴드 갭(1.45[eV]) 및 높은 **광흡수계수**와 가장 높은 **이론 효율치**(39[%]) 등의 장점과 In, Al 등과 쉽게 합금을 형성하여 밴드 갭을 조절할 수 있다는 특성을 지녔다.

현재 단일접합으로 28.7[%]이 기록이며, GaAs/GaSb 중첩전지로는 34.2[%]가 기록이다. 단점은 재료의 가격이 매우 높아 상용화가 어렵고 As의 유해성이 지적되고 있다.

3) CdTe 태양전지

CdTe는 밴드 갭이 1.45eV로서 이론적으로 이상적인 값을 갖고 있으며 전기적 및 광학적 특성이 태양전지재료로서 적합한 것으로 알려져 있으나, 무엇보다도 중요한 성질은 물질의 합성이 쉽다는 점이다. 현재까지 다양한 방법, 즉 근접승화법, 진공증착법, 전착법 등의 방법이 사용되어 10[%] 이상의 효율이 입증되었다.

(a) 비정질 실리콘 태양전지

(b) 화합물반도체 태양전지

(c) 단결정 실리콘 태양전지

(d) 다결정 실리콘 태양전지

[그림 6-25] 태양전지의 종류

4) 태양전지의 스펙트럼 특성

[그림 6-26]에 전압-빛의 강도특성과 [그림 6-27]에 스펙트럼 특성을 나타내었다.

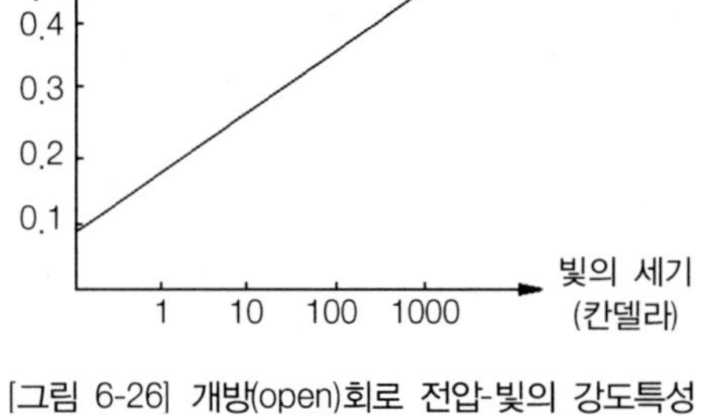

[그림 6-26] 개방(open)회로 전압-빛의 강도특성

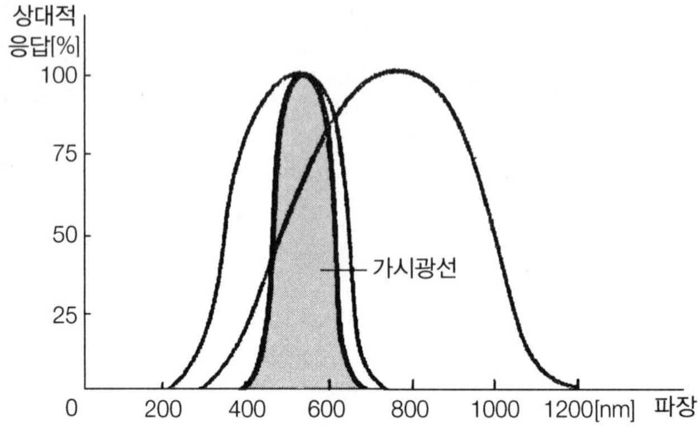

[그림 6-27] 스펙트럼 특성

〈표 6-4〉에서 여러 가지 태양전지의 정격을 나타내고, [그림 6-28]에 태양전지 모듈을 이용한 NiCads 전지 충전회로를 나타냈다.

〈표 6-4〉 태양전지의 정격

Type	Dimension		V_{op}	I_{op}	V_{oc}	I_{sc}	Thickness	용도
	L[mm]	W[mm]	[V]	[uA]	[V]	[uA]	[mm]	
SS-1807	18.2	7.0	1.5	2.0	2.0	3.0	1.1	실내용 200Lux 이하
SS-1910	19.0	10.0	1.5	4,0	2.0	4.8	1.1	
SS-1919	19.6	19.6	1.5	8.0	2.0	9.6	1.1	
SS-2510	25.0	10.0	1.5	6.0	2.0	7.2	1.1	
SC-12439	124.5	39.3	15	12	18	15	2.0	실외용 AM 1.5 Lux 이하
SC-14573	145.0	72.5	15.5	24.0	22.0	34.0	2.0	
SP-0506	50.0	60.0	2.0	48.0	3.2	60.0	2.35	
SM-3030-A	310.0	310.0	14.5	290.0	22.0	360.0	7.0	

V_{op} : 동작전압　　I_{op} : 동작전류

V_{oc} : Open Circuit Voltage　　I_{sc} : Short Circuit Current

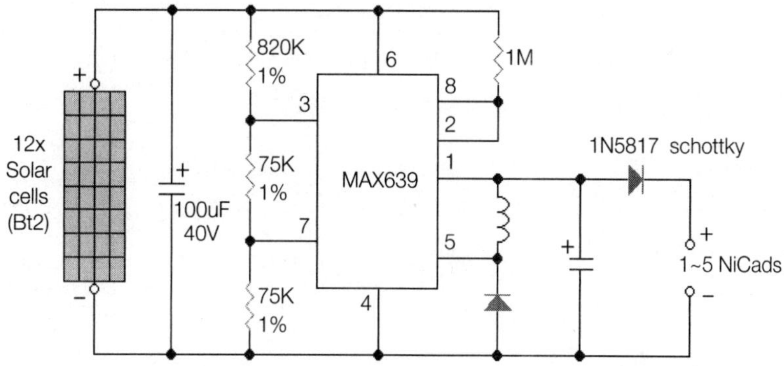

[그림 6-28] 태양전지 모듈을 이용한 NiCads 전지 충전회로

제7장

광통신

7-1 광통신의 발달과 특성
7-2 광통신 시스템
7-3 광통신 시스템의 구현과 응용
7-4 광케이블 TV
7-5 광전응용기술의 분류

레이저의 실용화와 함께 광섬유라는 전송매체를 이용하는 광통신 시스템은 대용량 네트워크를 전제로 한 광전자산업의 핵심 응용기술이다. 이 장에서는 광통신 시스템의 구성으로부터 신호의 송수신, 광무선 LAN 등의 광전응용기술에 대하여 설명한다.

7-1 광통신의 발달과 특성

광통신기술의 발전은 빛의 독특한 특성을 가진 레이저(Light Amplification by Stimulated Emission of Radiation : LASER)를 이용한 광섬유통신에 이르러 초고속통신망은 물론 화상통신의 이용 등 최첨단 기술로 등장하게 되었다.

광통신은 전기통신에서 사용되고 있는 기존의 전송방식 대신에 광섬유와 레이저를 이용해서 전송방법상의 효율을 획기적으로 향상시킨 것이다.

인터넷의 본격적인 보급이 시작되면서, 과거 전화망 트래픽에서 IP계 데이터 트래픽에 그 주체가 바뀌고 있다. 이러한 데이터 트래픽은 영상계 콘텐츠의 흐름 배신(配信), 동등 계층(Peer-to-Peer : P2P) 통신, 방송 프로그램의 인터넷 배신, 대용량 파일 전송 시스템 등 대용량 네트워크를 전제로 한 응용기술의 실용화가 기대된다.

한편 FTTH, xSDL 등에 의한 접속망 광대역화와 함께 Ethernet/SDH/ATM 등 다양한 인터페이스가 이용되고 있고, 네트워크의 대용량화에 따라 여러 가지 인터페이스 프로토콜에 대해서도 유연하게 대응할 수 있는 시스템 실현이 요구되고 있다.

(1) 광통신의 발달

전기통신의 발달과 더불어 전자파적인 성질을 가진 빛(光)은 높은 주파수특성을 통신에 이용하려는 시도가 계속되어 왔다. 특히 전화를 발명한 벨은 축음기의 진동을 빛으로 변환시켜 수백[m]는 전송시킬 수 있는 포토폰 발명으로부터 시작해서 1960년 휴즈 연구소의 Maiman(미국)에 의하여 레이저가 발견됨으로써 실질적인 광통신시대의 막이 열리게 되었다. 〈표 7-1〉에 광통신 연구개발 과정을 나타내었다.

〈표 7-1〉 광통신 및 관련 분야 연구개발 과정

연 도	연구자(국가)	주요 연구내용
	그리스	유리에서 빛의 도파현상 발견
	베니스	유리섬유로 조화생산
1609	갈릴레오(이)	갈릴레이 망원경
1897	레이리(영)	도파관이론 정립
1899	말코니(이)	무선통신 시작
1910	혼드로스, 데바이(독)	유전체 도파관이론 정립
1930	램(독)	실리카 섬유 실험
1951	힐, 홉킨스, 카파니(영)	광섬유에 의한 영상전송
1958	고우바우(미)	렌즈를 이용한 도파실험
1960	자반(미)	헬륨-네온 레이저 발견
1962	미국	반도체 레이저 발견
1965	미국	CO_2레이저 발견
1966	카오, 호크만(영)	장거리 전송에서 광섬유사용 가능성 제시
1969	우치다(일)	graded형 광섬유개발(200[dB/km])
1970	카프론(미)	저손실 광섬유개발(20[dB/km])
1973	미국	저손실 광섬유제조법(MCVD)
1976	호리구치, 오사나이(일)	저손실 광섬유개발(0.47[dB/km])
1979	미야시타(일)	저손실 광섬유개발(0.2[dB/km])
1980~ 현재		장파장 시스템

■ **우리나라의 광통신역사** 1925년 유선 전송이 3통화로(3채널)로 구성된 나선반송이 미국에서 공급된 이래 1973년 부산-서울-신의주 사이에 6채널 케이블 반송시설이 최초로 설치 운영되었다. 그 후로 12채널 기본인 베이스 밴드그룹 방식인 주파수분할 다중통신방식이 1970년에 동대문과 노량진 사이에, 부산에서는 부산 시외국(위치 : 초량동)-김해간에 일본 생산품인 북미방식인 PCM-24B를 도입해 시설한 것이 최초이며, 시외 중단거리 및 시외전화국간 중계회선용으로 이용되어 왔다. 이 PCM은 전자교환기 도입에 따른 교환기와 상호결합이 용이한 북미방식의 DE-4 PCM, KD-4(T-1방식 : 24채널)을 시설하여 국내 중계회선의 주종을 이루어 사용되다가 1989년 7월부터 유럽방식인 E-1방식(32통화로 : 2.048Mbps)으로 교체되어 사용되었으며, 1980년부터는 해저 동축케이블 반송과 광통신 시스템이 개발되었다.

이와 같이 유선전송시설은 케이블을 이용한 반송장치와 동축반송장치 등 주파수분할 다중통신방식 전송장치, 시분할 다중통신방식인 PCM-24B, DE-4, KD-4, E-1방식 등의 PCM 방식을 사용한 시스템에서 대용량 수용이 가능한 광케이블 통신이 운영되고 있다.

해저케이블 시스템은 최초 1980년 11월 28일 한국(부산)-일본(하마다)간 동축케이블을 이용한 CS-36M-DR(Coaxial cable of submarin 36[MHz] distance with regulator, 2700통화로)이 개통 사용되다가, 1990년 4월 제주-고흥간 해저광케이블 광시스템(SL-280M) 개통, 같은 해 7월 H-J-K(홍콩-일본-한국) 국제 해저광케이블 시스템 개통 이래로 많은 구간(태안, 부산, 거제 등 해저국)에 해저광케이블 시스템이 설치 운용되고 있다.

제주-고흥 해저광시스템은 AT&T가 공급한 SL시스템으로 해저광케이블(6코어)은 총연장 172[km]로 2개의 중계기가 삽입된 280[Mbps] 3개 시스템(국내용 2, 국제용 1)으로 12,096회선을 전송할 수 있다.

H-J-K **국제 해저광케이블 시스템**은 제주 성산포를 출발하여 해중분기장치(BU : Branching Repeater)를 거쳐 총연장 4,587[km](한국구간 성산포-BU간 701[km]) 해저케이블과 70개의 중계기를 사용하였다. 한국(성산포 BU-홍콩구간은 1쌍(송수신 2개심선) 한국(성산포 BU)-일본 구간은 2쌍의 광섬유로 구성되었다. 〈표 7-2〉에 국내에 설치된 해저광시스템을 HJK 시스템과 비교하였다.

〈표 7-2〉 해저광 시스템의 비교

명 칭	제주-고흥 시스템	HJK 시스템(홍콩-일본-한국)
시스템명	SL-280M	SL-280M
용 량	280Mbps×3SYS	280[Mbps]
총거리	172[km]	4,587[km]
건설구간	제주-고흥	홍콩-일본-한국
중계 구간거리	60[km]	66[km]
중계기수	2	70
최대수심	140[m]	6,500[m]
광파장	1.3[μm]	1.3[μm]
발광소자	LD	LD
수광소자	Pin Photo Diode	Pin Photo Diode
설계수명	25년	25년

(2) 광통신의 특성

광통신은 광에 정보를 실어서 **광섬유**라는 전송매체를 이용한다는 측면에서는 기존 유선통신방식과 비슷하지만 주파수가 높은 광을 반송파로 이용하여 신호를 전송하는 점에서는 종래의 무선통신방식과 비슷하다. 광통신은 유·무선통신의 장점을 가지고 있는 것외에도 **광섬유**는 유리를 사용하고 있기 때문에 지구상에 풍부한 모래를 충분히 활용할 수가 있는 이점이 있다.

따라서 유리를 통하여 전송하고 종래의 전자파보다 상당히 높은 주파수를 이동하기 때문에 기존의 통신 시스템과 차별화된다.

- **주파수대역과 저손실성** 광의 주파수대역은 본질적으로 매우 넓고 광범위하다고 할 수 있다. 광통신에 이용되는 파장은 0.8[μm]로부터 1.7[μm]에 이르는데 단일모드에서는 10[GHz · km] 이상으로 이는 176[THz]에서 375[THz]까지의 광대역 특성을 갖는다. 대역폭은 약 200[THz]만큼 된다. 이 대역폭은 전화에서 4[kHz]의 대역폭이 쓰인다고 하면 약 500억 채널에 해당되며, 텔레비전을 사용할 경우 5,000만 채널을 수용할 수 있으나 실제로는 여러 가지 제약 때문에 이 중에 극히 일부분만이 사용되고 있다.

  파장이 0.85[μm]대에서는 2.5[dB/km], 1.3[μm]대에서는 0.5[dB/km], 1.55[μm]대에서는 0.2[dB/km]의 특성을 갖는다. 이러한 이유로 **광섬유**의 전송특성은 PEF 케이블, 동축케이블 또는 도파관에 비하여 손실이 적다. 이와 같은 **저손실특성**은 광대역특성과 더불어 고속의 디지털 신호를 수십[km]로부터 수백[km] 이상에 걸쳐 중계기 없이 충분히 전송할 수 있다. 이것은 지하 맨홀 내에 중계기를 설치하지 않더라도 전화국이나 중계국간에 중계기를 집중 수용이 가능하므로 중계기의 장거리 통신이 가능하다.

  광섬유는 다른 전송매체에 비하여 유리의 직경이 125[μm] 정도로 PVC 피복을 포함하더라도 1[mm]정도로 단면적이 작고 경량이기 때문에 많은 양의 여러 가닥의 광섬유를 수용할 수 있는 장점이 있다. 또한 광통신의 전송 특성인 짧은 파장을 이용하여 동시에 여러 채널을 동시에 전송할 수 있는 **대용량 다중 전송로**를 실현할 수 있다. 또한 온도특성이 좋아서 열에 강하고 화학적 변화에 강하다.

■ **열특성과 전기잡음특성** 광섬유는 도파 구조를 가지고 있으며 외부와 결합되거나 노출되는 일이 없기 때문에 서로간의 누화가 발생되지 않는다. 또한 유리는 절연성이 양호한 절연체이므로 낙뢰 등 외부로부터의 전자유도 현상에 의한 전기잡음발생이 없어 고압송전선, 전철 등에 효율성이 높다.

광섬유의 우수한 절연성 때문에 송수신자 사이의 접지 전위차가 문제되지 않아 많은 장치를 접속하는 데이터 링크에 유리하다.

7-2 광통신 시스템

(1) 시스템의 기본구성

[그림 7-1]에 기본적인 단일 채널(파장) 광섬유통신 시스템의 구성도를 나타내었다.

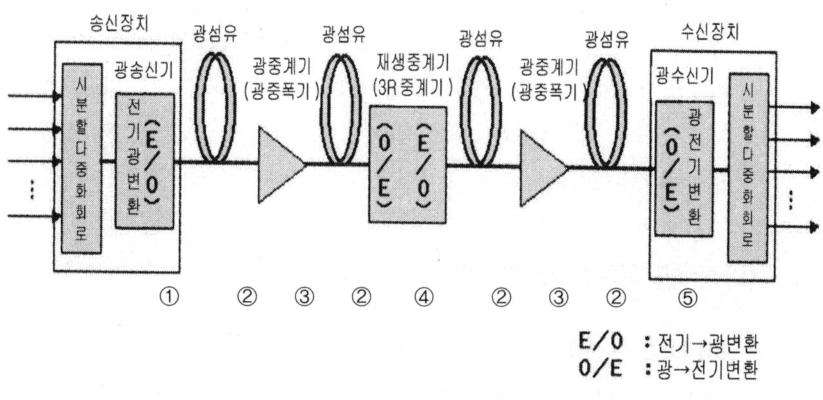

[그림 7-1] 광섬유를 이용한 통신 시스템

① : **송신장치** ; 시분할 다중화(TDM : Time Division Multiplexing)된 전기신호를 광신호로 변환하고 광섬유로 내보내는 장치

② : **광섬유** ; 전송매체

③ : **광중계기** ; 광섬유 속으로 전송되어 파워 레벨이 내려간 광신호를 광섬유증폭기에 의해 그대로 증폭하고 다시 광섬유로 내보내는 장치

④ : **재생중계기** ; 전송되어 온 광신호를 전기신호로 변환하고 등화증폭 등을 하여 신호를 재생한 다음 재생된 전기신호를 광신호로 변환 후 다시 광섬

유로 내보내는 장치(디지털 신호의 등화증폭(Reshaping), 타이밍 추출(Retiming), 식별재생(Regenerating)의 3가지 기능이 있기 때문에 3R 중계기라고도 한다)

⑤ : **수신장치** ; 전송되어 온 광신호를 전기신호로 변환하고, 등화증폭 등을 하여 신호를 재생하고, 재생된 전기신호를 TDM 회로에 보내는 장치로 구성되어 있다.

■ **광통신의 실용 시스템** 〈표 7-3〉에 실용적으로 이용된 광통신방식의 예를 나타내었다.

광신호의 변복조방식으로는 크게 나누어 강도 **변조-직접 검파**(IM-DD : Intensity Modulation-Direct Detection) 방식과 **가간섭성 전송방식**으로 나누어진다.

전자는 광의 강도 온오프를, 후자는 광을 파로 취급하는 성질에 착안하여 광 위상의 “0”과 “π”를 디지털 신호의 “1”과 “0”에 적용시키는 방법이다. 실용화되고 있는 시스템의 주된 광통신방식에는 IM-DD 방식이 채용되고 있다. 또한 광변조 부호형식으로는 PDH(스텝 동기 네트워크)에서 RZ(Return to Zero) 부호, SDH(신동기 네트워크)계에서는 NRZ(Non- Return to Zero) 부호가 사용된다.

(2) 광변복조와 신호전송

■ **IM-DD** IM-DD 방식은 광통신 시스템 속에서 가장 널리 쓰이고 있는 광변복조방식 중의 하나이다. [그림 7-2](a)와 (b)에 계통도로 나타낸 바와 같이 신호의 변조방식은 송신측의 광강도 변조를 할 때에 송신기의 광원인 반도체 레이저(Laser Diode : LD) 인가전류를 직접 구동하는 직접 변조방식과 $LiNbO_3$(LN)의 마하젠더(Mach-Zehnder : MZ) 변조기와 반도체를 재료로 한 전해흡수형 변조기(Electro-Absorption : EA)에 의해 빛의 온오프를 제어하는 외부 변조방식이 있다. 이러한 방법으로 발생한 광디지털 신호는 일정한 광파워 레벨 이상이 되면 광섬유에 입력, 전송된다.

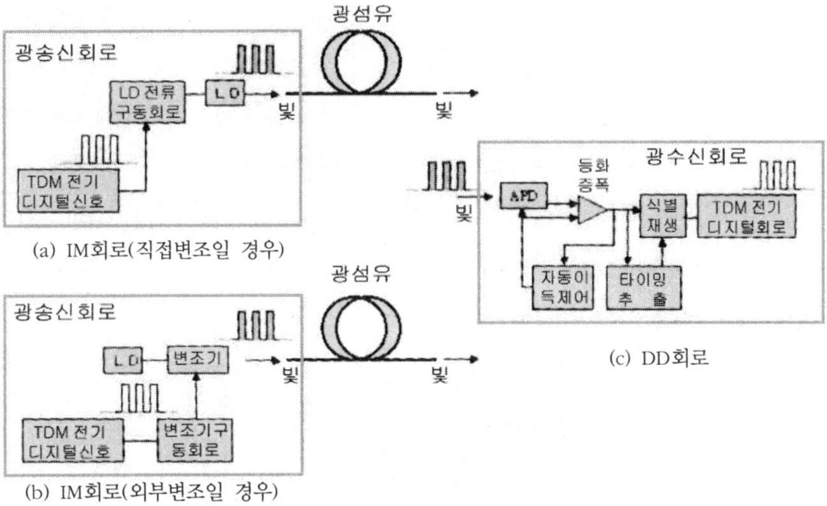

[그림 7-2] IM-DD 송수신회로의 기본구성

[그림 7-2](c)는 광수신회로의 계통도이다. **광섬유**로부터의 광신호는 애벌런치 포토다이오드(APD : Avalanche Photo Diode) 등의 **광수신기**에서 전기신호로 변환된다. 전송 후에 낮아진 광수신 레벨과 **파형왜곡**을 보정하기 위해 **수신신호**는 **등화증폭부**에 의해 증폭되고, 자동이득제어에 의해 **신호 레벨**을 일정하게 유지한다. 다음에 **타이밍 추출부**에서 수신신호의 타이밍 정보를 추출하고 **타이밍 펄스**를 생성한다. 또한 식별재생부에서 타이밍 펄스에 의해 수신기 입력신호의 펄스 유무(0, 1)를 판정하고, 새로운 펄스를 생성, 광전송이 완료된다.

■ **광솔리톤 전송** 광솔리톤(soliton : 고립파)이란 **IM-DD 방식**에서 광섬유에 광펄스를 전파시켰을 때 광섬유속에서 군속도분산에 의한 **펄스 확산**과 **자기 위상변조 효과**라고 하는 3차의 비선형 효과에 의한 펄스 압축이 조화되어 발생시킨 것에 의해 안정한 **광펄스열**을 생성하고 손실이 없으면 광펄스 형상을 전송한 후에도 찌그러지지 않도록 한 광신호의 전송방법이다. 펄스폭도 순의 단 펄스화가 가능하고, 초대용량 광전송 시스템으로서 기대된다. 실제로는 **광섬유손실**은 무시할 수 없기 때문에 중계기로서의 **광섬유 증폭기**에 의해 솔리톤 펄스로 다시 정형하는 등의 방법이 취해진다.

■ **광 SSB 통신** 광전송속도의 증가와 함께 변조된 스펙트럼 확산은 비트

속도에 비례해서 커지기 때문에 광섬유 군속도분산의 영향을 받아 파형왜곡이 크게 되고, 전송특성 열화를 초래한다. 또한 파장분할다중(WDM)에 의해 전송용량을 확대할 경우 스펙트럼 확산이 커짐에 따라 WDM 파장간격을 넓게 해야 하고 광섬유의 주파수 이용효율이 저하되는 결과가 된다. 이런 것을 경감하는 방법으로 무선통신방식의 하나인 AM 변조(Amplitude Modulation) 기술을 광영역에 응용한 **광 SSB 통신방식**이 있다.

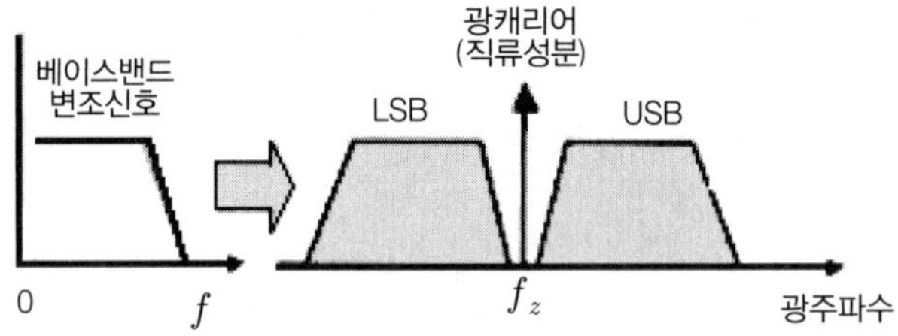

[그림 7-3] 광 SSB 통신의 스펙트럼

광 SSB 통신은 [그림 7-3]에 보인 것과 같은 광 강도변조 스펙트럼 성분의 한쪽을 광 필터로 잘라내어 **상측파대**(USB : Upper Side-Band) 또는 **하측파대**(LSB : Lower Side-Band)만을 전송한다. 광 SSB 통신에 의해 필요한 **변조대역**을 약 1/2로 할 수 있다.

- **광 VSB 통신**　광 SSB 통신에서 광캐리어(광직류 성분)를 중심으로 발생하는 상하측파대 성분은 소스 신호에 의해 캐리어 주파수에 매우 가까운 주파수성분(즉 저주파수성분)이 큰 경우가 있다. 광 SSB에서 한 쪽 측파대를 완전히 잘라낼 수 있는 이상적인 **광필터**는 존재하지 않기 때문에 광 SSB 통신에서 같은 형태 필터링을 하면 [그림 7-4](a)와 같이 파형왜곡을 일으키고 전송품질이 열화된다.

[그림 7-4](b)에 나타낸 바와 같이 광 필터의 전달함수 Y(ω)를 고안하여 잘라낸 **LSB 성분**이 캐리어 각주파수 $\omega_0(2f_0=\omega_0)$를 중심으로 한 광 필터의 반환효과에 가산되도록 하고, 완전한 SSB 필터링 효과를 내도록 한 통신방식이 광 VSB(Vestigial Side Band) 통신방식이다.

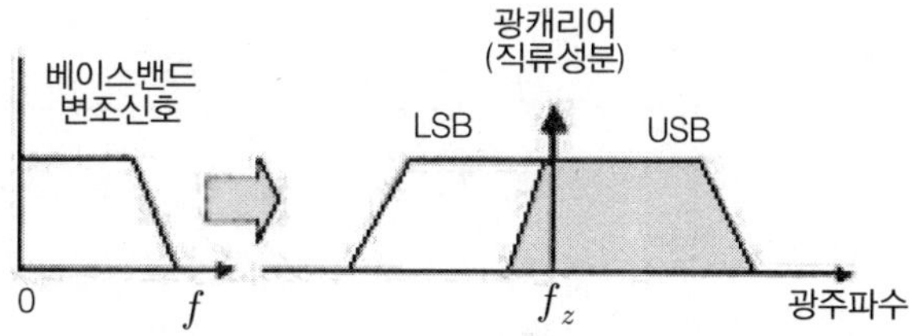

(a) 광직류성분을 포함한 측파대

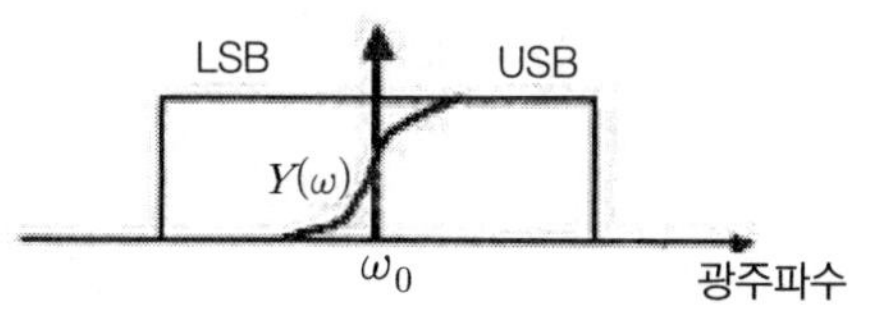

(b) Y(**ω**)인 전달함수를 갖는 광필터에서 측파대를 투과했을 때

[그림 7-4] 광 VSB 통신의 스펙트럼

(3) 광변조 부호형식

현재 실용화되어 있는 10[Gb/s]까지의 광통신 시스템에 채용되고 있는 변조부호형식은 RZ 또는 NRZ 부호이다. 40[Gb/s/ch]를 넘는 초고속 TDM 신호를 WDM 시스템으로 확장하여 대용량화할 경우, 채널(파장) 사이의 상호작용에 의한 품질열화로서 **선형누화**(Crosstalk), **상호위상변조**(XPM : Cross Phase Modulation), **4광파 혼합**(FWM : Four Wave Mixing)을 고려할 필요가 있다.

광변조 부호형식은 이런 전송품질열화를 고려하여 실제 파장간격(광주파수 이용효율)을 결정하는 시스템 설계에 중요한 포인트가 된다. **파장다중 시스템**으로의 업그레이드에 적당한 변조부호의 조건을 요약하면

- 광변조 스펙트럼이 협대역이어야 한다.
- XPM, FWM 등의 비선형 열화에 대해 충분한 내력이 있어야 한다.
- 변복조 회로구성이 간편하고 용이해야 한다.

■ **듀오바이너리 부호** 이와 같은 조건을 만족하는 변조부호형식으로서 종래의 NRZ, RZ 부호에 대하여 광 **듀오바이너리**(Duo Binary) 부호, 듀오바이너리 CS-RZ(DCS-RZ) 등의 새로운 부호형식이 제안되고 있다. [그림 7-5]에 변조스펙트럼의 예를 나타냈다.

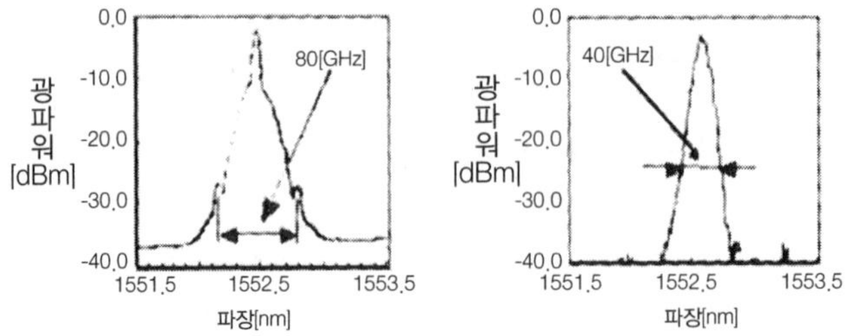

(a) NRZ (b) 광 듀오 바이너리

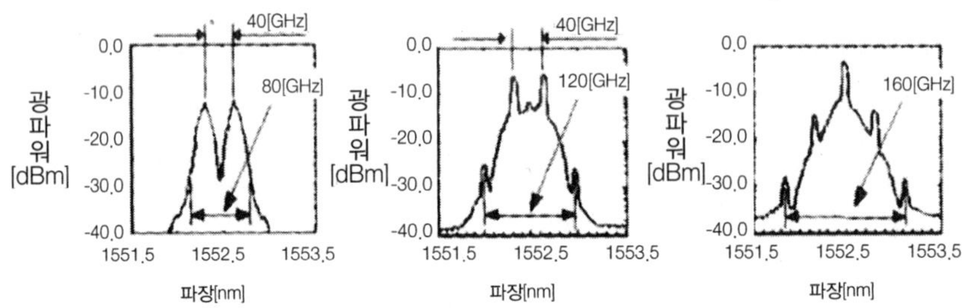

(c) DCS-RZ (d) CS-RZ (e) RZ

[그림 7-5] 변조부호의 스펙트럼

이와 같은 새로운 부호형식에 의해 채널 간격이 100[GHz] 이하에서 실현된다면 주파수 이용효율의 관점에서도 바람직하다고 말할 수 있다. 또한 CS-RZ/DCS-RZ 부호는 RZ 부호전송의 고감도특성을 유지하고 있고, 스펙트럼 대역을 RZ 부호와 비교하여 소형화할 수 있기 때문에 100[GHz] 간격 **고밀도 파장다중**에 적당한 부호형식으로 되어 있다. 더욱이 CS-RZ/DCS-RZ 부호에서는 캐리어(광 DC) 성분이 억압되어 있기 때문에 RZ 부호에 비하여 높은 광파워를 광섬유 속에 입력해도 비선형 신호열화와 파장 사이의 상호 작용에 의한 신호품질열화가 어렵기 때문에 **장거리 다중계전송**에 적합한 부호형식이라 말할 수 있다.

7-3 광통신 시스템의 구현과 응용

(1) 시스템의 구현

레이저의 등장 이후 광통신은 발전속도가 느렸으나, **광섬유**의 실용화가 시작됨에 따라 각광을 받기 시작하였다. 최초의 대규모 응용은 전화 링크용이었는데, **음성통신**에 대한 광섬유의 적합성과 대용량의 실용성이 전화장비의 설계와 테스트를 가속화시켰다. 전화 시스템의 경험은 광통신 시스템의 실용성과 신뢰도를 입증하고, 동시에 이러한 경험은 다른 응용분야에서 사용될 수 있는 소자와 시스템 설계를 제공하였다.

광섬유의 소형화와 대규모 정보전송용량은 전화 시스템에서 사용된 2선의 동 케이블의 대안이 되었으며 동축선에 비하여 광섬유는 매우 가벼워서 수송과 설치가 손쉽기 때문에 수중 케이블 응용 등 효율성이 입증되었다.

Hi-OVIS(Higashi-IKoma 광영상정보 시스템)는 일본에서 개발되었으며 이 시스템은 광전송선으로 연결된 센터, 부센터와 가정단말기로 구성되었으며 회선이 컴퓨터와 영상장비를 연결한다. 각 가정의 단말기는 TV, 카메라, 마이크와 키보드를 갖고 있으며 양방향 상호 통신교환이 이루어진다. 가입자 서비스는 전통적인 안테나 수신에 비하여 우수한 영상과 음향을 공급하는 TV프로그램의 직접수신방식이다.

예를 들어 **지역 TV프로그램 방송**은 지역경찰서, 소방서, 지역쇼핑정보를 방송하며 가입자가 중앙저장소의 송신 가능한 특정한 영상카세트를 요청할 수 있는 영상요청 서비스에는 가정학습 코드와 지역 이벤트, 의료시설, 기차시간표 등에 관한 정보를 제공하는 정지화상 등도 있다. 광통신 시스템은 큰 대역폭을 갖기 때문에 이러한 광영상정보 시스템에 매우 실용적이다.

- **HI-OVIS 시스템과 영상시스템** HI-OVIS 시스템의 실용화를 설명하면 이 시스템은 여러 형태의 음성과 영상의 광섬유통신을 가능하게 하여 각 가정에 매우 확장된 서비스를 제공하도록 하였다. 전 세계적으로 여러 지역공동체들은 **광섬유도시의 영역**과 서비스 구역을 확장하였으며, 약 50에서 1000 이상의 가정을 서로 연결한 한정된 범위의 FTTH(Fiber To The

Home)방식이 이용되었다.

전기철도의 금속통신 링크는 전기열차의 전자기간섭의 영향을 받는데 비해 광섬유는 EMI를 배제하기 때문에 철도를 따라 사용가능하다. 마찬가지로 광섬유가 고압 변전소를 지나도 영향을 받지 않으므로 전력선 타워에 직접 사용하기도 한다. 또한 도체 케이블 하우징 내부에 광섬유를 매설하는 방식이나 벼락방지를 위한 피뢰침은 종종 고전력 전송선의 꼭대기에 위치하는데 이러한 장소들이 광섬유를 매설하기에 적당한 장소로 이용된다.

영상 응용분야에는 TV방송, 유선TV(CATV), 원거리 모니터, 감시 카메라 등이 있다. TV방송국에서는 짧은 링크에 광섬유전송을 사용한다.

유선TV 시스템은 많은 수의 컬러채널을 수신하고 분배하는데 송신할 범위는 수십[m]로부터 수십[km]가 된다. CATV시스템은 신호를 다양한 정보원으로부터 수신하는데, 여기에는 위성지구국, 마이크로웨이브링크, 주변 송신기의 방송을 수신하는 안테나, 프로그램이 만들어지는 지역 스튜디오 등이 있으며 이와 같은 방송원들은 중앙분배장소(CATV 헤드엔드)에 광섬유로 연결된다. CATV는 일반적으로 약 20[MHz]의 대역폭을 갖는 주파수 변조된 영상화면을 사용한다.

광섬유는 CATV 분배시스템의 여러 부분에서 사용되기 때문에 CATV 헤드엔드로의 광섬유에 의한 전송뿐만 아니라 가입자의 가정으로의 마지막 링크를 포함한 영상분배 시스템 전체의 어느 곳에서도 사용할 수 있다.

광섬유 연장전송은 감시와 원격감시 시스템에도 응용된다. 발전소, 철도 통행우선권의 임계통제점, 주차장, 군사시설 등이다.

광섬유 시스템은 특히 컴퓨터에 의해서 만들어진 것과 같은 디지털 데이터의 전송에 적합하여 CPU와 주변기기, CPU와 메모리, 또는 CPU끼리 상호 연결할 수 있다. 예를 들면 좋은 예로 고층 빌딩 전체에 위치한 수백 개의 CRT 단말기를 한 층에 위치한 프로세서에 연결하는 시스템을 들 수 있다. **근거리통신망**은 같은 빌딩에 위치하는 경우가 될 수 있는데 광섬유를 사용하여 다양한 망구조를 근거리 통신망 구성에 적용할 수 있다.

■ **제어 데이터의 광섬유 전송방식** 제어 데이터의 광섬유 전송은 고전압이 있는 장소에서 유용하며 그러한 환경은 레이저 유도된 융합실험이 수행될 때 존재한다. 레이저를 방출하는 순서와 레이저 증폭기를 제어하는 마이크

로프로세서들은 금속도체에서 발생하는 고전압에 의한 간섭을 제거하기 위하여 광섬유를 사용하여 연결한다. 광섬유는 통신, 함정과 항공기를 제어하고 지휘하는 링크, 위성과 지구국간의 데이터링크, 전략지휘본부로의 전송링크 등 군사용으로도 사용된다. 광섬유가 항공기와 함정에서 충격의 격감, 화재불꽃 위험, 부식 등에 강한 장점이 있어 광범위하게 사용된다.

전략통신은 단거리 링크로부터 장거리링크(60[km] 경로길이) 범위를 말한다. 한가지 예는 광섬유로 유도되는 미사일이다. 광섬유는 미사일이 비행하는 동안 풀어지며 이 광섬유로 통하여 미사일로부터 영상정보를 지상으로 송신하고 제어신호가 지상으로부터 미사일로 다시 전송된다.

통신망이라고 할 수는 없지만 광섬유 센서 역시 주요한 응용분야 중 하나이다. **광섬유 센서**는 온도, 압력, 회전과 성형위치, 액체의 레벨을 측정하기 위하여 사용하는데, 즉 센서 그 자체가 광섬유의 특성을 가지며 수집된 정보를 필요한 장소로 광섬유를 통해서 송신한다.

■ **광섬유 자이로스크프와 하이드로폰** 여기서 두 가지 센서 응용에 대하여 설명하기로 하는데 바로 **광섬유 자이로스코프**와 **광섬유 하이드로폰**이다.

자이로스코프는 회전운동을 측정한다. 링레이저 광자이로스코프의 개발 전까지는 실제로 사용된 소자 모두는 기계적으로 회전하는 자이로스코프였다. 광자이로스코프는 움직이는 부분이 없다는 장점을 갖고 있다. 즉 레이저링은 저회전율에서 발생하는 **록인**(rock-in)**현상** 때문에 시스템이 복잡해지지 않고는 이러한 저회전율을 검출할 수가 없는데 비해 광섬유 자이로스코프는 이러한 록인 현상이 발생하지 않는다. 기본적인 센서는 양방향으로 진행하는 광신호의 긴 광섬유 코일로 반대 방향으로 전파하는 빔의 위상차를 측정하는데 코일이 움직이지 않은 경우에는 차이는 0이 되며 코일이 회전하는 경우에 위상차이는 회전율의 척도가 된다.

〈표 7-3〉에 광섬유 응용분야를 나타내었다.

〈표 7-3〉 광섬유 응용분야

주요영역	응용분야
음 성	전화 트렁크, 사무실 상호간
	도시상호간, 대양횡단
	가입자 서비스, 광대역 서비스
	가정까지의 광섬유연결
	발전소주변, 전력선
	전기철도현장에서의 통신
영 상	TV방송
	TV미니카메라
CATV	소스로부터 헤드엔드 트렁크 선
	분배, 가입자탭, 감시용
	원거리 모니터링
	광섬유 유도된 미사일
	가정가지의 광섬유연결
데이터	컴퓨터, CPU에서 주변기기
	CPU 대 CPU, 근거리 통신망
	사무실 상호간의 데이터 링크
	가정까지의 광섬유연결
	항공기배선, 위성지상국
센 서	자이로스코프, 하이드로폰
	위치, 온도, 전기/자기장

(2) 광무선 LAN

■ **광무선 LAN과 전파무선 LAN** 광무선 LAN은 전파무선에 의한 LAN과 같이 무선에 의한 시스템으로서 이용되고 있다. [그림 7-6]은 광무선 LAN의 기본구성이다.

인터넷과 인트라넷의 이용은 이미 모든 기업활동과 학문, 연구 분야에서 필수가 되어 있고, 이러한 네트워크는 동일 건물 안이나 조직 내(local area)에서 거의 이더넷을 이용하고 있다. 이더넷은 본래 유선통신의 규격으로 미리 배선을 고려해 놓은 건물 이외에서는 PC(Personal Computer)와 프린터, 또한 단말기와 허브(신호분배장치) 사이의 배선만으로도 많은 배

선수가 필요하며 마루 위나 천정 등에 상당한 공간을 필요로 한다. 또한 실내의 구조변경시 많은 어려움이 따른다. 무선 랜은 이러한 유선통신에서 발생하는 재배치작업과 공간비율 등을 고려한 시스템이라 할 수 있다.

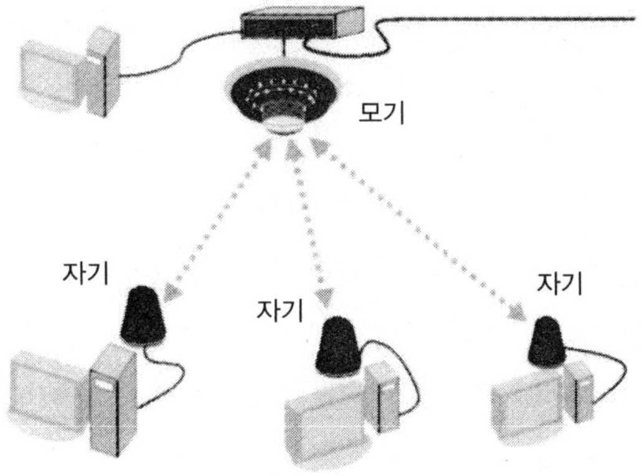

[그림 7-6] 광무선 LAN의 기본구성 예

전파무선 랜은 비금속 벽면에서의 쉬운 투과성과 비교적 넓은 지역에서 한정된 단말기기를 사용할 경우 쉽게 설치할 수 있다는 이유로 사무실 용도만이 아니라 가정에서도 사용되고 있다. 한편 **광무선 랜**은 그 직진성, 벽면에 대한 비투과성이라는 특성 때문에 좁은 지역에서의 무선통신에 이용되고 넓은 지역에서는 내부를 복수의 조각으로 분할하여 다수의 단말을 그룹으로 나누어 통신을 하는 사용법에 적합하다.

전파에 의한 무선통신에 비해 조각으로 분할하기 쉽고, 보안을 확보할 수 있다는 장점이 있다. 또한 그 직진성을 이용하여 일 대 일 통신의 응용 예도 많다. 특히 일대일 통신은 수십[m]부터 수십[km]까지 옥외통신에 이용되기도 한다. 이 분야에서는 집광의 용이성과 전송효율, 보안 양면에서 전파무선 LAN보다 우위에 있다. 또한 광무선 통신은 전파법규제를 받지 않고 광대역 신호를 무선전송할 수 있는 이점이 있고, 이미 최대 전송용량으로서 2[Gb/s] 이상의 시스템도 존재한다.

■ **광무선통신의 기본구성** 옥내 광무선통신인 경우 거의가 눈의 안정성 및 광축조정의 용이성, 적당한 확산성이 좋은 발광원으로서 LED를 주로 이용한다. 한편 서비스 지역이 수[km]까지 도달하는 원거리용 옥외무선일 경우

는 발광소자로서 LD(Laser Diode)를 사용하는 예가 많다.

[그림 7-7]에 광무선을 이용한 옥내 이더넷(ethernet) 구성법의 예를 보였다. 이것은 앞에서 설명한 1대n형 시스템의 배치 경우이지만 넓은 사무실에서는 복수의 조각으로 지역 전체를 커버하는 예가 많다. **모기**는 적외선을 이더넷 신호로 변조한 신호광을 확산 발광하고, **자기**는 같은 형식으로 변환된 적외빔 광을 모기의 **수광소자**를 향해 발광한다. 모기의 수광소자는 광각 수광이 가능하도록 집광렌즈를 쓰든가 복수의 수광소자를 이용하고 있다. 한편 자기의 수광부는 형광등 등의 잡음성분과 모기에서 나오는 신호광의 멀티패스 성분을 제거하기 위해 협각으로 수광한다.

또한 반사광에 의한 멀티 패스의 영향이 있기 때문에 고속 통신에는 맞지 않지만 **복수의 광통신장치**를 천장으로 향하게 하여 서로의 반사광을 이용하여 통신하는 시스템도 상품화되어 있다. 이 방식은 빛차단에 의한 영향이 적다는 점, 천장 등에 모기를 설치할 필요가 없어 배치에 자유롭다는 점이 호감을 받고 있다.

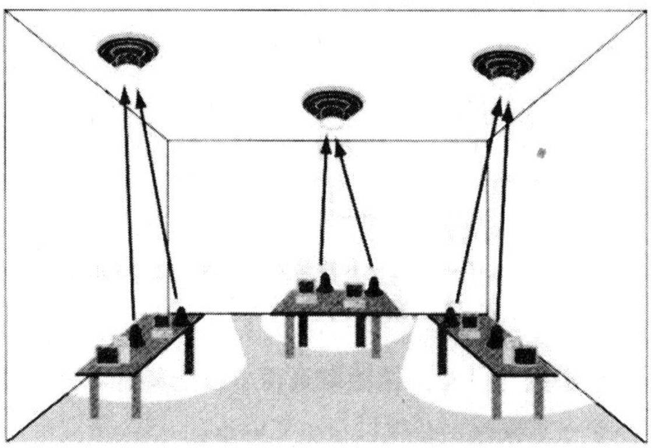

[그림 7-7] 복수 세그먼트의 배치 예

장거리 전송에 쓰이는 일 대 일(1 : 1) 통신용 기기는 빔(beam)상태로 압축한 광속(光束)을 이용하기 때문에 쌍방향에서의 신호광 간섭이 없고, 2회선의 독립선로로 사용 가능하며 완전한 전2중 회선을 구성할 수 있다. 이를 위해 광섬유와 메탈케이블을 단순하게 바꿀 수가 있고, 100[Mb/s] 이더넷의 신호계와 155[Mb/s] ATM의 광변조방식을 그대로 쓸 수 있다. 또한 LD는 광량의 진폭변조특성이 양호한데다가 파장 다중기술을 사용할 수 있고, 10[Gb/s] 정도의 시스템도 개발 가능하다.

단, 통신거리에 비해 광속을 극히 가늘게 압축하기 위해 건조물관리의 요인인 진동, 온도변화 등에 의한 광축의 차이가 발생하기 쉽고, 원거리통신에서는 광축을 맞추기 위한 서보 기능이 꼭 필요하다. 한편 옥내용의 통신 시스템에서는 앞에서 설명한대로 LED를 이용하기 위한 진폭변조특성은 100[MH]정도이고 LED를 이용하는 한 100[Mb/s]가 성능상의 상한선이라 생각된다.

SDT-50에서는 10Mb/s의 유선 이더넷에 준한 "1"에서 Up, "0"에서 Down인 맨체스터 부호(Manchester code) 방식의 신호가 규정되어 있다.

100[Mb/s]의 광무선 신호는 광섬유용 이더넷 규격(100Base-FX)의 신호방식을 이용하고 있다. 100Base-FX는 직류성분 축적에 의한 일그러짐을 회피하기 위한 4B5B 변환과 대역 절약을 위한 NRZI 변조방식("1"에서 레벨 반전, "0"에서 레벨 반전하지 않음)을 조합한 신호, 이 두 값에 휘도 변조를 걸어서 전송하는 방식이다([그림 7-8] 참조).

수신은 실리콘계의 PD(Photo Diode)를 사용하는 것이 많지만 감도향상과 광대역화를 노리고 APD(Avalanche Photo Diode) 소자를 사용하는 제품도 늘고 있다.

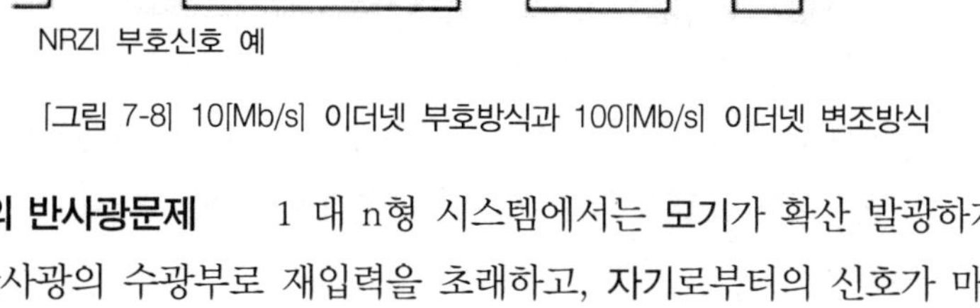

[그림 7-8] 10[Mb/s] 이더넷 부호방식과 100[Mb/s] 이더넷 변조방식

■ **광무선의 반사광문제** 1 대 n형 시스템에서는 모기가 확산 발광하기 때문에 반사광의 수광부로 재입력을 초래하고, 자기로부터의 신호가 마스크되어 수신을 할 수 없다. 이를 위해 반사광의 회피방법이 시스템을 실현하는데 최대 과제가 된다. 회피방법에는 반사광의 반환성분을 예측하고 수광신호에서 감산하는 방법, 모기와 자기로부터의 신호광을 다른 파장의 빛으

로 보내서 광학 필터로 반사광을 제거하는 방식(파장다중)과 광신호의 동시 사용을 회피하여 광회선을 반이중 회선으로 사용하는 방법 등이 있으며 각각 실용화되어 있다.

또한 확산광을 사용하지 않고 모기의 수광기, 발광기를 여러 개 준비해 놓고 모든 자기와의 사이에 여러 개의 일 대 일(1 : 1) 통신로를 확립하는 방법도 제안되고 있다. 광무선통신에서의 중요한 과제로서 눈의 안전성 문제가 있다. 앞에서 설명한 바와 같이 LED의 주파수 응답특성을 LD와 비교하면 눈에 띄게 낮다. 동작특성을 생각하면 LD에 의한 광대역 통신의 실현이 요망된다. 그러나 LD는 극히 작은 지점에 집광이 가능하고 높은 에너지를 모을 수가 있기 때문에 사람의 망막을 손상할 위험이 있다. 레이저광에 대해서는 IEC 60825-1에 안전성 기준이 제정되어 있어 기준이 명확하고 안전하다는 범위(Class1)에서 사용할 필요가 있다.

광무선 LAN은 유선 케이블과 광섬유에서 사용되어 온 신호를 그대로 공간 전송하는 예가 많고, 상위의 **통신 프로토콜**에 관계없이 사용할 수 있는 유연성이 높은 방식이다. 또한 설치에 있어서 불요파를 복사하지 않고 전자파의 영향도 받기 어렵기 때문에 병원과 전파시설 또는 공장과 같은 장소에서도 사용하기 쉽다.

옥내용 무선 LAN에서 사용할 경우 1400[nm] 이상의 파장을 가진 레이저광은 눈에 손상을 주기 어렵다는 점, 파장 다중으로 사용하면 반사의 영향도 피하기 쉽다는 점에서 좋은 선택이 된다. 단, 가격면에서 기간회선 이외에 사용하는 것은 어렵고, 가격이 내려가는 것을 기다리는 상태이다. 한편 민생용을 생각해 보면 일반가정 내에서 차광의 영향을 배제하는 것은 어렵고, 천장 반사 등을 이용한 확산형의 고속화가 기대된다. 확산 반사에 의한 멀티패스의 제거수단으로서 전파무선에서도 쓰이고 있는 OFDM과 CDMA에 의한 많은 비트, 저속기호에 의한 전송방식이 제안된 것도 있지만 광전변환의 직선성이 남은 과제라고 할 수 있다.

7-4 광케이블 TV

(1) CATV 시스템

"전파장애 지역에서의 난시청 해소를 위한 공동 안테나 TV 설비"라는 의미인 CATV(Community Antenna TV)로 시작한 CATV 시스템은 "케이블 TV"라는 이름 아래 시스템을 구축하고 있다. 1990년대 후반에 단번에 진전된 케이블 TV 시스템의 고도화는 **광전송기술**이 만들어낸 것이다. 이것에 의해 450[MHz] 정도의 설비에서 770[MHz]로 대역이 확대됨과 동시에 상승 유합잡음(streamed noise)이 감소되고 **다채널 디지털 TV 방송** 및 **쌍방향 광대역 서비스**를 제공할 수 있는 인프라로서의 성능을 갖기에 이르렀다.

■ **시스템의 구성** [그림 7-9]에 대규모 HFC망에 의한 케이블 TV 시스템 구성도를 나타내었다. 종래의 아날로그 TV 시스템에 추가하여 디지털 TV, 케이블 인터넷 서비스 기능 등을 제공하게 되었고 헤드엔드(Head-End) 설비는 더욱더 다양화하고 있으며 방송 서비스의 특성을 요약하면

- 지상파 아날로그 방송의 VSB-AM(Vestigial Side Band-AM) 신호
- BS/CS로부터의 아날로그/디지털 방송의 재변조에 의한 VSB-AM 신호
- 자주 방송(민간방송국이 광고주 없이 자기부담으로 기획, 편성하여 방송하는 프로)의 변조에 의한 VSB-AM 신호의 아날로그 다채널 신호
- BS/CS로부터의 아날로그/디지털 방송의 재변조에 의한 64QAM (Quadrature AM)신호
- 자주 방송의 MPEG 부호(encode)변환 후 변조에 의한 64QAM 신호
- 지상파 디지털 방송의 재송신에 의한 OFDM(Orthogonal FDM) 신호의 디지털 다채널 신호

가 사용된다. 방송서비스 신호는 배신망, 부헤드엔드, 분배망을 경유하여 사용자에게 전송된다.

케이블 인터넷 서비스에는

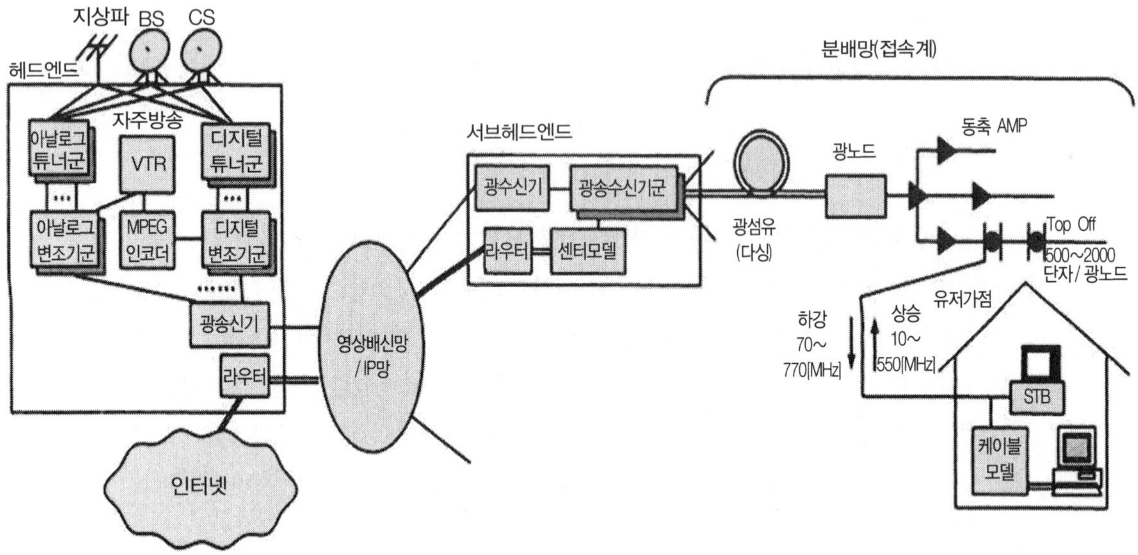

[그림 7-9] 케이블 TV 시스템의 구성(대규모 HFC망 구성시)

- 케이블 모뎀에 전송하는 하강신호인 64QAM 신호
- 케이블 모뎀으로부터의 상승신호인 QPSK/16QAM 신호(잡음상태에 따라 선택)

이 사용된다. 보통 케이블 모뎀용 신호는 보조 헤드엔드로 종단되고 배신(配信)망에 겹친 망으로 헤드엔드에 집약된다.

(2) HFC 네트워크와 송수신 디바이스

HFC(Hybrid Fiber Coax) **네트워크**는 케이블 TV 시스템의 분배망에서 보조 헤드엔드로부터 사용자로 가는 도중까지 광화한 것이다. 보조 헤드엔드로부터의 **다심 광섬유**(상승, 하강, 예비 등)를 전신주 위의 광노드에 접속한다. 광노드에서 하부는 동축망이 된다. 광노드 하부의 동축망에는 500에서 2000단자가 수용된다. 이와 같이 하여 동축망의 크기를 작게 함으로써 광대역화와 상승 유합 잡음의 저감을 꾀하고 있다. 광노드와 동축 AMP는 동축망을 이용한 급전계에 의해 급전된다. 보통 고주파 TV신호에 중첩한 상용 전원주파수의 AC 60[V] 전원을 사용한다.

- **SCM 전송방식** 이 방식은 HFC에 사용되고 있는 광전송기술이 SCM

(Subcarrier Multiplexing)방식이다. FDM의 광대역신호를 아날로그 광변조하는 것이며, 선형성이 높은 광변조기술에 의해 실현 가능하다. 사용되는 변조형식이 다양한 케이블 TV의 광전송에 정합시킨 기술이라고 할 수 있다.

FDM 신호대역은 일본의 경우 하강이 70~770[MHz], 상승이 10~55[MHz]이다. 미국의 경우는 하강이 54~864[MHz], 상승이 5~42[MHz]이다.

사용되는 주파수는 각국 지상파 TV 방송에 사용되는 전파할당의 영향을 받고 있으므로 또한 하강의 상한 주파수는 광노드 하부 동축망비용을 고려하여 사업자마다 다를 수 있다. 따라서 SCM 전송기술은 사용하는 주파수 범위의 유용성이 크다고 볼 수 있다.

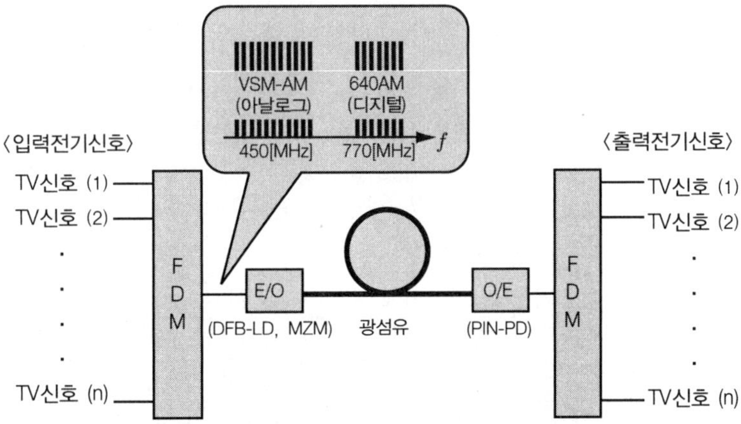

[그림 7-10] SCM 전송기술(하향 TV 전송)

■ **광송수신 디바이스** SCM에 적용된 송신 디바이스로는 DFM 레이저와 $LiNbO_3$를 사용한 MZM(Mach-Zehnder Modulator)이 있다. DFB 레이저는 파장이 1.3[μm]대, 광출력 레벨은 +6[dBm] 정도인 것이 일반적이다. MZM은 광대역, 저잡음, 낮은 처프(Chirp) 특성을 갖고 있기 때문에 헤드엔드용 고품질 변조기로서 사용되고 있다.

원리적으로 비선형성을 가지고 있어서 피드백형의 왜곡 보상회로가 이용되고 있다. 1.5[μm]대에서 EDFA(Erbium Doped Fiber Amplifier)와 조합하여 고출력화한 것도 있다. 상승신호 전송에는 경제성을 고려하여 Uncooled(펠티에 냉각기 없음)의 DFB 레이저가 사용되고 있다. 광수신기는 PIN-포토 다이오드가 사용되고 있다. 높은 CNR을 얻기 위해 0[dBm] 근처의 높은 수광 레벨에서 사용되는 것이 많다. 광입력 레벨 조정은 커넥터형의 고정광 ATT가 사용된다.

광노드는 옥외의 전신주 위에 설치되기 때문에 환경조건이 가혹하지만 종래의 동축망에서 사용해온 알루미늄 다이캐스팅 광체(기기류를 넣는 상자)를 사용하여 충분한 실적을 올리고 있다.

7-5 광전응용기술의 분류

(1) 응용분야

광부품(optics) 분야에서는 다양한 형상의 반사경, 렌즈를 비롯한 응용부품, 광부품 광원재료, 광부품연마 및 가공장비, 연마재 및 커팅툴, 코팅 및 후처리 장치 등 각종 반사경 및 렌즈 등 기초 광부품제조, 광섬유를 이용한 광통신부

〈표 7-4〉 광산업의 분류와 응용분야

분 류		응용분야
광통신	광미디어	광섬유
	광통신부품	광커넥터, ONU, 광증폭기, 송수신기
	광통신 시스템	광전송 시스템, 광교환기
광정보기기	광기록부품	광픽업, 광다이오드
	광기록매체	MOD, DVD, CD-ROM
	광입출력장치	스캐너, 레이저 프린터
광정밀기기	레이저 발생기기	산업용 레이저, 레저용 레이저
	정밀기공	절단 · 용접기, 마킹, 반도체 가공기
	광계측기기	광센서, 광계측기기
	의료광학기기	레이저 응용치료기, 영상진단기
광원응용	광 원	산업용 광원, 고효율 광원
	광변환기기	태양전지, CCD
	디스플레이 소자	LCD, FED, PDP, LED
광소재	광소재	렌즈재료, 광섬유재료, 광촉매
광학기기	화상기록재생	카메라, 복사기, 팩시밀리
	관측검사기기	쌍안경, 현미경, 야시경
	광학부품	렌즈, 프리즘, 반사기

〈표 7-5〉 광전자 응용기술 분류

분 류	광전자 응용기술
광통신 시스템	파장다중 광통신, 솔리톤, novel transmission format, 초고속 광전송, 전광 네트워크, Metro 네트워크, 광교환, 광인터넷, Access network, 초고속 Ethernet, FTTH, Home network, Microwave Photonics, 광무선기술 등
광섬유 관련 소자	광섬유 설계/제작/분석, 광자결정 광섬유, 광섬유격자, 광섬유 센서, 비선형 광섬유, 광섬유응용 시스템, 광섬유소자, 광섬유재료, 광섬유 증폭기, 광섬유 미세가공 소자 등
광소자	평면 도파로소자(실리카+폴리머), 발광/수광소자, 광센서, 광PCB, 집적 광소자, 광결정소자 등
광정보처리	광신호처리, 회절광학소자(DOC) 및 설계기술, 홀로그래피 응용, 3차원 스테레오스코피, 광디스플레이, 의료용 광시스템, 광계측, 광상관기 및 영상추출기술, 광Pickup 구동장치 및 시스템, LDV 등
LCD	전자회로, 신호 및 시스템, Digital 및 Analogue 회로설계, Digital 신호처리, Video 화상제어, Micro-Processor 응용기술, 광전자공학 관련 유전체물성, 광학, 박막 관련, 광학설계, 액정 관련, TFT 부문 (a-Si / p-Si TFT 설계, TFT 구동회로, Display Drive IC 설계, System on Panel 설계)
AMOLED	OLED 소자 물리학, OLED 증착 및 봉지공정, OLED 소자 및 패널 광학설계, 소자 열화분석 및 패널 불량분석, Laser 광학설계, Color Filter / BM 제조, Ink-Jet Process(유기, 메탈), Poly Si 및 신규 TFT 패널, TFT 회로설계, 드라이버 IC 개발 및 설계, TFTTFT-LCD 또는 AMOLED 종합공정, Poly-Si 결정화 기술, AMOLED 재료 및 소자, 박막공정, AMOLED 봉지기술, 재료 및 구조 불량분석, 유기EL 재료, 디스플레이 기술 LTPS 패널 및 회로설계, LTPS 공정, TFT/반도체 공정, 패널 및 소재, MOLED 패널 개발, Mobile Display Module 개발
생산기술	구조해석(진동, 열유체 관련 CAE 해석), 위치제어(시스템 동적 위치제어), 최적설계(시스템 최적화, Analysis Based System design), 유변학(점성유체 유동해석 및 CFD 해석), 자동화, Vision 응용기술, 전력전자, 아날로그 회로설계, 디지털 회로설계, PLC 프로그래밍, 광학계 설계, 레이저 재료가공, 레이저 마이크로머시닝, MEMS 응용, Optical Lithography, Nano Patterning, DPSS 레이저, Femto Second Laser, High Power IR/Green/UV 레이저, PVD(스퍼터링, 증착, 이온빔), 장치설계, 공정개발, 산화막/금속막 개발, Dry Etcher 기술, 플라즈마 물리, 나노 파우더 생성 프로세스
전자재료	플라즈마 물리, 박막(dielectric, semiconductor, metal) 재료 및 공정, OLED 재료 및 소자, PDP MgO막, Rheology, Sol gel

품 응용분야, UV광을 이용하는 MEMS 기술에 의한 마이크로렌즈 어레이 관련 옵틱스가 많이 개발되었고, 3차원 형상 실현을 위해 홀로그래픽 렌즈, 렌티큘라 렌즈와 같이 비구면 자유곡면을 갖는 옵틱스 개발에 많은 진전을 보이고 있다.

광응용분야는 Integrated Optoelectronic Devices, Lasers and Applications in Science and Engineering, Biomedical Optics, Micromachining and Microfabrication 분야로 구분되며 〈표 7-5〉에 응용기술을 세분화하여 나타내었다.

(2) 광전자산업의 특성

■ **광계측기술** 광산업은 과학적으로 규명된 빛의 고유한 성질을 이용하여 기술적으로 개발함으로써 제품화하는 업종으로 빛의 생성, 전환, 제어, 응용 등의 기술혁신을 통한 지식기반 산업 분야이다. 광산업의 용도는 통신, 정보처리, 정보저장, 정밀가공, 계측, 의료, 우주과학, 방위산업, 오락 등 산업적 응용에 광범위하게 활용되고 있다. 광산업에 기반을 둔 **광계측기술**은 산업활동이나 연구개발 분야에서 인간의 오감과 두뇌와 같은 역할을 하는 것으로, 제품의 질과 연구개발 결과에 직접적인 영향을 주게 된다.

또한 산업의 자동화 시스템에서 핵심 역할을 하며, 이에 따라 과거의 단순 **측정기능**으로부터 **복합 측정기능**으로 전환되고 있다. 광계측기는 빛의 물리적 성질을 이용하여 피측정물의 여러 가지 특성을 알아내는 장비이다.

광계측산업은 기술적 측면으로는 광공학을 중심으로 전자공학 및 기계공학 등의 다른 기술분야와 융합된 형태로 고도의 산업기술 및 제품이 개발되고 있다. 아울러 이를 지원하는 기술 및 요소기술, 즉 소자, 재료, 설계이론, 가공기술과 이들을 위한 소프트웨어 등의 기술도 동시에 이루어져야 한다.

적용분야는 기계, 생물, 화학으로 광범위하며, 특히 광산업제품의 경우 광을 이용하여 그 제품 및 재료, 특성평가, 검사 등을 측정하여야 하는 경우가 많고, 또 광이용 분야의 하나인 만큼 광산업의 특징과 계측산업의 특징을 동시에 가지고 있는 분야이다.

특히, 21세기를 주도할 반도체, 정보통신, 신소재, 생명공학, 의료공학, 항공우주산업 등에서의 고정밀도 측정기술의 필요성은 크게 증가할 것이다. 따라서 계측기술의 바탕이 없는 산업활동이나 연구개발활동은 상상할 수 없으며, 광전자기술을 이용한 계측기술 분야에 관한 연구는 더욱 가속화될 것으로 기대된다.

■ **홀로그래픽 광메모리 기술** 홀로그램 본연의 성질을 이용하면 각각 다른 참조광을 가지고 저장매질의 같은 장소에 많은 홀로그램을 기록함으로써 작은 입방체 내부에 방대한 데이터를 저장하는 홀로그래픽 광메모리가 가능하다. 이러한 홀로그램을 이용한 광저장장치를 **홀로그래픽 데이터 저장장치**(Holographic Data Storage : HDS)라 하고 수천억 byte의 용량을 저장할 수 있다.

미국 및 일본 등의 기술선진국에서는 미국의 NSIC(National Storage Industry Consortium), 일본의 SRC(Storage Research Consortium) 등과 같이 정부의 주도 하에 벤처기업과 대기업간의 전략적 제휴에 의한 기술연합의 형태로 개발 및 추진되고 있다.

■ **레이저 기술** 1960년 미국 휴즈항공사의 Maiman에 의해 개발된 레이저는 획기적인 발명품의 하나로서 최근에는 레이저 응용기술이 더욱 발전하여 통신, 정보처리, 가공, 계측, 의료, 생활기기, 원자력 발전, 우주과학 분야 등에 중요한 역할을 하고 있으며, 앞으로 개발해야 할 범위도 넓다고 할 수 있다.

특히, **레이저 가공기**는 금속, 목재, 아크릴, 석영유리를 비롯하여 신소재, 세라믹에 이르기까지 재질에 관계없이 자유자재로 용접, 절단 및 가공할 수 있는 첨단기기로서 기술선진 몇 개국만이 생산능력을 갖추고 있으며, 특히 반도체, 자동차, 메카트로닉스, 항공우주 등 고품질의 부품이 필요한 첨단산업의 경우에는 레이저 가공기를 이용한 부품가공이 필수적인 것으로 여겨지고 있다.

따라서, 21세기에는 광통신과 더불어 레이저 가공의 기반 기술확보가 매우 중요한 과제라 할 수 있다.

또한, 레이저 가공기 산업은 기술의 기반이 물리학, 화학 등 자연과학 분야에서 기계공학, 전자공학, 소재공학 등의 응용학문까지 범위가 다양한 복합기술이기 때문에 체계적이고 전략적으로 육성해 나가야 하는 산업이라 할 수 있다.

레이저는 용접뿐만이 아니라, 휘발유 및 디젤과 같은 연료의 분무에 의한 제반 형상규명, 차량 엔진 효율향상, 코로나 방전이나 배리어 방전에 의하여 발생한 분자 혹은 라디칼을 정량화하는 연구는 물론, 개인용 컴퓨터와 디지털 카메라에 의한 사진 데이터 처리, 비디오테이프에 교체되는 영상기록 등 대용량 및 고속전송의 기억장치 등에 이용되고 있으며 이들의 초정밀가공 분야에도 레이저가 응용되고 있다. 고분자의 표면개질, 대기압 방전 플라스마의 진단 등 그 응용분야는 매우 광범위하다.

■ **나노 해상도의 초소형 액추에이터 기술 및 광통신소자 응용** 현재의 탐침의 구동에는 압전소자가 주로 사용되고 있으나, 향후에 보다 넓은 응용범위, 정밀한 조작 및 위치제어의 필요성에 대비하기 위해서는 구동기의 초소형화 및 고성능화가 반드시 선행되어야 한다. 이를 위하여 MEMS (Micro Electro Mechanical System)에서 미소화가 더욱 진행되어 **나노 크기** 또는 **나노 해상도**를 가지는 구동기술이 연구되고 있다.

나노 기술의 산업화 관점에서 보면 원자 또는 분자의 조작기술보다 나노 해상도를 가진 초소형의 정밀구동기에 의한 새로운 부품기술이 예측되며, 그 예가 나노 해상도를 요구하는 광통신용 레이저 광원의 **파장 변환소자**이다.

이와 같은 나노 해상도의 초소형 정밀구동기의 기술을 이용하여 광통신용 레이저 광원의 파장을 변환하는 기술 등 나노 기술개발 관련 산업이 21세기 과학의 중심이 되고 있다.

■ **광전집적회로 기술동향** 광모듈, 광시스템 등 정밀조립을 필요로 하는 광부품의 경우 집적화·복합화를 통한 부품수를 줄이는 방향으로 기술개발이 이루어지고 있다. 광변조기, 광스위치, 광도파로 등 수동부품과 전자회로는 집적화가 이루어져 있으나, 광원에 해당하는 레이저 다이오드를 집적하는 데는 많은 기술적 어려움이 있다.

광전집적기술은 초고속 통신망의 구축에서 필요로 하는 핵심 부품의 개발을 위해서 보유되어야 할 핵심기술이다. 광전집적 기술력 확보를 통하여 통신 분야의 기술개발이 용이할 것이다. 또한 광통신용 부품의 자립에도 크게 기여할 것이다. 통신 분야의 기술적 우위를 유지하려면 핵심 부품 분야, 특히 광전집적회로의 기술력이 확보되어 시스템의 설계의 바탕이 되어야 한다.

광통신 및 광통신 네트워크 관련 기술력은 선진기술과 비교하여 전(全) 광통신 시스템의 개발을 위한 중장기의 기술개발 및 연구개발 인프라를 구축하는 것이 필요하다. 광전집적회로 기술은 재료기술, 소자설계기술, 부품 패키징 기술 등 관련 분야의 기술이 통합적으로 필요한 융합기술이라 할 수 있다.

■ **나노소재를 이용한 전자소자와 자동차용 광센서** 탄소 나노 튜브는 낮은 수준의 집적이 요구되는 곳에 응용되어서 수조원의 자금이 요구되는 통신장비 등에 응용될 수 있으므로 경제적인 장비를 제작하기 위한 기술이 될 수 있다.

공정기술의 미세화에 따른 집적기술의 한계점을 가지고 있는 현재 시점에서 탄소 나노 튜브와 나노 와이어를 이용한 기술개발은 매우 중요하다. 이외에도 환경친화적인 에너지원인 태양광전지의 개발이나 디스플레이 분야에 이용할 수 있는 전자종이, 자동차용 센서 등을 주요 소재로 들 수 있다.

■ 찾아보기 ■

[ㄱ]
가시광선 26
공간전하영역 43
공유결합 31
과잉전자 38
광기전력효과 67
광대역 광원 53
광도 13
광무선 랜 205
광속 12
광원 53
광전자방출 72
광전자증배관 159
광증폭 117
광통신 194
굴절 12
금속결합 33

[ㄴ]
내부반사 21

[ㄷ]
다중 산란 13
도핑 38

[ㄹ]
레이저 117

[ㅁ]
물리측광 14

[ㅂ]
반사 11
방사각 100
복색광 24
불순물반도체 37
비(非)간섭성파 16
비정질 실리콘 태양전지 183

[ㅅ]
산란 13
상대굴절률 18
색온도 56
선스펙트럼 22
수광소자 157
스틸브 14

[ㅇ]
암전류 165
액정 디스플레이 111
양자효율 159
억셉터 준위 39
역포화전류 45
연속스펙트럼 22
열전소자 65
유도방출 119
유도방출현상 77
응답도 163
이온결합 32
이종접합 79
인코히런트광 125

[ㅈ]
자연방출 118
전위장벽 42
전파무선 랜 205
직진 11
진성반도체 36

[ㅋ]
코히런스 125
코히런트 77
코히런트광 125

[ㅍ]
파면 16
파열 125
파필드 패턴 153
포토다이오드 162
포토센서 178
포토커플러 174
프레넬 방정식 21
플라즈마 54

[ㅎ]
헤테로 접합 146
홀(hole) 36
활성층 79

[영문]
CATV 시스템 209
CRI 56
Ohm 접촉 49
P형 반도체 39
PN접합 41
Thomson 효과 63
Van der Waals 결합 33

광전자 원리와 응용

2023년 2월 20일 1판 3쇄 발행

저 자 양 호 언
발행인 남 승 우

발행처 도서출판 상尙 학學 당堂
서울시 동작구 사당로9가길 6(사당동)
TEL : 02) 595-1692~4
FAX : 02) 595-1394
E-mail : shdbooks@naver.com
신고 : 2-155호 (1968. 11. 29)

정가 18,000원

ISBN 978-89-6587-049-4 93560

〈디자인〉 편집 엄해숙 / 표지 나아기획